人工智能

（案例·视频）

从小白到大神

刘鹏 曹骝 张燕 编著

 中国水利水电出版社
www.waterpub.com.cn
·北京·

内容提要

本书主要从人工智能的发展之路说起，结合丰富的应用与实战实例，详细阐述了 Python 入门、人工智能数学基础、手工打造神经网络、TensorFlow 与 PyTorch、卷积神经网络、目标分类、目标检测、图像语义分割、循环神经网络、自然语言处理、生成对抗网络、强化学习等行业前沿知识。

本书以实践为导向，着重介绍人工智能应用，突破原有对人工智能的晦涩讲解方式，通过微课视频、章节习题以及实验代码，帮助读者简单、快速地获取专业知识，自主动手解决实际问题。

本书适合高校相关专业的教学应用以及对人工智能感兴趣的读者从人工智能"小白"到"大神"的进阶学习。

图书在版编目 (CIP) 数据

人工智能从小白到大神：案例·视频 / 刘鹏等编著.
— 北京：中国水利水电出版社, 2021.1（2024.12重印）.
ISBN 978-7-5170-8877-6

Ⅰ.①人… Ⅱ.①刘… Ⅲ.①人工智能 Ⅳ.① TP18

中国版本图书馆 CIP 数据核字 (2020) 第 176865 号

书　　名	人工智能　从小白到大神（案例·视频） RENGONG ZHINENG CONG XIAOBAI DAO DASHEN	
作　　者	刘　鹏　曹　骝　张　燕　编著	
出版发行	中国水利水电出版社	
	（北京市海淀区玉渊潭南路 1 号 D 座　100038）	
	网址：www.waterpub.com.cn	
	E-mail：zhiboshangshu@163.com	
	电话：（010）62572966-2205/2266/2201（营销中心）	
经　　售	北京科水图书销售有限公司	
	电话：（010）68545874、63202643	
	全国各地新华书店和相关出版物销售网点	
排　　版	北京智博尚书文化传媒有限公司	
印　　刷	河北文福旺印刷有限公司	
规　　格	185mm×260mm　16 开本　18.75 印张　424 千字　2 插页	
版　　次	2021 年 1 月第 1 版　2024 年 12 月第 6 次印刷	
印　　数	19001—21000 册	
定　　价	89.80 元	

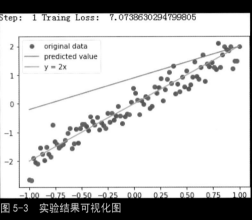

图 4-9 epochs=1000 的训练效果

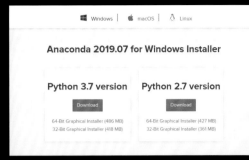

图 5-2 Anaconda 版本选择

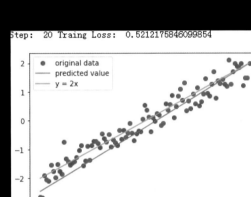

图 5-3 实验结果可视化图

图 5-4 数据集图像展示

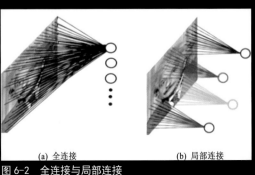

(a) 全连接   (b) 局部连接

图 6-2 全连接与局部连接

图 8-12 测试结果

图 9-2 固定阈值分割法示例图

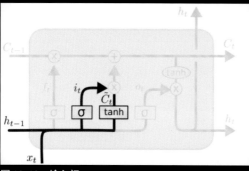

图 10-10 输入门

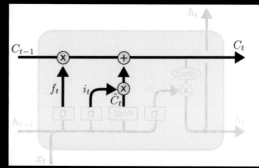

图 10-11 更新细胞状态

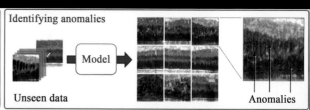

图 10-10 输入门

表 13-1 课程 MRP 表

状态 S	课程 1	课程 2	课程 3	复习	玩手机	结束
奖励值 R	-2	-2	-2	1	-1	0
课程 1		0.5			0.5	
课程 2			0.8			0.2
课程 3				0.4		
通过						1
复习	0.2	0.4	0.4			
玩手机	0.1				0.9	
结束						1

编写委员会

主　编：刘　鹏

副主编：曹　骝　张　燕

编　委：张　籍　时晨皓　高中强　刁小宇　吴彩云

　　　　何　杰　李　曼　张　雨　李兴伟

以上编委成员均来自

前 言
Preface

　　自从 AlphaGo(阿尔法狗)人工智能程序击败人类职业围棋选手以来，经历过三次发展浪潮的"人工智能"开始成为人们频繁提及的热词。放眼全球，人工智能正呼啸而来，随着加速发展的人工智能产业以及动辄数百万的人才缺口，以人工智能为先导的技术变革正在催生一个不可思议的新时代。

　　一次变革即意味着一次思维方式的转变。在这场人工智能变革中，面对汹涌而来的时代浪潮，是观望徘徊，还是积极拥抱新思想与新技术，决定了个体、企业乃至国家的发展轨迹。特别是对于作为时代主人翁的年轻人而言，更应该抓住这个实现自己价值的机会。

　　于是，人工智能学习大军的规模日趋庞大，甚至有专家预言，人工智能将成为未来社会每个人都应该掌握的基本技能，获得权威企业的人工智能工程师认证也日趋成为主流。然而，人工智能的学习并不是毫无门槛，亦不能一蹴而就，仅凭浓厚的兴趣可能难以迈入人工智能学习的大门，从目前市面上大多晦涩难懂的专业读本即可知其一二。

　　基于此，本书从人工智能的实际学习需求出发，以实践应用为导向，配套丰富的资源，通过微课视频、章节习题和实验代码帮助读者快速地获取专业知识，自主解决实际问题，还可参与云创大学（http：//edu.cstor.cn）人工智能工程师认证。无论你是具有一定经验的专业人才，还是立志成为人工智能大神的初学小白，都可从本书中有所收获与启发。

　　在此，特别感谢我的硕士研究生导师谢希仁教授和博士研究生导师李三立院士。李三立院士是留苏博士，为我国计算机事业做出了杰出贡献，曾任国家"攀登计划"项目首席科学家，带出了一大批杰出的学生。

　　本书是集体智慧的结晶，在此谨向付出辛勤劳动的各位作者致敬！由于时间仓促且作者水平有限，书中难免会有不当之处，恳请读者不吝赐教。

刘 鹏 教授

读者问题反馈邮箱：67419025@qq.com

扫描下方二维码　　　　　　　　　　扫下方二维码输入
观看配套案例视频　　　　　　　　　关 键 字 CXBDDS
　　　　　　　　　　　　　　　　　领取海量配套资源

专家推荐
Experts recommend

在新一轮科技革命与产业变革中，人工智能扮演着重要的角色，并正在对社会和个人产生深远的影响。本书从人工智能的前世今生说起，以通俗简练的语言风格，详细介绍了人工智能这条时间长河中沉淀下来的熠熠生辉的各色"宝石"。同时本书秉持"纸上得来终觉浅，绝知此事要躬行"的理念，在理论讲解的同时，辅之以讲解视频和实例代码，帮助读者打磨提高，真正将专业知识收入囊中。

——张亚勤 院士 清华大学讲席教授

张亚勤博士，澳大利亚国家工程院院士、美国艺术与科学院院士、欧亚科学院院士，IEEE 历史上最年轻的会士、联合国开发计划署企业董事会董事、数字视频和人工智能领域的世界级科学家和企业家。曾在微软公司工作 16 年，历任全球资深副总裁兼微软亚太研发集团主席、微软亚洲研究院院长兼首席科学家、微软中国董事长、微软移动全球副总裁，2014—2019 年任百度公司总裁。目前担任清华大学智能科学讲席教授，智能产业研究院创始院长。

与近年来出版的人工智能书籍相比，本书内容翔实、逻辑清晰、深浅得当，同时有着丰富的实操案例，将包罗万象的人工智能技术与知识进行一一拆解，为读者奉上了易消化的"营养大餐"，是一本难得的好书。本书尤其适合在人工智能学习路上遭遇瓶颈的读者朋友，相信跟随作者的讲解并进行编写代码实践操作，定会"山重水复疑无路，柳暗花明又一村"。

——陈尚义 百度技术委员会理事长

陈尚义，百度技术委员会理事长，中国软件行业协会副理事长。教育部考试中心专家委员，国家科技重大专项"宽带无线通信"专项总体组专家，国家重点研发计划"新能源汽车专项""云计算和大数据专项"总体组专家，中国电子学会会士、常务理事，中关村高端领军人才，云计算发展与政策论坛副理事长，中国云计算技术与产业联盟常务理事。中国软件和美利云独立董事。

目 录
Contents

第1章
峰回路转的AI之路

近几年来，随着各种惊奇的人工智能应用出现在大众的视野，人工智能这门技术逐渐受到大家的关注。普通群众沉迷于其神奇的效果，而开发者则好奇它背后的技术。

虽然人工智能是近期才被全民关注的，但它早在20世纪就已经出现，其间经历了漫长曲折的发展，才有了如今令人瞩目的成就。

本章将详细介绍人工智能的发展历程，让读者对其涉及的重要事件和技术名词有个初步了解，然后再展开后续章节的学习。

 学习重点

◎ 了解人工智能是一种什么样的技术

◎ 了解人工智能两次衰落的根本原因是什么

◎ 掌握深度学习常用的几类硬件

◎ 了解常见的几个深度学习框架

1.1 人工智能是什么

扫一扫，看视频

要了解人工智能（AI）的发展历史，需要先知道人工智能到底是什么？人工智能是一门复杂的交叉学科，它涵盖的范围很广，所有用于模拟、延伸和扩展人的智能的理论、方法、技术都属于人工智能[1]。简单来说，人工智能就是一门研究如何让机器像人类一样，能看、能听、能说、能想、能动的技术。

能看，主要是指图像处理技术，比如人脸识别、物体识别、文字识别等；能听，主要是指语音识别技术；能说，主要是指语音合成技术；能想，主要是指自然语义处理技术，比如文本分类、信息检索、机器翻译、问答系统等；能动，主要是指机器人技术。

人工智能的诞生要追溯到 20 世纪 50 年代，它的历史几乎和计算机的发展史一样悠久。这里不得不提的就是英国科学家艾伦·图灵（Alan Turing），他被誉为"计算机科学之父"与"人工智能之父"，一生为众多科学领域的发展做出了杰出的贡献。1936 年，图灵发表了一篇名为"论数字计算在决断难题中的应用"的论文，在论文中，图灵将人们进行数学运算的过程进行抽象，交给一个假想的机器进行运算。机器可以将输入的"程序"保存在存储带上，然后按照"程序"一步步运行，最后将结果也保存在存储带上。这个假想的机器后来被称作"图灵机"。受"图灵机"和约翰·冯·诺依曼（John von Neumann）学说的启发，1946 年，第一台通用计算机 ENIAC 诞生了，为人工智能的出现奠定了基础。

1950 年，艾伦·图灵又在 *Mind* 杂志上发表了一篇名为"Computing Machinery and Intelligence"（计算机器和智能）的论文。论文中探讨了"机器能思考吗"的问题，并且由于机器是否具有"智能"不易衡量而提出了一个假设：如果一台机器能够与人类展开对话（通过电传设备），而且能不被识别出其机器的身份，那么就可以称这台机器具有智能。图灵在论文里还回答了对这个假说常见的一些质疑，并预言了机器有一天或许会像人类一样思考。"图灵测试"是人工智能在哲学领域的第一个严肃的提案，激发了当时一些研究者对它的关注和思考。

1956 年夏天，达特茅斯会议在美国举行，马文·明斯基[①]（Marvin Minsky）、约翰·麦卡锡（John McCarthy）、克劳德·香农[②]（Claude Shannon）、赫伯特·西蒙（Herbert Simon）、艾伦·纽威尔（Allen Newell）等顶尖科学家参加了这场会议。会议持续了两个月，最终确定了人工智能的名称和任务，人工智能正式诞生。

---

① 马文·明斯基被誉为"人工智能之父"，1969 年被授予了图灵奖。
② 克劳德·香农是美国数学家、信息论创始人，他提出了信息熵的概念，为信息论和数字通信奠定了基础。

1.2 AI 的三起两落

纵观历史，人工智能的发展并不是一帆风顺的，其经历了三起两落。

扫一扫，看视频

1.2.1 第一次起落

1956 年，人工智能的概念被提出后，进入了发展的黄金期。当时，政府资助建立了很多人工智能实验室，也确实取得了一些成就。

在机器学习方面，1956 年，IBM 工程师亚瑟·塞缪尔（Arthur Samuel）编写了一套西洋跳棋程序，该程序整合了一些策略，可以记住一定数量的棋谱，并选择其中胜率大的走法。1959 年，该程序战胜了塞缪尔本人；1962 年，该程序战胜了美国康涅狄格州的跳棋冠军罗伯特·尼赖（Robert Nealy）。

在定理证明方面，1956 年，艾伦·纽威尔和赫伯特·西蒙研发的"逻辑理论家"（Logic Theorist）证明了《数学原理》中全部 52 条定理中的 38 个，剩余的定理后来也相继被证明，其中对定理 2.85 的证明甚至比原书作者罗素（Russell）和怀特海（Whitehead）的证明更巧妙。这项成就在发表之初还不被重视，直到 1975 年，艾伦·纽威尔和赫伯特·西蒙才因此获得图灵奖。

在连接主义方面，1957 年，罗森布拉特（Rosenblatt）发明了感知机，它模拟人脑的运作方式进行建模，这也是人工神经网络理论中神经元的最早模型。

1964—1966 年，麻省理工学院人工智能实验室历时三年编写了世界上第一个真正意义上的聊天程序 ELIZA。它可以扫描用户提问中的关键词，并为其匹配应对词，以实现简单的模拟对话。它曾被用于模拟医生与病人的对话，第一次亮相就"骗"过了很多人。

1956—1966 年这段时期后来被称为人工智能的"推理期"，人们认为只要赋予机器逻辑推理的能力，机器就能具有智能。在这段时间里，人工智能的各个分支蓬勃发展，像"逻辑理论家"这样的符号主义[①]方法取得了重要的成果，像"感知机"这样的连接主义[②]也开始萌芽。当时的研究者对未来充满信心，认为完全智能的机器人在 20 年内就能出现。

但随着研究向前推进，人工智能的发展逐渐遇到了瓶颈。当时的计算机内存和处理速度有限，很难处理复杂的问题。并且，让机器达到人类的认知所需要的数据量也很大，没有人能够获取如此大规模的数据，也没有人知道如何让机器学到如此多的信息。塞缪尔的跳棋程序在对战世界冠军时也被击败。

---

① 符号主义，又称为逻辑主义（Logicism），是指基于逻辑推理的智能模拟方法模拟人的智能行为。该学派认为：人类认知和思维的基本单元是符号，计算机也是一个符号系统，因此可以使用计算机来模拟人的认知行为。早期的人工智能大多是符号主义。
② 连接主义，又称为仿生学派，主要是指模拟生物神经元进行建模的学习算法。

1969 年，马文·明斯基出版了《感知机》一书，书中提到感知机不能解决"异或问题"的缺陷，并给其宣判了"死刑"。

在机器翻译领域，出现的情况则更糟糕。其中比较有名的一个例子是：机器将"The spirit is willing, but the flesh is weak"（心有余而力不足）这句英文谚语翻译为俄语之后，再重新翻译成英文，却出现了"The wine is good，but the meet is spoiled"（酒是好的，但肉是坏的）的结果。

当时，人工智能的大多数成果都只是机房里的"游戏"（下棋或简单翻译词句），远不能解决实际问题。其间，有很多人公开发表报告攻讦人工智能。其中最有名的是如下两个事件。

第一个事件是在 1965 年，哲学家休伯特·德雷福斯（Hubert Dreyfus）[1] 发表了名为"炼金术与人工智能"的报告。在该报告中，他将人工智能与炼金术相对比，认为当时人工智能做的都是无用功 [2]，并将爱德华·费根鲍姆（Edward Feigenbaum）在当时一个重要的论文文集《计算机与思维》中所说的"AI 领域的显著进步是向终极目标的逐步接近"讽刺为"第一个爬上树的人可以声称这是飞往月球的显著进步"。在这份报告中，德雷福斯明确指出当时的科学家对于 AI 的态度过于乐观，而实际上 AI 在语言翻译、学习等领域中都遇到了比较大的困难，投资了 1 000 多万美元的机器翻译也只得到了令人尴尬的成果。由于这份报告的观点大胆、言辞尖锐，德雷福斯所在公司仅在 1965 年发布了油印版报告，1967 年才正式发布了印刷版报告。

第二个事件是在 1973 年，英国科学研究委员会（SRC）委托应用数学家詹姆斯·莱特希尔（James Lighthill）在给英国科学研究委员会的报告中，对人工智能研究的自然语言处理、机器人等领域提出严重质疑。他指出人工智能领域至今都没有做出任何实质性的成果，那些看上去宏伟的计划根本无法实现。

各种攻讦直接导致很多机构逐渐停止了对人工智能研究的经费资助，人工智能迎来了第一次"寒冬"。

第一次低潮的持续时间大约为 1967—1975 年。这个时期里，人工智能的研究者分成了两派：一派以休伯特·德雷福斯为代表的研究者对人工智能进行了尖锐的批判；另一派是以爱德华·费根鲍姆为代表的研究者则对人工智能仍然抱有希望。他们认为，人工智能之所以无法向前推进，是因为他们太过于强调推理求解的作用。对比人类思考求解的过程会发现，知识绝对是不可缺少的，他们认为，要让人工智能摆脱困境就需要有大量的知识。

1.2.2　第二次起落

在费根鲍姆的带领下，一类名为"专家系统"的 AI 程序不断出现，人工智能重新焕发生机。"专家系统"实际上就是一套计算机程序，它聚焦于某个专业领域，在录入人类专家整理的庞大知识库后，可以模拟人类专家进行该领域的知识解答。1977 年，费根鲍姆在第五届人工智

---

① 休伯特·德雷福斯原本在麻省理工学院担任教授，1964 年进入一家名为兰德的 AI 公司进行 AI 相关的研究，一生研究贡献颇多。

能大会上，将这个领域定义为"知识工程"。此时，人工智能进入了"知识期"，人工智能开始从理论研究走向实际应用。

该时期的代表案例有 1965 年的化学专家系统 DENDRAL、1972 年的医疗专家系统 MYCIN、1979 年的地质专家系统 PROSPECTOR 等。其中，最有名的是 1978 年由美国数字设备公司和卡耐基梅隆大学开发的一款名为 XCON 的专家系统，它可以利用计算机系统配置的相关知识为用户挑选最合适的系统部件。该系统在 1980 年正式投入工厂使用，每年可为工厂节省 3000 多万美元的开支。XCON 取得的巨大成功引得当时很多公司纷纷效仿。

在"专家系统"的刺激下，很多科研计划也陆续被推出。1982 年，日本推出第五代计算机计划，计划预计在 10 年内完成，其目标是制造出能与人对话、看懂图像、翻译语言，并能像人一样推理的机器人。1984 年，"大百科全书"（Cyc）项目启动，该项目试图创建一个包含全人类知识的"专家系统"，希望人工智能能够以类似人类推理的方式工作。

与此同时，沉寂了许久的"连接主义"也有了新的发展。1982 年，霍普菲尔德（Hopfield）提出一种新型的神经网络，它使用一种全新的方式进行学习和信息处理，后来被称为 Hopfield 网络。同时，反向传播算法（即 BP 算法）也被提出，这是一种神经网络的训练方法，是深度学习理论的重要算法之一。该算法的提出在很大程度上促进了后来的人工神经网络的发展。

1986 年，基于符号主义的一种重要的决策树算法由昆兰（Quinlan）提出。决策树是如今数据挖掘中常用的一种技术，可以用于分析数据，同样也可以用于预测。

然而，好景不长，20 世纪 80 年代末，"专家系统"的缺陷逐渐显示出来。一方面，专家系统中的知识大多是人工总结而来的，机器的推断能力完全由人工输入了多少知识决定，这意味着"有多少人工，就有多少智能"。另一方面，找专家进行知识录入的成本很高，并且"专家系统"都是针对某个特定领域建立的，难以复用于其他领域，所以它还面临着应用领域狭窄的问题。

同时，日本的第五代计算机计划也宣告失败，AI 领域再次遭遇了一系列的财政危机，进入了第二次"寒冬"。

尽管传统的研究者们也在积极寻找方法摆脱困境，但是依然没有进展。20 世纪 80 年代后期，一些研究者开始提出一种新的人工智能方案，他们主张不再采取自上而下的方法让机器"学习"知识，而是采用一种自下而上的方法。传统的人工智能学习方法主张把知识总结出来，再输入机器，这样的机器只能"知其然而不知其所以然"，能力终究受到限制。而新的理论主张让机器自己"学习"，自己获取知识。

这期间，在新的思路下开始涌现出两批观点不同的人：一批人从神经生理学角度出发，试图模拟人脑的工作原理建立学习算法。这一学派被称为连接主义（又称联结主义）或仿生学派，1957 年的感知机就是其经典代表。另一批人受心理学流派影响，认为行为是有机体用以适应环境变化的各种身体反应的组合，它的理论目标在于预见和控制行为。这一学派后来被称为行为主义学派或控制论学派。在 20 世纪 80 年代到 90 年代期间，两大新兴学派与传统的符号学派形成了"三足鼎立"的局面 [3]。

在这期间产生了一些成果，如杨乐昆（Yann LeCun）[1] 于 1989 年提出了一种用反向传播算法进行求导的人工神经网络 LeNet，这也是现在学习卷积神经网络必学的入门结构。但在 1991 年，用于训练人工神经网络的 BP 算法被指出存在梯度消失[2] 的问题，给人工神经网络带来致命的打击，人工神经网络的发展降到了冰点。

1.2.3　第三次兴起

到了 20 世纪 90 年代中期，计算机性能的提高和互联网的快速发展加快了人工智能的发展。硬件水平的飞速提升带来了算力上质的飞跃。在互联网环境下，数据的获取也变得廉价且容易。得益于此，人工智能成功地应用在了一些产业之中。

1997 年，IBM 的超级计算机"深蓝"击败了国际象棋冠军卡斯帕罗夫（Kasparov），引起了世界的关注。

1998 年，美国 Tiger Electronics 公司推出了第一个宠物机器人"菲比"（Furby），摸一摸就可以与其语音互动。

2000 年，日本本田公司的第一代 ASIMO 机器人诞生。ASIMO 可以灵活地走动，完成弯腰、握手等各种动作。

各种浅层的机器学习算法也在这一期间被提出或得到发展。和专家系统不同，机器学习不再需要有人总结知识并输入计算机，计算机可以自主从数据特征中学习数据分布的规律。机器学习算法发展的主要成就如下。

1995 年，统计学家万普尼克（Vapnik）提出了线性 SVM 算法，其数据理论推导完整，并且在线性分类问题上取得了当时最好的成绩。

1997 年，Adaboost 算法被提出，它通过集成一些弱分类器来达到强分类器的效果。

1997 年，尤尔根·施米德胡贝（Jürgen Schmidhuber）[3] 提出长短期记忆（LSTM）网络，由于当时人工神经网络正处于下坡期，该网络没有得到足够的重视，但是它的提出却对人工智能的发展产生了深远的影响，目前在语音识别和自然语言处理等领域均有广泛使用。

1998 年，杨乐昆和约书亚·本吉奥（Yoshua Bengio）[4] 等人发表了关于手写字体识别的各种方法的研究和优化的论文。他们发明的用于手写字体识别的人工神经网络 LeNet 曾成功应用于美国邮政的手写数字识别系统。但受限于当时的数据输入量和计算机的计算能力，LeNet 依然没有受到重视。而现在，LeNet 已经成为很多人学习卷积神经网络的入门之选。

---

[1] 杨乐昆是纽约大学教授、Facebook 副总裁兼人工智能首席科学家，与约书亚·本吉奥、杰弗里·辛顿（Geoffrey Hinton）共同获得 2018 年的图灵奖。三人被称为"深度学习三巨头"，为深度学习的发展做出了非常多的贡献。
[2] 梯度消失是人工神经网络中一个常见的问题，其表现为在 BP 算法的反向传播过程中，随着层数的加深，梯度越来越接近于 0，难以继续优化。这会导致训练出来的模型效果非常差。
[3] 尤尔根·施米德胡贝出生于德国，是瑞士人工智能实验室（IDSIA）的研发主任，被称为"递归神经网络之父"。由于其特立独行的行事风格，与深度学习领域其他知名学者之间发生过很多趣事。
[4] 约书亚·本吉奥是蒙特利尔大学教授，是魁北克人工智能研究所 Mila 的科学主任，也是"深度学习三巨头"之一。

2000 年，Kernel SVM 算法被提出，它通过一种巧妙的方式将原空间线性不可分的问题映射到高维空间，实现线性可分。由于其在小规模数据集上解决非线性分类和回归问题的效果非常好，因此其在较长的时间里一直碾压人工神经网络，占据人工智能算法的主流地位。

2001 年，随机森林算法被提出。和 Adaboost 的思路类似，这也是一个集成式的方法，但在过拟合 [①] 问题上，比 Adaboost 算法效果更好。

1.3　力挽狂澜的辛顿

扫一扫，看视频

在 20 世纪 90 年代到 21 世纪初的很长一段时间里，以 SVM 算法为首的浅层机器学习算法一直占据着人工智能的半壁江山。直到计算机、互联网和大数据的迅速发展，人工神经网络才迎来了新的曙光。

2006 年，多伦多大学的教授杰弗里·辛顿（Geoffrey Hinton）和他的学生在顶尖学术期刊《科学》上发表了一篇文章，提出了深度学习的概念。文章主要提及了两方面的内容：第一，多隐层的人工神经网络（即深度学习网络）具有优秀的特征学习能力；第二，"梯度消失"的问题可以通过先使用无监督的学习算法逐层预训练，再使用反向传播算法调优解决。

辛顿把这种采用"逐层预训练"的网络称为深度信念网络（DBN）。DBN 被提出后便迅速打败了风光已久的 SVM。这在学术圈内引起了一定的反响，很多研究机构开始投入精力到深度学习领域的相关研究中。在这之后，深度学习进入了快速发展期，在学术界和工业界均小有成就。

2007 年，斯坦福大学华裔女科学家李飞飞发起了 ImageNet 项目。该项目至今已整理了超过 2 万个类别，包含 1400 万张图片数据，对深度学习的发展有极大的推动作用。

2010 年开始，ImageNet 每年都会举办大型视觉识别挑战赛，这些挑战赛非常有意义，在人工智能的发展过程中发挥了非常重要的作用。

2011 年，ReLU 激活函数被提出，运用该函数可以有效地抑制梯度消失的问题，这也是现在使用最普遍的一种激活函数。同年，微软将深度神经网络应用在语音识别上，将错误率降低到 20%~30%，这是语音识别领域十几年来取得的重要突破之一。

2012 年是深度学习里程碑式的一年，辛顿和他的学生亚历克斯·克里泽夫斯基（Alex Krizhevsky）参加了那年的 ImageNet 视觉识别挑战赛，用卷积神经网络 AlexNet 以惊人的优势（错误率比第二名低了 10% 左右）取得了大赛的第一名。至此开启了深度学习的井喷期。在那之后，每年 ImageNet 大赛都会产生非常优秀的模型结构，如 2014 年的 ImageNet 双冠 VGGNet、

[①] 过拟合是机器学习常见的一种问题，避免过拟合是分类器设计中的一个核心任务。其具体表现为：过拟合的模型只在训练集上的效果好，而在测试集上的效果差，无法实际应用到新的数据上。

GoogLeNet；2015 年的 ResNet 等。

从人工神经网络逐步发展到深度学习，辛顿在其间的贡献意义非凡，BP 算法、深度学习概念、AlexNet 均是深度学习发展过程中的重要事件。因此，辛顿也被称作"神经网络之父"。2013 年，辛顿加入谷歌，带领谷歌团队进行"谷歌大脑"的项目研究。之后，他与约书亚·本吉奥和杨乐昆共同获得了 2018 年的图灵奖，如今他依然活跃在 AI 学术界。

1.4 震惊世界的 AlphaGo

扫一扫，看视频

AlexNet 之后，深度学习在图像处理领域大放异彩，在其他领域也成果斐然。

2016 年 3 月，谷歌 DeepMind 团队开发的 AlphaGo 围棋机器人与世界围棋冠军、职业九段棋手李世石进行围棋大战，最终以 4：1 的比分获胜。2017 年 5 月，在中国乌镇围棋峰会上，AlphaGo 再次与世界围棋冠军柯洁对战，以 3：0 的比分再次获胜。两次人机对战证明 AlphaGo 的水平已经超过了人类职业围棋的顶尖水平。之后 AlphaGo 团队宣布 AlphaGo 围棋机器人将不再参加围棋比赛。同年 10 月，团队公布了当时最强的阿尔法围棋机器人，代号为 AlphaGo Zero。

AlphaGo 的成功，在全世界引起轩然大波，一方面，关于"机器是否会取代人类"的言论一时甚嚣尘上，人工智能也逐渐进入普通公众的视野；另一方面，同样是下棋机器人，不可避免地会让人联想到 IBM 的"深蓝"（Deep Blue）象棋机器人。时隔多年，从象棋到围棋人机大战，同样是棋类机器人，这么多年的研究意义何在呢？其不同主要有两个方面，即复杂度和破解原理。

首先，根据游戏参与者在游戏中信息的获得程度可将一般的游戏分为两类：完美信息游戏和不完美信息游戏。像围棋、象棋这种游戏，参与者能够看到游戏的所有状况，并可以了解对手每个阶段下一步可以进行的所有状态的游戏就属于完美信息游戏。而像扑克、麻将这种游戏，虽然能看到目前所有出过的牌，但却不知道对手的牌或游戏剩余的牌的游戏就属于不完美信息游戏。在不完美信息游戏中，每个参与者所掌握的信息是不对等的，所以经常会有玩家利用这种特性误导对手出牌，以此赢得游戏。

信息获取度方面的区别使得两种游戏的复杂度衡量指标有所区别。在完美信息游戏中，主要可以用状态空间复杂度和游戏树复杂度来衡量游戏的难度。但是这两种衡量方法都很难给出一个准确的数字，只能给出一定上限。

游戏的状态空间复杂度是指从游戏开始到结束所有状态的总数。以常见的"井字棋"为例，棋盘共有 3×3 个位置。每个位置的取值状态有 3 种，分别为黑子、白子、空子。所以这个 9 宫格棋盘的状态总量有 3^9，也就是 19683 个，约等于 10^4 个。再看游戏树复杂度，井字棋中第一个人有 9 个走法可选，第二个人有 8 个，以此类推，游戏的复杂上限为 9 的阶乘，也就是 $9×8×7×6×5×4×3×2×1=362880$。

围棋和象棋的计算方式与此类似，围棋的棋盘共有 $19×19$ 个位置，每个位置也是 3 种状态。那么围棋的状态空间是 3^{361}，约等于 10^{172}，游戏树复杂度约为 10^{360}。但这里计算其实包括了一些不符合游戏规则的状态，所以说，状态复杂度和游戏树复杂度给出的都不是准确的数，而是一个上限。国际象棋的棋盘大小为 $8×8$，状态空间复杂度为 10^{30}，游戏树复杂度约为 10^{123}。

相较之下，AlphaGo 的围棋挑战远比"深蓝"的象棋挑战难很多，所以仅从复杂度方面来说，从"深蓝"到 AlphaGo，两者成功的意义是完全不同的。

从破解原理来说，"深蓝"采取的策略是尽量把下棋所有的可能性列举出来。本质上是利用计算机的计算能力进行"暴力穷举"，属于早期人工智能的做法。而"暴力穷举"的方式并不适用于复杂度更大的围棋，并且这种方式放在深度学习飞速发展的今天，也会显得不够"优雅"。因此，AlphaGo 采用深度学习的技术来应对这个难题，先判断对手可能落子的位置，再判断在目前情况下最后的胜率，最后寻找最佳落子点。这样运行机制更贴近人脑的应对方式，更加"智能"，也更符合人工智能"用机器模仿人类工作"的理念。所以从技术角度来说，AlphaGo 和"深蓝"的层次也不一样。

总之，AlphaGo 的成功，无疑是 21 世纪人工智能领域最瞩目的成就之一，这也让世界各国意识到人工智能的重大意义，纷纷开始部署人工智能的发展战略。

1.5 百花齐放的 AI 时代

扫一扫，看视频

现阶段，人工智能受到了广大研究人员的关注，深度学习作为人工智能的主流技术，也受到了大家的追捧，人工智能进入了百花齐放的时代。Google、Facebook、微软、阿里巴巴、腾讯、百度等国内外知名公司均积极投身到深度学习的研究浪潮中，各种中小型企业也逐渐向其靠拢。这带动了深度学习的相关硬件、通用框架、算法等基础技术的发展和成熟，同时也带动了人工智能在各类产品层面的落地。

基础技术的成熟，意味着这门技术研究门槛的降低，低门槛更利于技术进步与产品化。硬件层面，市面上已有 GPU、FPGA、ASIC 等各种成熟的加速芯片供研究者挑选。软件层面，有 TensorFlow、Caffe、PyTorch、Keras 等优秀的开源框架可以使用。若遇到问题，到网上各种友好的开源社区进行交流也是一个不错的选择。

大环境的友好包容促进了各种人工智能项目得以落地，并逐渐渗入我们的生活。代表性的产品应用有智能家居、智能机器人、智能安防、智能医疗、无人驾驶等。

智能家居的一个典型产品就是智能语音终端，用户可以通过和语音终端对话来控制各种家居产品，如电灯、窗帘的开关。阿里巴巴推出的"天猫精灵"和小米推出的"小爱同学"都属于这类智能语音终端。

智能机器人就比较接近一般人对人工智能的想象了，它通常是一个有实体的物体，能够像人一样完成一些"听、说、做"的具体行为，百度的"小度机器人"就是一款颇具代表性的智能机器人，它曾亮相江苏卫视的《芝麻开门》节目，能够自然流畅地与人进行信息、情感等方面的交流。

智能安防的应用比较常见，高铁检票口的人脸识别、小区车库的车牌识别、仓库的入侵检测均属于这类应用。

最后两类应用，即智能医疗和无人驾驶，我们接触相对较少。智能医疗方面的应用主要是基于人工智能中的图像处理技术，辅助医生对病理片进行诊断。这方面的应用目前大多停留在辅助诊断阶段，暂时还不能完全取代医生。

无人驾驶也是目前非常火的一个应用方向，由于车辆驾驶一般会遇到路况复杂、突发状况多的问题，所以现阶段自动驾驶一般应用于小规模、小区域的固定场景。例如，北京智行者科技公司和百度阿波罗平台联合推出了"蜗小白"无人驾驶清扫车，它可在夜深人静时清扫道路上的垃圾。很多物流港口也引入无人驾驶车辆对货物进行运输，极大地节省了物流行业的运输成本。

可以看出，目前人工智能在学术界、工业界"两面开花"，在很多人研究这门技术的同时，也有很多人正在将这些技术应用到现实生活中。虽然在某些领域人工智能已经能够达到或者超越人类的水平，但是在更多的通用问题上，人工智能技术的发展仍然任重而道远。不过这并不妨碍人们对人工智能的研究热情，历史的经验告诉我们，没有什么技术是一蹴而就的，人工智能未来可期。

1.6　习题

判断题

（1）达特茅斯会议标志了人工智能的诞生。（　　）

（2）人工智能的发展，整体有 3 个阶段：第一阶段是推理期算法的兴衰；第二阶段是"知识工程"的兴衰；第三阶段是 20 世纪 90 年代后机器学习、神经网络的兴起。（　　）

（3）20 世纪 90 年代，人工智能得以进一步发展，很大原因受益于计算机硬件发展带来的算力提高，以及互联网发展给人工智能带来的大量廉价的数据。（　　）

第2章
Python入门

Python是一门简单易学且功能强大的编程语言。它拥有高效的高级数据结构，并且能够用简单而又高效的方式进行面向对象编程。

要运行代码，就需要Python解释器去执行.py文件。Python解释器有面向不同语言的多种实现方式，这里介绍的是最常用的C语言实现，这种Python解释器被称为CPython。Python在各种操作系统上都有各自的解释器，通过各个操作系统上的解释器，Python实现了跨平台[4]。

访问Python官网（https://www.python.org/），在Downloads菜单下，选择与你的计算机系统对应的版本进行下载即可。

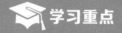 学习重点

◎掌握Python入门语法　　◎了解Python函数

◎了解常用的Python模块　　◎掌握NumPy基础

2.1 基础知识

扫一扫，看视频

2.1.1 标识符

标识符（identifier）是用来标识某个实体的符号。简单来说，就是为了标识变量、符号常量、函数、数组、文件、类、对象等而起的名字。

在 Python 里，标识符只能由字母、数字和下划线（_）组成，且不能以数字开头。因此，Yunchuang2 是合法的变量名，而 2Yunchuang 不是。

2.1.2 关键字

在 Python 中，具有特殊功能的标识符被称为关键字。关键字是 Python 语言中已经被使用的标识符，开发者不能定义与关键字相同的标识符。常见的关键字有 def、if、try、class 等。表 2-1 所示为 Python 中使用的关键字。

表2-1 Python中使用的关键字

and	exec	not	def	if	return
assert	finally	or	del	import	try
break	for	pass	elif	in	while
class	from	print	else	is	with
continue	global	raise	except	lambda	yield

2.1.3 注释

Python 中的单行注释以 # 号开头，多行注释可以使用多个 # 号或 ''' 和 """。常见的注释方式如下。

```
# 打印圆的周长
print(2 * pi * radius)
```

2.1.4 行与缩进

Python 中比较特别的一点就是使用缩进来表示代码块，缩进的空格数是可变的，但是同一个代码块的语句必须包含相同的缩进空格数，否则会报错。

2.1.5　多行语句

Python 中，一个语句通常就写一行，但如果语句较长，可使用反斜杠（\）将其表示成多行语句。例如，下面给出的代码 1 和代码 2 表达的内容是没有区别的。

代码 1 如下。

```
total = item_one + item_two + item_three
```

代码 2 如下。

```
total = item_one + \
        item_two + \
        item_three
```

2.1.6　数据类型

计算机最开始本就是用于计算的机器，因此，处理各种数值是计算机的基本功能。现在，除了数值外，计算机还可以处理文本、图形、音频、视频、网页等各种各样的数据，不同的数据需要定义不同的数据类型。在 Python 中，能够直接处理的数据类型有以下几种。

1. 数字

Python 中数字有 4 种类型：整数、布尔型、浮点数和复数。

◎ int（整数），如 1。

◎ bool（布尔型），如 True、False。

◎ float（浮点数），如 1.23、3E-2。

◎ complex（复数），如 1 + 2j、1.1 + 2.2j。

2. 字符串（String）

◎ Python 中单引号和双引号的用法完全相同。

◎ 使用三引号 ('''或 """) 可以指定一个多行字符串。

◎ 转义符为"\"。

◎ 反斜杠可以用来转义，使用 r 可以让反斜杠不发生转义，如 r"this is a line with\n"，"\n"会显示出来，并不是换行。

◎ 按字面意义级联字符串，如 "this" "is" "string" 会被自动转换为"this is string"。

◎ 字符串可以用 + 运算符连接在一起，用 * 运算符重复。

◎ Python 中的字符串有两种索引方式，从左往右以 0 开始，从右往左以 -1 开始。

◎ Python 中的字符串不能改变。

◎ Python 没有单独的字符类型，一个字符就是长度为 1 的字符串。

◎ 截取字符串的语法格式为：变量 [头下标 : 尾下标 : 步长]。

13

3. 空行

空行的作用主要是分隔不同类型的数据或区分不同的代码段。空行和缩进不同，空行仅用于使代码更整洁、可读性更高，并不是 Python 语法的一部分。合理地使用空行更利于日后代码的维护。

> **注 意**
>
> 空行是程序代码的一部分。

2.2 列表、元组和字典

扫一扫，看视频

在 Python 中，最基本的数据结构是序列。序列中的每个元素都有编号，常称作索引，其中第一个元素的索引是 0，第二个元素的索引是 1，以此类推。

Python 内置了多种序列，但最常用的是列表和元组。两者很相似，不同的是列表可以被修改，而元组不可以被修改，可以将元组看作一种特殊的列表。当需要禁止某些序列被修改时，可以用元组；当需要适时修改部分内容时，可以用列表。

2.2.1 序列

有几种操作可以用于所有序列，包括索引、切片、加、乘、检查成员。此外，Python 还提供了一些内置函数，可用于确定序列的长度以及序列中最大和最小的元素。

接下来，我们将在 Python 交互界面下，通过实例对序列进行操作。

索引使用操作如下。

```
>>> name = 'yunchuang'
>>> name[0]
'y'
```

切片使用操作如下。

```
>>> numbers = [1,2,3,4,5,6,7,8,9,10]
>>> numbers[2:5]          # 访问下标为 2 到 5（不包括 5）的元素
[3, 4, 5]
>>> numbers[0:10:1]        # 步长为 1，访问列表中的元素
[1, 2, 3, 4, 5, 6, 7, 8, 9, 10]
```

```
>>> numbers[0:10:2]          #步长为2，访问列表中的元素
[1, 3, 5, 7, 9]
>>> numbers[::4]             #从序列中每隔3个元素提取一个
[1, 5, 9]
```

可以使用加法运算符来拼接序列，操作如下。

```
>>> "yun" + "chuang"
'yunchuang'
>>> [1,2,3] + "yunchuang"
Traceback (most recent call last):
  File "<stdin>", line 1, in <module>
TypeError: can only concatenate list (not "str") to list
```

从以上报错信息可以看出，虽然列表和字符串都是序列，但它们是不能拼接的。一般来说，不同类型的序列不可以拼接。

使用乘法运算符将序列与数 x 相乘时，将重复这个序列 x 次来创建一个新序列。示例如下。

```
>>> 'feng' * 3
'fengfengfeng'
>>> [117] * 5
[117, 117, 117, 117, 117]
```

可以使用 in 运算符查看某个值是否存在于某个序列中。若存在，则返回 True；若不存在，则返回 False。True 和 False 被称为布尔运算符。

in 运算符的使用示例如下。

```
>>> yunchuang = 'xy'
>>> 'x' in yunchuang
True
>>> 'w' in yunchuang
False
>>> users = ['feng', 'meng','ru']
>>> input('enter your users name:') in users
enter your users name:feng
True
```

前两个示例使用成员资格测试分别检查 'x' 和 'w' 是否包含在字符串变量 yunchuang 中。最后一个示例检查提供的用户名 feng 是否包含在用户列表中。

2.2.2　列表

列表是 Python 中最常用的数据类型之一。列表通常用方括号表示，括号中各元素用逗号

隔开，每个元素可以是不同的类型。

创建方法如下。

```
>>> list1 = ['yun', 'chuang', 30, 40]
>>> list2 = [1, 2, 3, 4, 5 ]
>>> list3 = ["a", "b", "c", "d"]
```

访问列表中的值有两种常用方法：可以通过单个索引值来访问单个元素，也可以通过一个索引区间来访问多个元素。需要注意的是，使用区间访问多个元素时，采用的是前闭后开的原则。也就是说，若有列表 list，则 list[1,3] 访问的是索引 1 到 2 的元素，也就是包括 1，不包括 3。

访问列表示例如下。

```
>>> list1 = ['yun', 'chuang', 2, 20]
>>> list2 = [1, 2, 3, 4, 5, 6, 7 ,8]
>>> print ("list1[0]: ", list1[0])
>>> print ("list2[1:6]: ", list2[1:6])
list1[0]: yun
list2[1:6]: [2, 3, 4, 5, 6]
```

从列表中删除元素可使用 del 语句。示例如下。

```
>>> names = ['nan', 'jing', 'yun', 'chuang', 'da', 'shu', 'ju']
>>> del names[3]
>>> names
['nan', 'jing', 'yun', 'da', 'shu', 'ju']
```

给切片赋值的代码如下。

```
>>> name = list('yunchuang')
>>> name
['y', 'u', 'n', 'c', 'h', 'u', 'a', 'n', 'g']
>>> name[3:] = list('python')
>>> name
['y', 'u', 'n', 'p', 'y', 't', 'h', 'o', 'n']
```

表 2-2 所示是 Python 列表方法及作用。

表2-2　Python列表方法及作用

方　　法	作　　用
list.append(obj)	在列表末尾添加新的对象
list.count(obj)	统计某个元素在列表中出现的次数
list.extend(seq)	在列表末尾一次性追加另一个序列中的多个值（用新列表扩展原列表）

方　　法	作　　用
list.index(obj)	从列表中找出某个值第一个匹配项的索引位置
list.insert(index, obj)	将对象插入列表
list.pop([index=-1])	移除列表中的一个元素（默认最后一个元素），并且返回该元素的值
list.remove(obj)	移除列表中某个值的第一个匹配项
list.reverse()	反向列表中元素
list.sort(key=None, reverse=False)	对原列表进行排序
list.clear()	清空列表
list.copy()	复制列表

2.2.3　元组

Python 的元组与列表类似，元素之间也使用逗号隔开。不同的是：列表元素可变，而元组元素不可变；列表使用方括号表示，而元组使用小括号表示。元组的创建很简单，只需要将一些值用逗号分隔就能自动创建一个元组，或者在括号中添加元素并使用逗号隔开。示例如下。

```
>>> 1,2,3
(1, 2, 3)
>>> (1, 2, 3)
(1, 2, 3)
```

空元组用不包含任何内容的圆括号表示，具体如下。

```
>>> ( )
( )
```

如果只包含一个值的元组，则必须在后面加上逗号。示例如下。

```
>>> 725
725
>>> 725,
(725,)
>>> (725,)
(725,)
```

上面示例中，最后两个示例创建的元组长度为 1，而第一个示例根本没有创建元组。因此，请格外注意：创建元组时，逗号分隔特别重要。示例如下。

```
>>> 7 * (25 + 2)
189
>>> 7 * (25 + 2,)
(27, 27, 27, 27, 27, 27, 27)
```

tuple() 函数的工作原理与列表很像，它将一个序列作为参数，并将其转换为元组。如果参数已经是元组，就直接返回这个参数。示例如下。

```
>>> tuple([7,2,5])
(7, 2, 5)
>>> tuple('yunchuang')
('y', 'u', 'n', 'c', 'h', 'u', 'a', 'n', 'g')
>>> tuple((7,2,5))
(7, 2, 5)
```

元组的创建及其元素的访问方式与其他序列相同，这里不再赘述。

2.2.4　字典

字典是 Python 中一种更复杂的数据结构，可存储任意类型的对象。字典用大括号（{}）表示，每个元素之间用逗号（,）分开。字典中的每个元素为一对键值（key=>value）对，键值之间用冒号（:）分隔，格式如下。

```
>>> d = {key1 : value1, key2 : value2 }
```

键必须是唯一的，而值可以不唯一。值可以取任何数据类型，但键必须是不可变的，如字符串、数字或元组。

示例如下。

```
>>> dict = {'Yun': '123', 'Chuang': '456', 'big data': '789'}
```

或

```
>>> dict1 = { 'yunchuang': 456 }
>>> dict2 = { 'yunchuang': 123, 100: 37 }
```

要访问字典里的值，可以把相应的键放入方括号中。示例如下。

```
>>> dict = {'Name': 'Feng', 'Age': 24, 'Class': 'First'}
>>> print ("name: ", dict['Name']) print ("age: ", dict['Age'])
name: Feng
age: 24
```

2.3　条件和循环

2.3.1　条件语句

扫一扫，看视频

Python 中的条件语句是通过判断条件是 True 还是 False 来决定是否执行对应的代码块的。Python 中 if 语句的一般形式如下。

```
if condition_1:
    statement_block_1
elif condition_2:
    statement_block_2
else:
    statement_block_3
```

如果 condition_1 为 True，将执行 statement_block_1 块语句；如果 condition_1 为 False，将判断 condition_2；如果 condition_2 为 True，将执行 statement_block_2 块语句；如果 condition_2 为 False，将执行 statement_block_3 块语句。

Python 中用 elif 代替了 else if，所以 if 语句的关键字为 if－elif－else。

> 注 意
>
> ◎ 每个条件后面要使用冒号（：）结束，表示接下来是满足条件后要执行的语句块。
> ◎ 使用缩进来划分语句块，相同缩进数的语句在一起组成一个语句块。
> ◎ Python中没有switch－case语句。

2.3.2　循环语句

Python 中的循环语句有 while 和 for。

1. while 循环

Python 中 while 语句的一般形式如下。

```
while 判断条件:
    语句
```

示例如下。

```
x = 1
while x <= 100:
```

```
    print(x)
    x += 1
```

请尝试运行这段代码。

2. for 循环

Python 中的 for 循环可以遍历任何序列的项目，如一个列表或者一个字符串。

for 循环的一般格式如下。

```
for <variable> in <sequence>:
    <statements>
else:
    <statements>
```

打印数 1~100 的代码如下。

```
>>> for number in range(1,101):
        print(number)
```

请尝试运行以下代码。

```
>>> words = ['nan','jing','yun','chuang']
>>> for i in words:
        print(i)
>>> numbers = [0,1,2,3,4,5,6,7,8,9]
>>> for j in numbers:
        print(j)
```

2.4 函数与模块

扫一扫，看视频

2.4.1 函数

对一个数求幂，可以使用乘方运算符，在 Python 中用 "**" 表示。示例如下。

```
>>>2**3
8
>>>-2**3
-8
```

注 意

乘方运算符的优先级比求负(单目减)高，因此-2**3等价于-(2**3)。如果要计算 (-2)**3，则必须明确指出。

以上示例是用乘方运算符（**）来执行幂运算。事实上，可以不使用这个运算符，而使用 pow() 函数。示例如下。

```
>>>2**3
8
>>>pow(2,3)
8
```

函数可以看作小型程序，可用来执行特定的操作。print、input 等函数为 Python 内置函数，是 Python 本身自带的函数。若内置函数不能满足需求，也可以自己编写函数，这类函数就被称为用户自定义函数。

在 Python 中，定义函数使用 def 关键字，一般格式如下。

```
# 定义函数
>>> def test():
>>> print('hello world')
# 调用函数
>>> test()
```

可以直接调用上述例子那样省略参数的函数。在函数需要参数时，需要将实参传给函数。此外，由于函数都会有一个返回值，因此也可以嵌套在表达式中使用。下面是结合函数调用和运算符而编写的一个复杂的表达式。

```
>>> 5 + pow(2, 3 * 2) / 2.0
37.0
```

Python 中有多个内置函数可用于编写数值表达式，如 abs 用于计算绝对值，sum 用于进行求和运算。示例如下。

```
>>> abs(-25)
25
>>> sum([1,2,3])
6
```

表 2-3 所示是 Python 常用的内置函数，读者可以自行练习。

表2-3 Python常用内置函数

函　　数	描　　述
input()	以字符串的方式获取用户输入
open()	打开一个文件
all()	用于判断给定的可迭代参数iterable中的所有元素是否都为True，如果是，则返回True，否则返回False
enumerate()	将一个可遍历的数据对象（如列表、元组或字符串）组合为一个索引序列，同时列出数据和数据下标，一般用在for循环中
int()	将字符串或数字转换为整数
str()	将指定的值转换为字符串
float()	将字符串或数字转换为浮点数
range()	创建一个整数列表，一般用在for循环中

2.4.2　常用Python模块

Python 模块（module）是一个以 .py 结尾的 Python 文件，包含了 Python 对象定义和 Python 语句。Python 模块让用户能够有逻辑地组织自己的 Python 代码段。把相关的代码分配到一个 Python 模块里能让代码更好用、更易懂。Python 模块能定义函数、类和变量，模块里也能包含可执行的代码。

要导入 Python 模块，可使用特殊命令 import。例如，floor() 函数包含在 math 模块中，代码如下。

```
>>> import math
>>> math.floor(12.9)
12
```

原理：使用 import 命令导入模块，再以 module.function 的方式使用模块中的函数。

Python 模块分为如下 3 种：

◎ 自定义模块。

◎ 内置标准模块。

◎ 开源模块（第三方）。

这里主要介绍一些非常受欢迎的内置标准模块，如表 2-4 所示。

表2-4 Python常用内置标准模块

模　　块	作　　用
sys	能够访问多个与Python解释器关系紧密的变量和函数
os	能够访问多个与操作系统关系紧密的变量和函数
time	获取当前时间、操作时间和日期以及设置它们的格式

模　块	作　　用
random	生成随机数、从序列中随机选择元素以及打乱列表中的元素
re	提供对正则表达式的支持

表 2-5 中列出了 sys 模块中的重要函数和变量。

表2-5　sys模块中的重要函数和变量

函数/变量	描　　述
argv	命令行参数，包括脚本名
exit([arg])	退出当前程序，通过可选参数指定返回值或错误消息
modules	一个字典，将模块名映射到加载的模块
path	一个列表，包含要在其中查找模块的目录的名称
platform	一个平台标识符
stdin	标准输入流，一个类似于文件的对象
stdout	标准输出流，一个类似于文件的对象
stderr	标准错误流，一个类似于文件的对象

表 2-6 中列出了 os 模块中的重要函数和变量。

表2-6　os模块中的重要函数和变量

函数/变量	描　　述
environ	包含环境变量的映射
system	在子shell中执行操作系统的命令
sep	路径中使用的分隔符
pathsep	分隔不同路径的分隔符
linesep	行分隔符（'\n'、'\r'或'\n\r'）
urandom	返回n个字节的强加密随机数据

表 2-7 中列出了 time 模块中的重要函数。

表2-7　time模块中的重要函数

函　　数	描　　述
asctime([tuple])	将时间元组转换为字符串
localtime([secs])	将秒数转换为当地时间的日期元组
mktime(tuple)	将时间元组转换为当地时间
sleep(secs)	休眠secs秒
strptime(string[,format])	将字符串转换为时间元组
time()	当前时间（从新纪元开始后的秒数，以UTC为准）

表 2-8 中列出了 random 模块中的重要函数。

表2-8 random模块中的重要函数

函 数	描 述
random()	返回一个0~1（含1）的随机实数
getrandbits(n)	以长整数方式返回n个随机的二进制位
uniform(a,b)	返回一个a~b（含b）的随机实数
randrange([start], stop, [step])	从range（start,stop,step）中随机地选择一个数
choice(seq)	从序列seq中随机地选择一个元素
shuffle(seq[, random])	就地打乱序列seq
sample(seq, n)	从序列seq中随机地选择n个值不同的元素

表 2-9 中列出了 re 匹配对象的重要方法。

表2-9 re匹配对象的重要方法

方 法	描 述
group([group1, ...])	获取与给定子模式（编组）匹配的子串
start([group])	返回与给定编组匹配的子串的起始位置
end([group])	返回与给定编组匹配的子串的终止位置
span([group])	返回与给定编组匹配的子串的起始和终止位置

2.5 Python 数据分析

扫一扫，看视频

Python 数据分析主要会用到一些专门用于数据分析的库，常用的有 NumPy、SciPy、Pandas 和 Matplotlib。数据处理常用到 NumPy、SciPy 和 Pandas，数据分析常用到 Pandas，数据可视化常用到 Matplotlib。从一定程度上来说，Python 数据分析主要就是学习使用这些分析库的过程。

本节主要介绍 NumPy 和 Matplotlib 模块以及一些其他库。

2.5.1 NumPy基础

1. ndarray

NumPy 中的 ndarray 是一个多维数组对象，该对象由两部分组成：实际的数据和描述这些数据的元数据。大部分的数组操作仅仅修改元数据部分，而不改变底层的实际数据。

NumPy 数组中的所有元素类型必须是一致的，所以如果知道其中一个元素的类型，就很容易确定该数组需要的存储空间。

可以用 array() 函数创建数组，并获取其数据类型。示例如下。

```
>>> import numpy as np
>>> a = np.array(6)
>>> a.dtype
Output: dtype('int32')
```

上例中，数组 a 的数据类型为 int32，但如果使用的是 64 位的 Python，则得到的结果可能
是 int64。

2. 数据类型

Python 内置的数据类型很多，但这些类型不足以满足科学计数的需求，因此，NumPy 添
加了很多其他的数据类型。由于实际应用中，人们对数据精度的要求不同，因此各种数据类型
占用的空间也不相同。在 NumPy 中，很多数据类型通过结尾的数字来体现这一点。表 2-10 中
列出了 NumPy 中支持的数据类型。

表2-10 NumPy中支持的数据类型

类　　型	描　　述
bool	布尔型数据类型（True 或者 False）
inti	默认的整数类型（类似于 C 语言中的 long、int32 或 int64）
int8	字节（–128至127）
int16	整数（–32768至32767）
int32	整数（–2147483648至2147483647）
int64	整数（–9223372036854775808至9223372036854775807）
uint8	无符号整数（0至255）
uint16	无符号整数（0至65535）
uint32	无符号整数（0至4294967295）
uint64	无符号整数（0至18446744073709551615）
float16	半精度浮点数，包括1个符号位、5个指数位、10个尾数位
float32	单精度浮点数，包括1个符号位、8个指数位、23个尾数位
float64或float	双精度浮点数，包括1个符号位、11个指数位、52个尾数位
complex64	复数，表示双32位浮点数（实数部分和虚数部分）
complex128或complex	复数，表示双64位浮点数（实数部分和虚数部分）

NumPy 的数值类型实际上是 dtype 对象的实例，并对应唯一的字符，包括 np.bool、np.int
32、np.float32 等。

3. 数据类型对象

数据类型对象是 numpy.dtype 类的实例。NumPy 数组中的每一个元素均为相同的数据类型。通过调用数据类型对象，可以得到单个数组元素在内存中占用的字节数，即 dtype 类的 itemsize 属性。

如下示例为创建一个 array 对象 a，通过 a.dtype.itemsize 输出数组 a 中元素占用的字节数。

```
>>>import numpy as np
>>>a=np.array(5)
>>>a.dtype.itemsize
8
```

4. NumPy数组属性

下面继续来了解 NumPy 数组的一些基本属性。除了数据类型外，NumPy 数组还有一个重要的属性——维度（dimensions），NumPy 的维度被称作秩（rank）。在 NumPy 中，每一个线性的数组称为轴（axis），也就是维度。以二维数组为例，一个二维数组相当于两个一维数组。只看最外面一层，它相当于一个一维数组，每个元素也是一个一维数组。这个一维数组就相当于这个二维数组的轴。最外面一层数组的轴为 0，再往里一层数组的轴为 1。多维数组以此类推。所以，多维数组的维度实际上就是轴的数量。

了解了以上概念，接着来看 NumPy 数组中比较重要的 ndarray 对象的属性，如表 2-11 所示。

表2-11　ndarray对象属性

属　　性	说　　明
ndarray.ndim	秩，即轴的数量或维度的数量
ndarray.shape	数组的维度，对于矩阵，为n行m列
ndarray.size	数组元素的总个数，相当于.shape中$n×m$的值
ndarray.dtype	ndarray对象的元素类型
ndarray.itemsize	ndarray对象中每个元素的大小，以字节为单位
ndarray.flags	ndarray对象的内存信息
ndarray.real	ndarray元素的实部
ndarray.imag	ndarray元素的虚部
ndarray.data	包含实际数组元素的缓冲区，由于一般通过数组的索引获取元素，所以通常不需要使用这个属性

2.5.2 Matplotlib

Matplotlib 是做 Python 数据分析时常用的一个绘图库，常用来绘制各种数据的可视化效果图。其中，matplotlib.pyplot 中包含了简单的绘图功能。

1. 实战：绘制多项式函数

为了说明绘图的原理，下面来绘制多项式函数的图像，将使用 NumPy 的多项式函数 polyld() 来创建多项式。

引入所需要的库。

```
import numpy as np
import matplotlib.pyplot as plt
```

使用 polyld() 函数创建多项式 func=$1x^3+2x^2+3x+4$。

```
func = np.polyld(np.array([1,2,3,4]).astype(float))
```

使用 NumPy 的 linspace() 函数在 −10 和 10 之间产生 30 个均匀分布的值，作为函数 x 轴的取值。

```
x = np.linspace(-10, 10 , 30)
```

将 x 的值代入 func() 函数，计算得到 y 值。

```
y=func(x)
```

调用 pyplot 的 plot() 函数，绘制函数图像。

```
plt.plot(x, y)
```

使用 xlable() 函数添加 x 轴标签。

```
plt.xlabel('x')
```

使用 ylabel() 函数添加 y 轴标签。

```
plt.ylabel('y(x)')
```

调用 show() 函数显示函数图像。

```
plt.show()
```

绘制的多项式函数如图 2-1 所示。

2. 实战：绘制正弦和余弦值

为了能明显看到两个效果图的区别，可以将两个效果图放到一张图中显示。Matplotlib 中的 subplot() 函数允许在一张图中显示多个子图。subplot 常有的 3 个整型参数，分别为子图的行数、子图的列数以及子图的索引。

下面的实例中将绘制正弦和余弦两个函数的图像（见图 2-2），代码如下。

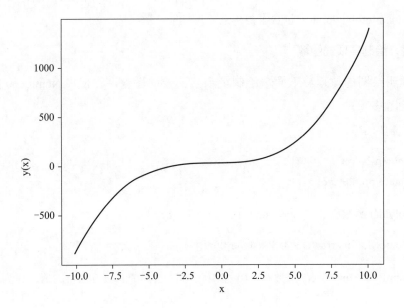

图2-1　Matplotlib绘制的多项式函数

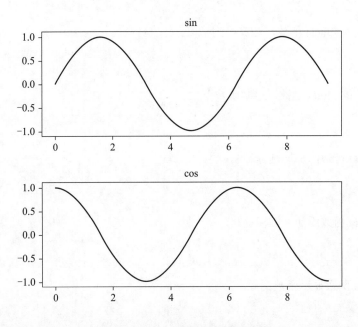

图2-2　Matplotlib绘制的多个子图

```
import numpy as np
import matplotlib.pyplot as plt
# 计算正弦和余弦曲线上点的 x 和 y 坐标
x = np.arange(0, 3 * np.pi, 0.1)
y_sin = np.sin(x)
```

```
y_cos = np.cos(x)
#subplot的3个参数2、1、1表示绘制2行1列图像中的第一个子图
plt.subplot(2, 1, 1)              # 绘制第一个子图
# 绘制第一个图像
plt.plot(x, y_sin)
plt.title('Sin')
plt.subplot(2, 1, 2)              # 绘制2行1列图像中的第二个子图
plt.plot(x, y_cos)
plt.title('Cos')
plt.show()                       # 展示图像
```

2.5.3　其他库简介

SciPy 是 Python 开源计算库，是基于 NumPy 而构建的，并扩展了 NumPy 的功能。SciPy 中包括数值积分、线性代数、积分、插值、特殊函数、快速傅里叶变换等科学与工程中常用的函数。

Pandas 是一个 Python 数据分析库，提供了高级的数据结构和各种分析工具。该库的一大特点是能够将复杂的数据操作转换为一两个命令。Pandas 提供了很多内置的方法，用于分组、过滤和组合数据，还提供了时间序列功能。这些方法的执行速度都很快。

Scikit-Learn 是基于 NumPy 和 SciPy 的 Python 模块，是处理数据的最佳库之一。Scikit-Learn 为很多标准的机器学习和数据挖掘任务提供了算法，例如聚类、回归、分类、降维等模型选择。

Keras 是一个用于处理神经网络的高级库，可以运行在 TensorFlow 和 Theano 上，现在发布的新版本可以使用 CNTK 或 MXNet 作为后端。Keras 简化了很多特定任务，并大大减少了样板代码数，目前主要用于深度学习领域。

2.6　习题

1. 判断题

（1）2_test 是一个合法的标识符。（　　）

（2）Python 中的多行语句可以用"\"隔开。（　　）

（3）创建元组时，输入"（6）"，可以创建一个单元素元组。（　　）

2. 填空题

（1）Python 中的数据结构有 _____、_____、_____。

（2）Python 中的数字类型有 _____、_____、_____、_____。

（3）创建某个数据时，输入"1,2,3"，则这是一个 _____ 类型的数据。

第3章
人工智能数学基础

数学在人工智能的研发中起到了决定性的作用。目前人工智能发展的主要领域有深度学习、自然语言处理、计算机视觉、智能机器人、自动程序设计、数据挖掘等。

人工智能实际上是一个将数学、算法理论和工程实践紧密结合起来的领域。将其剖开来看，就是算法，也就是线性代数[5]、微积分[6]、概率论、数理统计[7]等各种数学理论的体现。

简单来说，人工智能本质上就是数学和编程。计算机仅仅是一台机器，到目前为止，除了数学之外，没有其他方法可以告诉机器如何执行程序。

 学习重点

◎掌握线性代数基本理论　　◎了解微积分基本理论

◎掌握概率论基本理论　　◎掌握数理统计基本理论

3.1 线性代数

扫一扫，看视频

线性代数是数学的一个分支，它的研究对象是向量、向量空间（或称线性空间）、线性变换和有限维的线性方程组，其中向量空间是现代数学的一个重要课题。线性代数被广泛地应用于抽象代数和泛函分析中，通过解析几何，线性代数得以被具体表示。线性代数的理论已被泛化为算子理论，由于科学研究中的非线性模型通常可以被近似为线性模型，因此线性代数被广泛地应用于自然科学和社会科学中。

3.1.1 向量和向量空间

1. 标量和向量

标量（scalar）是实数，只有大小，没有方向。而向量（vector）也称为矢量，是由一组实数组成的有序数组，同时具有大小和方向。一个 n 维向量 $\boldsymbol{a}$ 由 n 个有序实数组成，表示为

$$\boldsymbol{a} = [a_1, a_2, \cdots, a_n] \tag{3-1}$$

式中，a_n 称为向量 $\boldsymbol{a}$ 的第 n 个分量，或第 n 维。

2. 向量空间

向量空间（vector space）也称线性空间（linear space），是指由向量组成的集合，并满足以下两个条件。①向量加法：向量空间 V 中的两个向量 $\boldsymbol{a}$ 和 $\boldsymbol{b}$ 的和 $\boldsymbol{a}+\boldsymbol{b}$ 也属于向量空间 V；②标量乘法：向量空间 V 中任一向量 $\boldsymbol{a}$ 和任一标量 c 的乘积 $c \cdot \boldsymbol{a}$ 也属于向量空间 V。

3. 线性子空间

向量空间 V 的线性子空间 U 是 V 的一个子集，并且满足向量空间的条件（向量加法和标量乘法）。

3.1.2 矩阵

由 $m \times n$ 个数 $a_{ij}(i=1,2,\cdots,m; j=1,2,\cdots,n)$ 排成 m 行 n 列的数表称为 m 行 n 列矩阵，简称 $m \times n$ 矩阵，表示为

$$\boldsymbol{A} = \begin{pmatrix} a_{11} & a_{12} & \cdots & a_{1n} \\ a_{21} & a_{22} & \cdots & a_{2n} \\ \vdots & \vdots & \ddots & \vdots \\ a_{m1} & a_{m2} & \cdots & a_{mn} \end{pmatrix} \tag{3-2}$$

矩阵 A 从左上角数起第 i 行第 j 列上的元素称为第 i，j 项，通常记为 a_{ij}。矩阵 A 定义了一个从 $\mathbf{R}^n$ 到 $\mathbf{R}^m$ 的线性映射，也记作 $A^{m \times n}$。行数和列数都等于 n 的矩阵称为 n 阶矩阵或 n 阶方阵，记作 A_n。只有一行的矩阵

$$A = (a_1 a_2 \cdots a_n) \tag{3-3}$$

称为行矩阵，又称为行向量。为了避免混淆，行矩阵也记作

$$A = (a_1, a_2, \cdots, a_n) \tag{3-4}$$

只有一列的矩阵称为列矩阵，也称为列向量，有

$$A = \begin{pmatrix} a_1 \\ a_2 \\ \vdots \\ a_n \end{pmatrix} \tag{3-5}$$

如果矩阵 A 和矩阵 B 的行数和列数都相等，那么称它们为同型矩阵。如果 $A = (a_{ij})$ 与 $B = (b_{ij})$ 是同型矩阵，且所有元素满足

$$a_{ij} = b_{ij} \tag{3-6}$$

那么称矩阵 A 和矩阵 B 相等，记作

$$A = B \tag{3-7}$$

元素都为 0 的矩阵称为零矩阵。

3.1.3 矩阵运算

1. 矩阵加法

两个 $m \times n$ 的矩阵 A 和 B 的加法运算为

$$A + B = \begin{pmatrix} a_{11}+b_{11} & a_{12}+b_{12} & \cdots & a_{1n}+b_{1n} \\ a_{21}+b_{21} & a_{22}+b_{22} & \cdots & a_{2n}+b_{2n} \\ \vdots & \vdots & \ddots & \vdots \\ a_{m1}+b_{m1} & a_{m2}+b_{m2} & \cdots & a_{mn}+b_{mn} \end{pmatrix} \tag{3-8}$$

只有当两个矩阵为同型矩阵时，它们才能进行加法运算。矩阵加法满足以下运算规律

$$\begin{aligned} A + B &= B + A \\ (A + B) + C &= A + (B + C) \\ A + (-A) &= 0 \end{aligned} \tag{3-9}$$

2. 矩阵乘法

假设有两个矩形 A 和 B 分别表示两个线性映射 $g : \mathbf{R}^m \to \mathbf{R}^k$ 和 $f : \mathbf{R}^n \to \mathbf{R}^m$，则其复合线

性映射

$$(g \cdot f)(x) = g(f(x)) = g(Bx) = A(Bx) = (AB)x \qquad (3\text{-}10)$$

式中，AB 表示矩阵 A 和 B 的乘积，定义为

$$[AB]_{ij} = \sum_{k=1}^{m} a_{ik}b_{kj} \qquad (3\text{-}11)$$

两个矩阵的乘积仅当第一个矩阵的列数和第二个矩阵的行数相等时才能定义。如 A 是 $k \times m$ 的矩阵，B 是 $m \times n$ 的矩阵，则其乘积 AB 是 $k \times n$ 的矩阵。矩阵的乘法满足结合律和分配律。

◎ 结合律：$(AB)C = A(BC)$。

◎ 分配律：$(A + B)C = AC + BC, C(A + B) = CA + CB$。

> 矩阵乘法不满足交换律。

3.1.4 矩阵类型

1. 对称矩阵

对称矩阵（symmetric matrix）是指其转置等于自己的矩阵，即满足

$$A = A^{\mathrm{T}} \qquad (3\text{-}12)$$

2. 对角矩阵

对角矩阵（diagonal matrix）是指主对角线之外的元素皆为 0 的矩阵。其对角线上的元素可以为 0 或其他值。一个 $n \times n$ 的对角矩阵 A 满足

$$[A]_{ij} = 0, i \neq j, \forall i, j \in \{1, 2, \cdots, n\} \qquad (3\text{-}13)$$

对角矩阵 A 也可以记为 $\mathrm{diag}(a)$，a 为一个 n 维向量，并满足

$$[A]_{ii} = a_i \qquad (3\text{-}14)$$

$n \times n$ 的对角矩阵 $A = \mathrm{diag}(a)$ 和 n 维向量 b 的乘积为一个 n 维向量，即

$$Ab = \mathrm{diag}(a)b = a \odot b \qquad (3\text{-}15)$$

式中，$\odot$ 表示点乘，即 $(a \odot b)_i = a_i b_i$。

3. 单位矩阵

单位矩阵（identity matrix）是一种特殊的对角矩阵，其主对角线元素为 1，其余元素为 0。n 阶单位矩阵 I_n 是一个 $n \times n$ 的方块矩阵，可以记为

$$I_n = \text{diag}(1,1,\cdots,1) \tag{3-16}$$

一个 $m \times n$ 的矩阵 A 和单位矩阵的乘积等于其本身，即

$$AI_n = I_m A = A \tag{3-17}$$

4. 逆矩阵

对于一个 $n \times n$ 的方块矩阵 A，如果存在另一个方块矩阵 B 使得

$$AB = BA = I_n \tag{3-18}$$

为单位矩阵，则称 A 是可逆的。矩阵 B 称为矩阵 A 的逆矩阵（inverse matrix），记为 A^{-1}。

一个方阵的行列式等于 0，则该方阵不可逆。

5. 正定矩阵

对于一个对称矩阵 A，如果对所有的非零向量 $x \in \mathbf{R}^n$ 都满足

$$x^\mathrm{T} A x > 0 \tag{3-19}$$

则 A 为正定矩阵（positive-definite matrix）。如果

$$x^\mathrm{T} A x \geqslant 0 \tag{3-20}$$

则 A 为半正定矩阵（positive-semidefinite matrix）。

6. 正交矩阵

正交矩阵（orthogonal matrix）A 为一个方块矩阵，其逆矩阵等于其转置矩阵，即

$$A^\mathrm{T} = A^{-1} \tag{3-21}$$

等价于 $A^\mathrm{T} A = A A^\mathrm{T} = I_n$，其中 I_n 为单位阵。

3.2 微积分

3.2.1 函数

定义：如果当变量 x 在其变化范围内任意取一个数值时，变量 y 按照一定的法则 f 总有确定的数值与它对应，则称 y 是 x 的函数。通常 x 称为自变量，y 称为函数值（或因变量），变量 x 的变化范围称为这个函数的定义域，变量 y 的变化范围称为这个函数的值域。

扫一扫，看视频

由函数的定义可知，一个函数的构成要素为定义域、对应关系和值域。由于值域是由定义

域和对应关系决定的，因此，如果两个函数的定义域和对应关系完全一致，则称这两个函数相等。

3.2.2 函数的性质

1. 有界性

如果对属于某一区间 I 的所有 x 值总有 $|f(x)| \leqslant M$ 成立，其中 M 是一个与 x 无关的常数，那么就称 $f(x)$ 在区间 I 有界，否则称 $f(x)$ 在区间 I 无界。如果一个函数在其整个定义域内有界，则称其为有界函数。

2. 单调性

如果函数在定义域区间 (a,b) 内随着 x 的增大而增大，即对于 (a,b) 内任意两点 x_1 和 x_2，当 $x_1 < x_2$ 时，有 $f(x_1) < f(x_2)$，则称函数 $f(x)$ 在区间 (a,b) 内单调增加。

3. 奇偶性

如果函数 $f(x)$ 对于定义域内的任意 x 都满足 $f(-x) = f(x)$，则 $f(x)$ 称为偶函数；如果函数 $f(x)$ 对于定义域内的任意 x 都满足 $f(-x) = -f(x)$，则 $f(x)$ 称为奇函数。偶函数的图形关于 y 轴对称，奇函数的图形关于原点对称。奇偶函数的定义域必须关于原点对称。

4. 周期性

设 $f(x)$ 的定义域为 I，若存在 $T > 0$，对任意的 $x \in I$，都使得 $f(x+T) = f(x)$，$x+T \in I$，则称函数 $f(x)$ 为周期函数，称 T 为其周期。此处所说的周期函数的周期为最小正周期。

3.2.3 反函数

定义：若由函数 $y = f(x)$ 得到 $x = z(y)$，则称 $x = z(y)$ 是 $y = f(x)$ 的反函数，$y = f(x)$ 为直接函数，反函数也可以记为 $y = f^{-1}(x)$。

反函数存在定理：若函数在 (a,b) 上严格增（减），且值域为 $\boldsymbol{R}$，则它的反函数必然在 $\boldsymbol{R}$ 上确定，且严格增（减）。

【案例 3.1】 函数 $y = 2^x$ 与函数 $y = \log_2 x$ 互为反函数，则它们的图形在同一直角坐标系中关于直线 $y = x$ 对称，如图 3-1 所示。

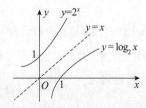

图3-1 函数 $y = 2^x$ 与函数 $y = \log_2 x$ 的图像关系

3.2.4 复合函数

定义：若 y 是 u 的函数，即 $y = f(u)$，而 u 又是 x 的函数，即 $u = z(x)$，且 $z(x)$ 的函数值全部或部分在 $f(u)$ 的定义域内，那么，y 通过 u 的联系也是 x 的函数，称后一个函数是由函数 $y = f(u)$ 及 $u = z(x)$ 复合而成的函数，简称为复合函数。

3.2.5 导数

定义：设函数 $y = f(x)$ 在点 x_0 的某一邻域内有定义，当自变量 x 在 x_0 处有增量 Δx（点 $x_0 + \Delta x$ 仍在该邻域内）时，相应地函数取得增量 $\Delta y = f(x_0 + \Delta x) - f(x_0)$，若 Δy 与 Δx 之比当 $\Delta x \to 0$ 时存在极限，则称函数 $y = f(x)$ 在点 x_0 处可导，并称这个极限值为函数 $y = f(x)$ 在点 x_0 处的导数，记为 $f'(x_0)$，即

$$f'(x_0) = \lim_{\Delta x \to 0} \frac{\Delta y}{\Delta x} = \lim_{\Delta x \to 0} \frac{f(x_0 + \Delta x) - f(x_0)}{\Delta x} \tag{3-22}$$

还可记为 $y'|_{x=x_0}$、$\left.\dfrac{\mathrm{d}y}{\mathrm{d}x}\right|_{x=x_0}$ 或 $\left.\dfrac{\mathrm{d}f(x)}{\mathrm{d}x}\right|_{x=x_0}$。

因变量增量 Δy 与自变量增量 Δx 之比是因变量 y 在以 x_0 和 $x_0 + \Delta x$ 为端点的区间平均变化率。而导数 $f'(x_0)$ 则是因变量 y 在点 x_0 处的变化率，它反映了因变量随自变量的变化而变化的快慢程度。

导数的几何意义：函数 $y = f(x)$ 在点 x_0 处的导数 $f'(x_0)$ 在几何上表示曲线 $y = f(x)$ 在点 $M[x_0, f(x_0)]$ 处切线的斜率，即 $f'(x_0) = \tan \alpha$，其中 α 是切线的倾斜角。

函数可导性与连续性的关系：如果函数 $y = f(x)$ 在点 x 处可导，则函数在该点必连续，但是一个函数在某点连续却不一定在该点可导。

复合函数求导法则：如果 $u = g(x)$ 在点 x 处可导，$y = f(u)$ 在点 $u = g(x)$ 可导，则复合函数 $y = f[g(x)]$ 在点 x 处可导，且其导数为 $\dfrac{\mathrm{d}y}{\mathrm{d}x} = f'(u) \cdot g'(x)$ 或 $\dfrac{\mathrm{d}y}{\mathrm{d}x} = \dfrac{\mathrm{d}y}{\mathrm{d}u} \cdot \dfrac{\mathrm{d}u}{\mathrm{d}x}$（$u$ 为中间变量）。

反函数求导法则：如果函数 $x = f(y)$ 在区间 I_y 内单调、可导且 $f'(y) \neq 0$，则它的反函数 $f^{-1}(x)$ 在区间 $I_x = \{x \mid x = f(y), y \in I_y\}$ 内也可导，且 $[f^{-1}(x)]' = \dfrac{1}{f'}(x)$ 或 $\dfrac{\mathrm{d}y}{\mathrm{d}x} = \dfrac{1}{\dfrac{\mathrm{d}x}{\mathrm{d}y}}$，反函数的导数等于直接函数导数的倒数。

二阶导数：函数 $y = f(x)$ 的导数 $y' = f'(x)$ 仍然是 x 的函数，把 $y' = f'(x)$ 的导数称为函数 $y = f(x)$ 的二阶导数，记作 y'' 或 $\dfrac{\mathrm{d}^2 y}{\mathrm{d}^2 x} = \dfrac{\mathrm{d}}{\mathrm{d}x}\left(\dfrac{\mathrm{d}y}{\mathrm{d}x}\right)$。相应的，把 $y = f(x)$ 的导数 $y' = f'(x)$ 称为 $y = f(x)$ 的一阶导数。类似的，二阶导数的导数称为三阶导数，等等。一般地，$(n-1)$ 阶导数

的导数称为 n 阶导数。

函数的微分：设函数在某区间内有定义，在 $x_0 \sim x_0 + \Delta x$ 这个区间内，若函数的增量可表示为 $\Delta y = A \Delta x + O(\Delta x)$，其中 A 是不依赖 Δx 的常数，$O(\Delta x)$ 是 Δx 的高阶无穷小，则称函数 $y = f(x)$ 在点 x_0 可微。$A \Delta x$ 称为函数 $y = f(x)$ 在点 x_0 相当于自变量 Δx 的微分，记作 $\mathrm{d}y$，即 $\mathrm{d}y = A \Delta x$。

微分 $\mathrm{d}y$ 是自变量改变量 Δx 的线性函数，$\mathrm{d}y$ 与 Δy 的差 $O(\Delta x)$ 是关于 Δx 的高阶无穷小量，把 $\mathrm{d}y$ 称为 Δy 的线性主部。于是又得出当 $\Delta x \to 0$ 时，$\Delta y \approx \mathrm{d}y$。导数的记号为 $\dfrac{\mathrm{d}y}{\mathrm{d}x} = f'(x)$。

函数 $f(x)$ 在点 x_0 可微的充分必要条件是函数 $f(x)$ 在点 x_0 可导，且当 $f(x)$ 在点 x_0 可微时，其微分一定是 $\mathrm{d}y = f'(x_0) \Delta x$。

微分形式不变性：设 $y = f(u), u = \varphi(x)$，则复合函数 $\mathrm{d}y = y'x\mathrm{d}x = f'(u)\varphi'(x)\mathrm{d}x$，由于 $\varphi'(x)\mathrm{d}x = \mathrm{d}u$，故可以把复合函数的微分写成 $\mathrm{d}y = f'(u)\mathrm{d}u$。由此可见，无论 u 是自变量还是中间变量，$y = f(u)$ 的微分 $\mathrm{d}y$ 总可以用 $f'(u)$ 与 $\mathrm{d}u$ 的乘积来表示，把这一性质称为微分形式不变性。

3.3 概率论与数理统计

扫一扫，看视频

3.3.1 样本空间与随机事件

1. 事件间的关系

若 $A \subset B$，称事件 B 包含事件 A，指事件 A 发生必然导致事件 B 发生。

$A \bigcup B = \{x \mid x \in A \text{或} x \in B\}$ 称为事件 A 与事件 B 的和事件，指当事件 A、B 中至少有一个发生时，事件 $A \bigcup B$ 发生。

$A \bigcap B = \{x \mid x \in A \text{且} x \in B\}$ 称为事件 A 与事件 B 的积事件，指当且仅当事件 A、B 同时发生时，事件 $A \bigcap B$ 发生。

$A - B = \{x \mid x \in A \text{且} x \notin B\}$ 称为事件 A 与事件 B 的差事件，指当且仅当事件 A 发生、事件 B 不发生时，事件 $A - B$ 发生。

若 $A \bigcap B = \varnothing$，称事件 A 与事件 B 互不相容或互斥，指事件 A 与事件 B 不能同时发生，基本事件两两互不相容。

若 $A \bigcup B = S$ 且 $A \bigcap B = \varnothing$，称事件 A 与事件 B 互为逆事件，又称事件 A 与事件 B 互为对立事件。

2. 运算规则

交换律：$A \bigcup B = B \bigcup A, A \bigcap B = B \bigcap A$。

结合律：$(A \bigcup B) \bigcup C = A \bigcup (B \bigcup C)$，$(A \bigcap B) \bigcap C = A \bigcap (B \bigcap C)$。

分配律：$A \bigcup (B \bigcup C) = (A \bigcup B) \bigcap (A \bigcup C)$，$A \bigcap (B \bigcup C) = (A \bigcap B) \bigcup (A \bigcap C)$。

德摩根律：$\overline{A \cup B} = \overline{A} \cap \overline{B}$，$\overline{A \cap B} = \overline{A} \cup \overline{B}$。

3.3.2　频率与概率

定义：在相同的条件下进行了 n 次试验，在这 n 次试验中，事件 A 发生的次数 n_A 称为事件 A 发生的频数，比值 n_A / n 称为事件 A 发生的频率。

概率：设 E 是随机试验，S 是它的样本空间，对于 E 的每一个事件 A 赋予一个实数，记为 $P(A)$，称为事件的概率。

概率 $P(A)$ 应满足条件：①非负性，对于每一个事件 A，$0 \leqslant P(A) \leqslant 1$；②规范性，对于必然事件 S，$P(S) = 1$；③可列可加性，设 $A_1, A_2, \cdots, A_n$ 是两两互不相容的事件，有

$$P\left(\bigcup_{k=1}^{n} A_k\right) = \sum_{k=1}^{n} P(A_k) (n可以取\infty) \tag{3-23}$$

概率的一些重要性质如下。

（1）$P(\varnothing) = 0$。

（2）若 $A_1, A_2, \cdots, A_n$ 是两两互不相容的事件，则有

$$P\left(\bigcup_{k=1}^{n} A_k\right) = \sum_{k=1}^{n} P(A_k) (n可以取\infty) \tag{3-24}$$

（3）设 A、B 是两个事件，若 $A \subset B$，则 $P(B-A) = P(B) - P(A)$，$P(B) \geqslant P(A)$。

（4）对任意事件 A，$P(A) \leqslant 1$。

（5）$P(\overline{A}) = 1 - P(A)$（逆事件概率）。

（6）对于任意事件 A、B，有 $P(A \cup B) = P(A) + P(B) + P(AB)$。

3.3.3　等可能概型（古典概率）

等可能概型：试验的样本空间只包含有限个元素，试验中每个事件发生的可能性相同。若事件 A 包含 k 个基本事件，即 $A = \{e_{i_1}\} \cup \{e_{i_2}\} \cup \cdots \cup \{e_{i_k}\}$，$i_1, i_2, \cdots, i_k$ 是 $1, 2, \cdots, n$ 中某 k 个不同的数，则有

$$P(A) = \sum_{j=1}^{k} P(\{e_{i_j}\}) = \frac{k}{n} = \frac{A \ 包含的基本事件数}{S \ 中基本事件的总数} \tag{3-25}$$

3.3.4　条件概率

定义：设 A、B 是两个事件，且 $P(A) > 0$，称 $P(B|A) = \dfrac{P(AB)}{P(A)}$ 为事件 A 发生条件下事件 B 发生的条件概率。

条件概率符合概率定义中的以下 3 个条件。

（1）非负性：对某一事件 B，有 $P(B|A) \geqslant 0$。

（2）规范性：对于必然事件 S，有 $P(S|A) = 1$。

（3）可列可加性：设 B_1，B_2，…是两两互不相容的事件，则有

$$P\left(\bigcup_{i=1}^{\infty} B_i \mid A\right) = \sum_{i=1}^{\infty} P(B_i \mid A) \tag{3-26}$$

◎ 乘法定理：设 $P(A) > 0$，则有 $P(AB) = P(B)P(A \mid B)$，称为乘法公式。

◎ 全概率公式：$P(A) = \sum_{i=1}^{n} P(B_i)P(A \mid B_i)$。

◎ 贝叶斯公式：$P(B_k \mid A) = \dfrac{P(B_k)P(A \mid B_k)}{\sum\limits_{i=1}^{n} P(B_i)P(A \mid B_i)}$。

3.3.5　离散随机变量及其分布

1. 随机变量

设随机试验的样本空间为 $S=\{e\}$。$X=X(e)$ 是定义在样本空间 S 上的实值单值函数，称 $X=X(e)$ 的随机变量。

2. 离散随机变量

有些随机变量全部可能取到的值是有限个或可列无限个，这种随机变量称为离散随机变量。$P(X = X_k) = p_k$ 满足两个条件：① $p_k \geqslant 0$；② $\sum\limits_{k=1}^{\infty} p_k = 1$。

3. 三种重要的离散随机变量

（1）两点分布：设随机变量 X 只能取 0 与 1 两个值，它的分布律是 $P(X = k) = p^k(1-p)^{1-k}$，$k = 0,1(0 < p < 1)$，则称 X 服从以 p 为参数的两点分布。

（2）伯努利试验、二项分布：设试验只有两个可能结果 A 与 $\overline{A}$，则称 E 为伯努利试验。设 $P(A) = p(0 < p < 1)$，此时 $P(\overline{A}) = 1 - p$。将 E 独立重复地进行 n 次，则称这一串重复的独立试验为 n 重伯努利试验。$P(X = k) = \dbinom{n}{k} p^k q^{n-k}$，$k = 0,1,2,\cdots,n$ 满足两个条件：① $p^k \geqslant 0$；② $\sum\limits_{k=1}^{\infty} p^k = 1$。注意，$\dbinom{n}{k} p^k q^{n-k}$ 是二项式 $(p+q)^n$ 展开式中出现 p^k 的那一项，称随机变量 X 服从参数为 n,p 的二项分布。

（3）泊松分布：设随机变量 X 所有可能取的值为 $0,1,2,\cdots$，而取各个值的概率为 $P(X = k) = \dfrac{\lambda^k \mathrm{e}^{-\lambda}}{k!}, 0,1,2,\cdots$，其中 $\lambda > 0$ 且为常数，则称 X 服从参数为 λ 的泊松分布，记为 $X \sim \pi(\lambda)$。

4. 随机变量的分布函数

定义：设 X 是一个随机变量，x 是任意实数，函数 $F(x) = P(X \leq x), -\infty < x < \infty$，称为 X 的分布函数。分布函数 $F(x) = P(X \leq x)$ 具有以下性质：① $F(x)$ 是一个不减函数；② $0 \leq F(x) \leq 1$，且 $F(-\infty) = 0, F(\infty) = 1$；③ $F(x+0) = F(x)$，即 $F(x)$ 是右连续的。

5. 连续性随机变量及其概率密度

定义：如果对于随机变量 X 的分布函数 $F(x)$，存在非负可积函数 $f(x)$，使对于任意函数 x 有 $F(x) = \int_{-\infty}^{X} f(t)\mathrm{d}t$，则称 x 为连续性随机变量，其中函数 $f(x)$ 称为 X 的概率密度函数，简称概率密度。

（1）均匀分布。若连续性随机变量 X 具有概率密度 $f(x) \begin{cases} \dfrac{1}{b-a}, & a < x < b \\ 0, & \text{其他} \end{cases}$，则称 X 在区间 (a,b) 上服从均匀分布，记为 $X \sim U(a,b)$。

（2）指数分布。若连续性随机变量 X 的概率密度为 $f(x) = \begin{cases} \dfrac{1}{\theta}\mathrm{e}^{\frac{-x}{\theta}}, & x > 0 \\ 0, & \text{其他} \end{cases}$，其中 $\theta > 0$ 且为常数，则称 X 服从参数为 θ 的指数分布。

（3）正态分布。若连续性随机变量 X 的概率密度为 $f(x) = \dfrac{1}{\sqrt{2\pi}\sigma}\mathrm{e}^{-\frac{(x-\mu)^2}{2\sigma^2}}, -\infty < x < \infty$，其中 μ、$\sigma(\sigma > 0)$ 为常数，则称 X 服从参数为 μ、σ 的正态分布或高斯分布，记为 $X \sim N(\mu, \sigma^2)$。当 $\mu = 0$、$\sigma = 1$ 时称随机变量 X 服从标准正态分布。

6. 随机变量的函数分布

定理：设随机变量 X 具有概率密度 $f_x(X)$，$-\infty < X < \infty$，又设函数 $g(x)$ 处处可导且恒有 $g(x) > 0$，则 $Y = g(x)$ 是连续型随机变量，其概率密度为 $f_Y(y) = \begin{cases} f_x[h(y)]\,|\,h(y)|, & \alpha < y < \beta \\ 0, & \text{其他} \end{cases}$。

3.4 习题

判断题

（1）人工智能主要涉及的数学理论有线性代数、微积分、概率论和数理统计等。（　　）

（2）一个向量的变化会引起另一个向量的变化，则这两个向量线性相关。（　　）

（3）正交一定不相关，不相关不一定正交。（　　）

（4）矩阵运算中的矩阵乘法满足交换律。（　　）

第4章
搭建人工神经网络

人工神经网络（Artificial Neural Network, ANN），简称神经网络（Neural Network, NN）或类神经网络（在深度学习中人们常常直接称"人工神经网络"为"神经网络"，实际上人工神经网络、类神经网络、神经网络在深度学习中都指代同一事物），是一种模仿生物神经网络（动物的中枢神经系统）结构和功能的数学模型，用于对函数进行估计或近似。

本章将从人工神经网络与生物神经网络的联系讲起，首先引出感知器与神经元，进而介绍多层感知器神经网络。理论部分讲解结束后，将在编程实战中讲解如何手工搭建和训练神经网络，从而深刻理解神经网络的概念及其实现，这也利于后续章节的学习。

可能一些对深度学习框架有所了解的读者会问，现在主流的 TensorFlow、PyTorch等深度学习框架不是都实现了神经网络的各个模块并封装好给开发人员使用吗？为什么还要费时费力自己手工搭建一个神经网络？答案是只会调用别人实现好的模块和方法，无法了解底层的具体实现和原理，导致很多人学习深度学习是一个"知其然不知其所以然"的状态。而如果我们自己动手搭建一个神经网络，可以帮助我们理解神经网络底层和细节的实现原理，知道每一个模块的具体作用，以及为什么要那样做，达到"知其然且知其所以然"的境界，这有助于我们在深度学习中走得更深、更远。

🎓 学习重点

◎ 了解神经元与感知器

◎ 了解生物神经网络与人工神经网络

◎ 掌握梯度下降和反向传播算法及其思想

◎ 掌握激活函数与损失函数

◎ 掌握手工搭建和训练神经网络的方法

4.1　神经元与感知器

从图 4-1 中我们可以比较直观且整体地看到生物神经网络和人工神经网络［本图只是典型的人工神经网络架构，实际上，人工神经网络的隐藏层（hidden layer）可以有多层，且连接方式也不仅仅只有似本图的全连接方式］的联系与区别。在构成上，生物神经网络的基本构成单位是"神经元"，而人工神经网络的基本构成单位是"感知器"（图中的空心圆圈，在人工神经网络中有时也被称为"神经元"）；生物神经网络的网络由多个神经元连接组成，一个神经元可以接收多个输入并产生多个输出给其他神经元，人工神经网络的网络由多个感知器（也称神经元）单元组成，一个感知器单元可以接收多个输入并产生多个输出给下一层的感知器。二者的主要区别在于生物神经网络是图结构，而人工神经网络是层次结构；在网络中传递的信号也不同，在生物神经网络中传递的是生物电信号，而在人工神经网络中传递的是数据。

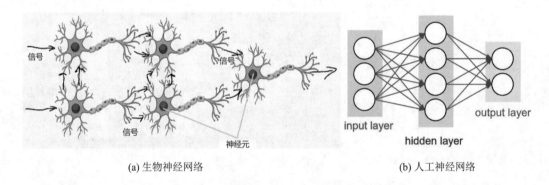

(a) 生物神经网络　　　　　　　　　　　　　　(b) 人工神经网络

图4-1　生物神经网络与人工神经网络架构

下面我们将分别从构成两种神经网络最基本的神经元和感知器讲起，然后再介绍如何利用基本的感知器单元构成多层感知器去解决更复杂的问题。

4.1.1　神经元

如图 4-2 所示，一个生物神经元通常具有多个**树突**，主要用来接收输入信息；而**轴突**只有一条，轴突尾端有许多**轴突末梢**可以给其他多个神经元传递信息。轴突末梢跟其他神经元的树突产生连接，从而传递信号，这个连接的位置在生物学上叫作"**突触**"。突触与其他神经元的树突相连，当兴奋达到一定阈值时，突触前膜向突触间隙释放神经传递的化学物质，实现神经元之间的信息传递。人工神经网络中的神经元模仿了生物神经元的这一特性，利用激活函数将输入结果映射到一定范围，若映射后的结果大于阈值，则神经元被激活。

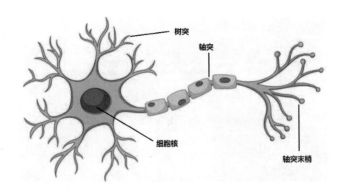

图4-2　生物神经元的基本结构

1943 年，心理学家 McCulloch 和数学家 Pitts 参考了生物神经元的结构，提出了抽象的神经元模型，其结构如图 4-3 所示。

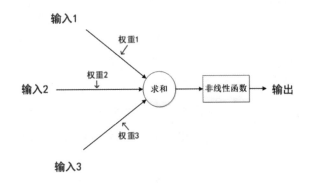

图4-3　神经元模型结构

图 4-3 就是一个典型的神经元模型，包含 3 个输入、1 个输出，以及 2 个计算功能。神经元模型是一个包含输入、输出与计算功能的模型。输入可以类比为神经元的树突，而输出可以类比为神经元的轴突，计算则可以类比为细胞核。注意中间的箭头线，这些线被称为"连接"，每个连接上都有一个"权重"。连接及其上面的权重是神经元中最重要的元素。一个神经网络的训练算法就是将权重调整到最佳，以使得整个网络的预测效果最好。

4.1.2　感知器

神经网络技术起源于 20 世纪五六十年代，当时叫感知机（perceptron），其中的单个神经元被称为感知器。感知器模型实际上就是神经元模型的一种具体实现，它把神经元模型通过数学模型的形式进行描述刻画，具有一定的预测功能。

感知器模型结构如图 4-4 所示。

（1）**输入与权重**。一个感知器可以接收多个输入信息 $x = (x_1, x_2, \cdots, x_n)$，每个输入信息具有一个权重 $\omega_i \in \mathbf{R}$，组成权重向量 $\boldsymbol{\omega} = (\omega_1, \omega_2, \cdots, \omega_n)$，此外还有一个偏置项 $b \in \mathbf{R}$，即图中的 ω_0。

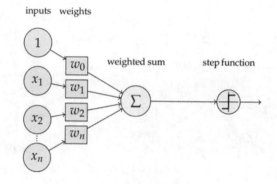

图4-4 感知器模型结构

（2）**激活函数**。用于将输入映射到某个范围内，只有当其结果大于某个阈值时，该感知器（神经元）才会被激活。感知器中常常选择阶跃函数（Sgn）作为激活函数（神经网络中常用Sigmod、ReLU），Sgn函数为

$$f(x) = \begin{cases} 1, x > 0 \\ 0, x \leqslant 0 \end{cases}$$
（4-1）

（3）**输出**。感知器的输出的计算公式为

$$y = f(\boldsymbol{\omega}^{\mathrm{T}} \cdot \boldsymbol{x}) = \mathrm{Sgn}(\boldsymbol{\omega}^{\mathrm{T}} \cdot \boldsymbol{x})$$
（4-2）

式（4-2）中 $\boldsymbol{\omega}^{\mathrm{T}} \cdot \boldsymbol{x}$ 采用了线性代数中向量运算的写法（将偏置 b 看成 $\omega_0 x_0$，其中，$\omega_0 = b$，$x_0 = 1$），即

$$\boldsymbol{\omega}^{\mathrm{T}} \cdot \boldsymbol{x} = \omega_0 x_0 + \omega_1 x_1 + \cdots + \omega_n x_n (\omega_0 x_0 = b)$$
（4-3）

也许你听说过线性代数和概率统计是深度学习中重要的数学基础，这里就是一个简单的体现。为什么最后用 $\boldsymbol{\omega}^{\mathrm{T}} \cdot \boldsymbol{x}$ 而不用 $\omega_0 x_0 + \omega_1 x_1 + \cdots + \omega_n x_n$ 呢？当神经网络的层数变多以后，再用简单的等式表达会极其繁杂，而采用向量和矩阵的表现形式，简洁且易于在计算机中编程计算。

感知器有什么作用呢？感知器可以实现所有的二分类问题，以及拟合任何的线性函数，即任何**线性分类**或**线性回归**问题都可以用感知器来解决。下面以使用感知器实现 and 函数（可以看做线性的二分类问题）和使用感知器预测工资（线性回归预测问题）为例，说明感知器的作用和实现原理。

【案例4.1】 使用感知器实现 and 函数。

and 函数是计算机中常用的逻辑操作函数，其真值表如表 4-1 所示。

表4-1 逻辑运算and的真值表

x_1	x_2	y（and运算结果）
1（真）	1（真）	1（真）
1（真）	0（假）	0（假）
0（假）	1（真）	0（假）
0（假）	0（假）	0（假）

从表 4-1 中可以看出，and 函数实际可以看成一个**二分类问题**，只有两个输入同时为 1（真）时 and 运算结果才为 1（真），其余情况结果均为 0（假）。

如何使用感知器模型 $y = f(\boldsymbol{\omega} \cdot \boldsymbol{x} + b)$ 去实现 and 函数的运算呢？只需将权重 $\boldsymbol{\omega}$ 和偏置 b 分别设置为 $\boldsymbol{\omega} =(1,1)$（即 $\omega_1 = 1$，$\omega_2 = 1$），$b = -1.5$（其实此时 $b \in (-1.5, -2)$ 内任一值均可）即可实现。

我们来验证一下真值表第 1 行（激活函数 $f()$ 使用的是阶跃函数）：

$$y = f(\boldsymbol{\omega} \cdot \boldsymbol{x} + b) = f(\omega_1 x_1 + \omega_2 x_2 + b) = f(1 \times 1 + 1 \times 1 + (-1.5)) = f(0.5) = 0 \qquad (4\text{-}4)$$

再来验证一下第 2 行：

$$y = f(\boldsymbol{\omega} \cdot \boldsymbol{x} + b) = f(\omega_1 x_1 + \omega_2 x_2 + b) = f(1 \times 1 + 1 \times 0 + (-1.5)) = f(-0.5) = 0 \qquad (4\text{-}5)$$

剩余的部分读者可以自行验证。通过计算还可以发现，只要 $\boldsymbol{\omega}$ 和 b 取合适的值都可以实现 and 函数。

从图 4-5 中可以发现，使用感知器实现 and 函数进行二分类，实质就是拟合出一个函数（类似图 4-5 中的直线）将两类数据 class 0 和 class 1 划分开来。本例中的 $\boldsymbol{\omega}$ 和 b 值是人为取定的，而在神经网络中是通过训练学习得到的（自动学习到权重是神经网络智能的一大体现）。

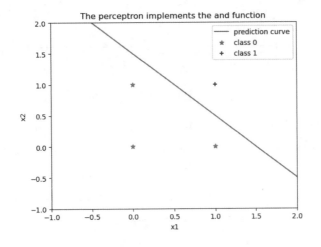

图4-5　使用感知器实现and函数

【案例 4.2】　使用感知器预测工资（线性回归问题）。

现在通过一个简单的例子说明感知器是如何进行预测的。假设某直播公司的员工月薪只与其日均直播时长有关，有一批带标签的数据（即已知每个主播每月的日均直播时长和工资），10 个主播日均直播时长分别为 [1,2.5,7,6,10,8.5,9,12,4,11]（小时 / 天），这 10 个主播的对应工资为 [6500,7300,9400,8900,12000,10500,11500,17000,8300,15000]。若有主播 A 和 B 其日均直播时长分别为 14 和 3 小时，问 A 和 B 的工资为多少？此时即可使用感知器模型解决，其过程与原理大致如下：

本例感知器（与多层感知器神经网络原理相同）模型可以用数学模型表达为 $f(x) = \boldsymbol{\omega} \cdot \boldsymbol{x} + b$，其激活函数为 $f(x) = x$（因为本例是线性回归模型，故激活函数不能选择案例 4.1 中非线性的阶跃函数，关于激活函数及其选择在后面小节再详细介绍）。

感知器利用训练集中的数据，首先随机初始化感知器模型的参数 ω 和 b，然后使用**损失函数**和**梯度下降算法**不断进行调整。通过调整参数 ω 和 b，使损失函数最小化，从而使得线性模型 $f(x)$ 能**拟合**更多训练集中的样本。最后求出使损失函数取得最小值时的参数 $\omega=598.654$ 和 $b=5995.344$，根据 ω 和 b 绘制如图 4-6 所示的预测曲线（图中的直线）。这条直线就是感知器训练后得出的线性模型，当有新的未知样本输入模型时，就可以对其进行预测。例如，本例中主播 A 和 B 的日均直播时长分别为 14 和 3 小时，即对应 $x_A=14$ 和 $x_B=3$。

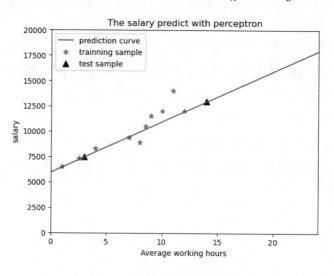

图4-6　使用感知器预测工资

利用模型 $f(x)=598.654x+5995.344$，得出 $f(x_A)=598.654\times14+5995.344=14376.5$，$f(x_B)=598.654\times3+5995.344=7791.306$，从而实现了对 A、B 两主播的工资预测（图 4.6 中的三角形）。这只是为便于说明感知器模型而假设的简化模型，实际中影响工资的因素除了直播时长，还有人气（ω_2）、播放量（ω_3）、观众送礼（ω_4）等，此时 ω 可能会变成 $\omega=(\omega_1,\omega_2,\omega_3\cdots)$，从而模型变成多个影响因素下的多自变量线性模型：$f(\omega\cdot x+b)=\omega_1x_1+\omega_2x_2+\omega_3x_3+\cdots$。

> **注意**
>
> 拟合：使所有样本到拟合曲线的距离之和最小，直观上就是更多的样本点落在了拟合曲线的附近（图4-6中的直线是拟合曲线，五角星是样本点）。

4.2　损失函数与梯度下降算法

损失函数（损失与误差同义，故在有些资料中也称为误差函数）和梯度下降算法是感知器也是神经网络训练过程中最核心的环节。如果把训练神经网络比作导航去某目的地，损失函数就是**目的地**，而梯度下降算法就是去往目的地的**指南针**。还记得前面的两个例子吗？感知器利用训练集的数据（带标签的）进行训练，在训练过程中使用**梯度下降算法**不断调整参数 ω 和 b 使**损失函数**取得最小值，从而拟合训练集中的样本，最后就得到了所期望的模型。损失函数和梯度下降算法具体是什么？它们在感知器模型训练过程中起到什么作用，以及背后蕴含着怎样的原理？本节将为你揭开谜底。

4.2.1 损失函数

在带标签的训练集中，每个样本都有它的特征值 x 和对应的标签值 y。我们假设训练集中的数据分布服从**假设函数** $h(x)$，则对于每个要预测的样本都可以用 $h(x) = \bar{y}$ 计算出一个**预测值** $\bar{y}$。而预测的值不一定等于其**真实值** y，我们训练模型的目的当然是希望模型计算出的 $\bar{y}$ 和 y 越接近越好，因为这表明了我们的模型预测越精准。

如何衡量真实值 y 和预测值 $\bar{y}$ 的**接近程度**，或者说预测值与真实值之间的**损失**呢？（你可能会在各种资料中经常看到：误差、偏差、Error、Cost、Loss、损失、代价……，不严格地讲它们基本上是同一个东西，只是叫法不同）在数学上有很多方法来衡量两个值的接近程度，如两数的差、差的平方、差的绝对值等。这里我们选择使用以下表达式进行衡量：

$$\text{loss} = \frac{1}{2}(y - \bar{y})^2 \tag{4-6}$$

我们把 loss 称为**单个样本**的**损失**（某些教材中也称为**误差**），损失值表明了模型对某样本的预测值 $\bar{y}$ 与真实值 y 的接近程度 / 误差。至于为什么前面要乘以 1/2，这是为了方便后面的计算。训练集中不止一个样本，我们可以用训练集中所有样本的损失之和，来表示模型整体的损失值。假设训练集中共有 n 个样本，那么可以用 Loss 来表示这 n 个样本的损失之和：

$$\text{Loss} = l^{(1)} + l^{(2)} + \cdots + l^{(n)} = \sum_{i=1}^{n} l^{(i)} = \frac{1}{2} \sum_{i=1}^{n} \left(y^{(i)} - \bar{y}^{(i)} \right)^2 \tag{4-7}$$

式（4-7）中 $l^{(i)}$ 表示第 i 个样本的损失值 loss，为使表达更简洁使用了 l 替代。**式（4-7）能抽象地代表所有模型的损失**，但不同的模型意味着 $\bar{y}$ 使用不同的假设函数 $h(x)$ 进行预测，从而最后的表达式也会有所不同。为使后面的公式推导更简单且更易于理解，这里将案例 4.2 中的假设函数 $f(x) = \omega \cdot x + b$ 化简，使用更简单的 $h(x) = \omega \cdot x$ 进行推导，将其代入式（4-7）可得到关于参数 ω 的损失函数：

$$\text{Loss}(\omega) = \frac{1}{2} \sum_{i=1}^{n} \left(y^{(i)} - \omega \cdot x^{(i)} \right)^2 \tag{4-8}$$

所以在案例 4.2 中最后使用的损失函数可近似看作形如式（4-8）的公式，求得使 $\text{Loss}(\omega)$ 取最小值时的 ω，就能得到在训练集中对所有样本数据最好的拟合，也就是我们期望的模型。

上面介绍了损失函数的概念和作用，并以平方差损失函数作为具体的例子进行了详解。那么在神经网络和深度学习任务中，除了平方差损失函数还有其他的损失函数吗？答案是当然有，而且不同的损失函数有各自的优缺点，这使得它们适用于不同的问题，下面介绍并总结几种常用的损失函数。

在接下来要介绍的模型中，假设函数都为 $h(x)$，第 i 个样本实际值为 y_i，预测值为 $h(x_i)$。

1. 均方误差/平方损失函数（MSE）

$$\text{MSE} = \frac{1}{n}\sum_{i=1}^{n}(y_i - h(x_i))^2$$

均方误差（MSE）是回归损失函数中最常用的损失函数，它是预测值与目标值的差的平方和的平均值。而且 MSE 损失函数是个二次函数，只有一个全局最小值，不存在局部最小值，所以可以保证梯度下降收敛到全局最小值，而不会陷入局部最优解。但是 MSE 损失函数对异常值的健壮性比较低（如有一个错误的异常值，其平方值会很大，这在较大程度上会影响整体的损失值），所以当我们的数据中出现许多异常值时，则不应该使用它。

2. 二元交叉熵损失函数

$$\text{CrossEntropyLoss} = \frac{1}{n}\sum_{i=1}^{n}-y_i\log(p_i) + (1-y_i)\log(1-p_i)$$

该损失函数适合二分类问题。在二分类情况下，假设函数的预测结果只有两种情况，所以对于每个类别预测得到的概率为 $p = h(x_i)$ 和 $1-p = 1-h(x_i)$。其中，y_i 表示样本 i 的标签值，正类为 1，负类为 0；p_i 表示样本 i 预测为正的概率。交叉熵在分类问题中常常与 Softmax 是标配，Softmax 对输出的结果进行处理，使其多个分类的预测值的和为 1，再通过交叉熵来计算损失。

3. 多元交叉熵损失函数

$$\text{MultipleCrossEntropyLoss} = \frac{1}{n}\sum_{i=1}^{n}-y_{ij}\log(h(x_{ij}))$$

其中，y_{ij} 为第 i 个样本属于 j 类别的真实概率，通常采用 one-hot 编码，y_{ij} 中只有一个值为 1（和真实样本标签 y_i 对应，这里假设 $y_{ik}=1$），其余为 0；而 $h(x_{ij})$ 为第 i 个样本属于类别 j 的预测概率。多元交叉熵损失函数有时也称为"交叉熵损失函数"，与二元交叉熵损失函数区分，顾名思义，多元交叉熵损失函数用于多分类问题。

4.2.2　梯度下降算法

有了损失函数以后，就相当于找到了训练感知器和神经网络的方向与目的地。训练的目的就是要找到使损失函数取得最小值的参数 ω 和 b，如何找呢？也许数学稍好的同学很快就想到了通过求导和极值分析找到使式（4-8）中损失函数最小值的解。但是计算机不会像人类那样解方程，即使你通过编程的方式一步一步地"教会"了计算机求式（4-8）的最小值，但在实际应用中，不同问题对应了完全不同的模型，也就对应了不同的损失函数，通过编程教会计算机求解所有损失函数的最小值似乎是行不通的。怎么办？答案是：梯度下降算法。

虽然计算机不会解方程，但是它可以利用快速的运算能力，一步步地把函数的极值点"猜"出来，过程如图 4-7 所示。

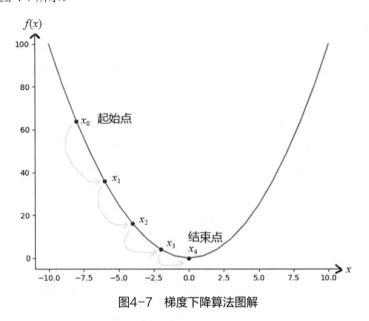

图4-7 梯度下降算法图解

首先随机选择一个点开始，如图 4-7 中的点 x_0，接下来将每次迭代修改为 $x_1, x_2, x_3 \cdots$，经过数次迭代后最终达到函数最小值点。这就是梯度下降的过程，但是为什么每次修改的值，都能往函数最小值那个方向前进呢？其中的奥秘在于，每次都是向函数的**梯度的相反方向**进行修改。什么是梯度呢？翻开高数课本，我们会发现梯度是一个向量，它指向函数值上升最快的方向。显然，梯度的反方向当然就是函数值下降最快的方向了。我们每次沿着梯度相反方向去修改的值，当然就能到达函数的最小值附近。之所以是最小值附近而不是最小值那个点，是因为每次移动的**步长**（表现在图 4-7 中就是每次 x 改变多少）不会那么恰到好处，有可能最后一次迭代走远了越过了最小值那个点。

步长需要经验积累和不断试错才能找到较好的值（常见的是 0.01）。如果选择过小，那么要迭代很多轮才能走到最小值附近，如图 4-8(b) 所示；如果选择过大，很可能会在最小值左右来回振荡，甚至无法收敛到一个好的点上，如图 4-8(a) 所示。所以一般情况是宁小勿大。

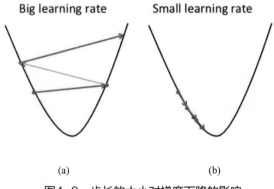

(a)   (b)

图4-8 步长的大小对梯度下降的影响

经过上面的讨论，可以写出梯度下降算法的公式的一般形式为

$$\theta_{\text{new}} = \theta_{\text{old}} - \eta \nabla f(\theta_{\text{old}}) \tag{4-9}$$

式（4-9）中，θ 表示要更新的参数，θ_{old} 表示参数更新前的值，θ_{new} 表示参数更新后的值，η 是梯度下降的步长（在深度学习中也称为学习率），∇ 表示求梯度的梯度算子，$\nabla f(\theta_{\text{old}})$ 表示 $f(\theta_{\text{old}})$ 的梯度。这是梯度下降的一般形式（也可以说是抽象式），求不同函数的梯度代入不同的函数表达式 $f()$ 即可得到不同的梯度下降公式。

可能有同学会问为什么是减去 $\eta \nabla f(\theta_{\text{old}})$，这是因为梯度下降更新参数的目的是求目标函数的最小值，而**梯度指向了函数上升最快的方向**，$-\nabla f(\theta_{\text{old}})$ 使**梯度取负值**，表示指向函数**下降最快**的方向，再乘以步长 η 得到每次下降的最大值，从而逼近目标函数的最小值。如果写成 $\theta_{\text{new}} = \theta_{\text{old}} + \eta \nabla f(\theta_{\text{old}})$，会每次沿使函数上升最快的方向，再乘以步长得到每次最多上升多少，用于逼近函数的最大值，你可以称它为"**梯度上升算法**"。

将要更新的参数 $\boldsymbol{\omega}$ 和损失函数 $\text{Loss}(\boldsymbol{\omega})$ 代入式（4-9）得

$$\omega_{\text{new}} = \omega_{\text{old}} - \eta \nabla \text{Loss}(\omega_{\text{old}}) \tag{4-10}$$

先算 $\nabla \text{Loss}(\omega_{\text{old}})$，因为 $\text{Loss}(\omega_{\text{old}})$ 是 ω_{old} 的复合函数，所以利用链式法则求偏导得

$$\nabla \text{Loss}(\omega_{\text{old}}) = \frac{\partial \text{Loss}(\bar{y})}{\partial \bar{y}} \cdot \frac{\partial \bar{y}}{\partial \omega_{\text{old}}} \tag{4-11}$$

$$= \frac{\partial}{\partial \bar{y}} \frac{1}{2} \sum_{i=1}^{n} \left[\frac{\partial}{\partial \bar{y}} \left(y^{(i)} - \bar{y}^{(i)^2} \right)^2 \cdot \frac{\partial}{\partial \omega_{\text{old}}} \omega_{\text{old}} x^{(i)} \right]$$

$$= \frac{1}{2} \sum_{i=1}^{n} \left[\frac{\partial}{\partial \bar{y}} \left(y^{(i)^2} - 2\bar{y}^{(i)} y^{(i)} + \bar{y}^{(i)^2} \right) \cdot \frac{\partial}{\partial \omega_{\text{old}}} \omega_{\text{old}} x^{(i)} \right]$$

$$= \frac{1}{2} \frac{\partial}{\partial \bar{y}} \sum_{i=1}^{n} \left[\left(-2y^{(i)} + 2\bar{y}^{(i)} \right) \cdot x^{(i)} \right]$$

$$= \sum_{i=1}^{n} \left(\bar{y}^{(i)} - y^{(i)} \right) \cdot x^{(i)} \tag{4-12}$$

把式（4-12）代入式（4-10）得

$$\omega_{\text{new}} = \omega_{\text{old}} - \eta \cdot \sum_{i=1}^{n} \left(\bar{y}^{(i)} - y^{(i)} \right) \cdot x^{(i)} \tag{4-13}$$

式（4-13）中 η 表示梯度下降的步长，$\bar{y}^{(i)}$ 表示假设模型对第 i 个样本的预测值，$y^{(i)}$ 表示数据集中第 i 个样本的标签值，$x^{(i)}$ 表示假设模型的第 i 个样本的输入值。

最后得到的**式（4-13）**就是感知器更新权重时具体使用的**梯度下降算法公式**，程序中将把这个公式转换成代码进行参数更新，从而得出适合的参数对训练集进行拟合。

前面说过，梯度下降时选择的起点是随机的，为什么要随机选择呢？因为梯度下降算法在面对非凸函数时（图像表现为有若干个局部最小值），容易陷入局部最优解，即找到了损失函数的局部最小值。通过设置不同的学习率和随机初始化梯度下降的起点，训练多个轮次可以减

轻局部最优解。关于陷入局部最优解的形象化理解可以看图 4-9，找最小值就相当于下到山谷的最低点。图 4-9(a) 和 (b) 都陷入了局部最低点，但是多次选择不同的起点，如图 4-9(c) 所示，小球使用梯度下降算法后到达了全局最低点。

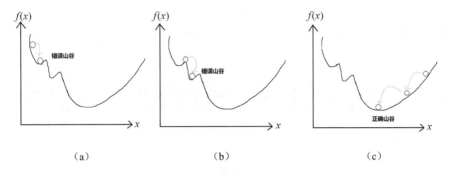

(a)   (b)   (c)

图4-9　梯度下降之局部最优解

4.3　多层感知器与神经网络

前面讲到的感知器的功能已经很强大了，它可以拟合任意的线性函数，可以解决一些二分类问题（但局限于线性可分数据）；但是它也有致命的缺陷，不能解决非线性问题，即使是最简单的异或问题它都不能解决。如图 4-10 所示，单层感知器只能拟合出一条直线，这是无论如何也不能将 class 0 和 class 1 划分开的。其实这也是当时的神经网络持续低迷一段时间的原因，直到后来的多层感知器和反向传播算法的出现，神经网络才又进入飞速发展的阶段。现在大热的神经网络的层数越来越多，结构和形式也变得更为多样。

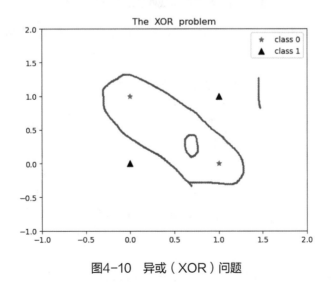

图4-10　异或（XOR）问题

如图 4-10 所示，即使对于最简单的异或问题（二者真值相异为 1，相同为 0），感知器也不能拟合出一条直线，将异或运算的结果 class 0 和 class 1 划分开。要将二者划分开，必须采用封闭的曲线才行，但是这要怎么实现呢？使用多层感知器即可。

4.3.1　多层感知器

根据图 4-10 所示的异或问题，其真值表如表 4-2 所示。

表4-2　逻辑运算XOR的真值表

x_1	x_2	y(XOR运算结果)
1（真）	1（真）	0（假）
1（真）	0（假）	1（真）
0（假）	1（真）	1（真）
0（假）	0（假）	0（假）

注意图 4-11 中的输入层，这一层的每个感知器都很特别，不含权重和激活函数，即它不对数据进行处理（输入什么就输出什么，也可理解为只做了 $f(x)=x$ 的变换）。而隐藏层和输出层中的感知器和 4.1.2 小节中的相同，激活函数也选用的阶跃函数，ω_n 为相应的权重。将每个感知器的权重设置为图 4-11 中蓝色箭头上的权重值，偏置项 b 设置为 –0.5。

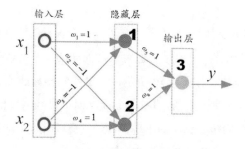

图4-11　可解决异或问题的多层感知器

现在来验证一下真值表中 1 XOR 0 的结果，看看这个多层感知器能否解决异或问题。

对于隐藏层的感知器 1 计算有

$$
\begin{aligned}
f_1 &= \mathrm{Sgn}(\omega_1 x_1 + \omega_3 x_2 + b) \\
&= \mathrm{Sgn}(1\times1 + (-1)\times0 - 0.5) \\
&= \mathrm{Sgn}(0.5) \\
&= 1
\end{aligned}
\tag{4-14}
$$

类似地，对于隐藏层的感知器 2 计算有

$$
\begin{aligned}
f_2 &= \mathrm{Sgn}(\omega_2 x_1 + \omega_4 x_2 + b) \\
&= \mathrm{Sgn}((-1)\times1 + 1\times0 - 0.5) \\
&= \mathrm{Sgn}(-1.5) \\
&= 0
\end{aligned}
\tag{4-15}
$$

最后对输出层的感知器 3 进行计算，感知器 3 的输入是上一隐藏层的输出 f_1 和 f_2，感知器 3 的输出就是整个感知器网络的输出：

$$y = f_3 = \text{Sgn}(\omega_5 f_1 + \omega_6 f_2 + b)$$
$$= \text{Sgn}(1 \times 1 + 1 \times 0 - 0.5)$$
$$= \text{Sgn}(0.5)$$
$$= 1 \tag{4-16}$$

由于篇幅有限，剩余部分请读者自行验算，最后可证按图 4-11 所设计的多层感知器实现了解决异或问题的功能。

4.3.2　激活函数

在 4.1.2 和 4.3.1 小节的例子中都出现和使用了激活函数，但是前面我们并没有对其进行详细的说明。对于激活函数会留有一些疑问，也肯定有同学会问激活函数到底有什么作用？在感知器中不添加激活函数可以吗？答案是不可以，特别是对于复杂的问题需要神经网络拟合出非线性的函数时，如上一小节中的多层感知器，如果不加入激活函数，最后得出的模型还是线性的（在数学上可以证明，任意多个线性函数的复合或组合其结果仍是线性函数），这就会使得多层感知器神经网络相当于最原始的单个感知器，连最基本的异或问题都无法解决，更别说解决其他复杂的非线性问题。所以激活函数的作用就是为神经网络带来**非线性因素**，**增强**神经网络的**表达能力**。激活函数的作用可以用一句话简要概括：对**数值**的**映射**，对**函数**的**扭曲**。数值的映射即将输入激活函数的值映射到某个范围，如阶跃函数把输入的任意值都映射成了 0 或 1 两个数值；对空间的扭曲形象化如图 4-12 所示。

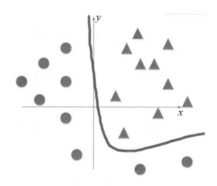

图4-12　激活函数对模型空间的扭曲

图 4-12 中圆圈和三角形代表两类不同的数据，可以看出这两类数据肯定不能用单层感知器拟合一条直线来进行分类。此时如果对感知器加入激活函数，则可以将函数曲线进行扭曲，从而拟合出一条非线性的曲线进行分类。

下面介绍一下常见的激活函数，除了前面用到的阶跃函数 Sgn，在神经网络中可以使用的激活函数多达数十种，比较常用的激活函数有 Sgn、Sigmod、ReLU、Leaky ReLU、Tanh 等，下面分别进行介绍。在具体的神经网络中，没有最好的激活函数，只有最适合的激活函数，所以可以根据实际问题和激活函数的特点选择适合的激活函数。

1. Sgn函数

Sgn（step function）函数，译为"阶跃函数"，其图像如图4-13所示。Sgn函数是最先在单个感知器中出现的激活函数，它模仿了生物神经元"要么全有，要么全无"的属性。在简单的感知器和两层感知器（输入层一般不算，只计算隐藏层和输出层）中，Sgn函数运算比较简单；而在层数更深的感知器神经网络中，其性能较差。因为其导数为0（除0点导数无定义外），这意味着在深层神经网络中使用反向传播算法更新梯度时，容易出现**梯度消失**（在深层神经网络中，由于反向传播算法采用链式法则求偏导，多个偏导很小的梯度相乘后会趋于0，即梯度趋于消失了），导致梯度下降异常，无法更新网络的参数。

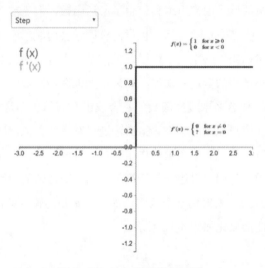

图4-13　Sgn函数及其导数

2. Sigmod函数

Sigmod函数也叫Logistic函数，其图像如图4-14所示。它可以将神经网络中的输入值映射到（0，1）区间，给神经网络引入了"概率"的概念，在logistic回归中具有重要地位。Sigmod函数的导数非零且易于计算，这也是早期Sigmod函数在神经网络中用得较多的原因。

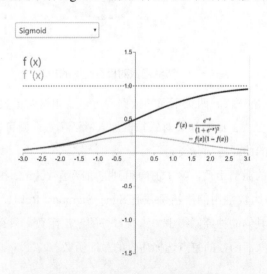

图4-14　Sigmod函数及其导数

3. ReLU函数

ReLU（rectified linear unit）函数，译为"线性整流函数"或"线性修正单元"，其图像如图4-15所示。它保留了Sgn函数的生物学启发（只有输入超过阈值时神经元才会被激发），且输入为正时其导数不为0，不存在梯度消失的问题。更关键的是，ReLU函数及其导数都不包含复杂的数学运算，这使得其计算非常迅速。不过这个函数也具有一定的缺陷，当输入为负值时，ReLU函数的学习速度可能会变得很慢，甚至使神经元直接失效，因为此时输入小于0而梯度为0，使其权重无法得到更新，在剩下的训练过程中会一直保持静默。尽管如此，ReLU函数还是目前在神经网络中使用广泛的经典激活函数之一。

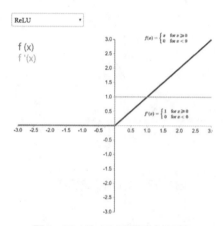

图4-15　ReLU函数及其导数

4. Leaky ReLU函数

Leaky ReLU函数是经典ReLU函数的一个变体，其图像如图4-16所示。它在ReLU函数的基础上加入了泄露修正线性单元，使其输出对负值输入有很小的坡度，导数也不为0。这能减少静默神经元的出现，允许基于梯度的学习（虽然会很慢）。理论上讲，Leaky ReLU函数既克服了ReLU函数的缺点又继承了ReLU函数的优点，应该比ReLU函数表现得更好，但在实际操作当中，并没有完全证明Leaky ReLU函数总是好于ReLU函数。

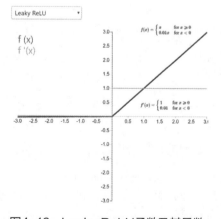

图4-16　Leaky ReLU函数及其导数

5. Tanh函数

Tanh 函数和 Sigmod 函数的图像形状很相似，如图4-17所示，只是 Tanh 函数的值域为(-1,1)，而 Sigmod 函数的值域为（0,1），Tanh 函数也比 Sigmod 函数变化得更快。因此在分类任务中，Tanh 函数逐渐取代 Sigmoid 函数作为标准的激活函数，Tanh 函数具有很多神经网络所钟爱的特征。它是完全可微分的，反对称，对称中心在原点。

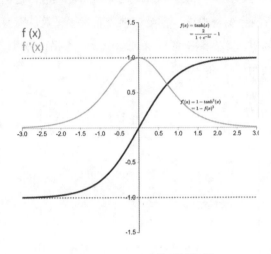

图4-17　Tanh函数及其导数

4.3.3　反向传播算法

读者一定很好奇，单个感知器是使用梯度下降算法更新权重的，那由很多感知器组成的神经网络中各个权重链接是如何更新的呢？答案是"反向传播算法"。本小节将详细介绍什么是"反向传播算法"，以及它是如何在更新网络权重中起作用的。反向传播算法可以分成两个部分理解，**正向传播**输出网络**预测**值，使用损失函数计算预测损失；**反向传播损失**到各个层，使用**梯度下降算法更新每层上的权重**达到减少损失的目的。通过不断传播损失和更新权重，使得最后损失函数最小化，即损失最小化，达到训练网络的目标。下面具体介绍反向传播算法的整个过程及其原理实现。

1. 正向传播

神经网络的正向传播其实就是将输入向量 x 传入神经网络，经过一系列计算后输出向量 y，用数学语言表达即为 $y = f_{network}(x)$。具体来讲，正向传播的计算过程如下：

为了使公式推导和说明简单化，构造一个简化神经网络，其结构如图 4-18 所示。输入层有 i_1 和 i_2 两个节点，将其依次编号为 1、2；隐藏层有 h_1 和 h_2 两个节点，将其依次编号为 3、4；输出层只有 o_1 一个节点，将其编号为 5。这个神经网络是全连接网络，所以每个节点都与上一层的所有节点有连接。每个神经元的计算公式为

$$y = \text{activation\_function}(\boldsymbol{\omega}^{\text{T}} \cdot \boldsymbol{x}) \tag{4-17}$$

其实就是 4.1.2 小节中式（4-2）的写法，只是那个例子中的激活函数为 Sgn 函数，这里换成能代表所有激活函数的抽象式，把 activation_function 换成 Sgn 函数就完全变成了 4.1.2 小节

中的例子。为了使本节讲解与后面的编程实战能够联系起来，这里把 activation_function 替换成编程实战中用到的 Sigmoid 函数。

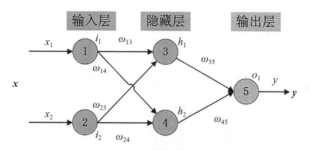

图4-18 神经网络结构图

为了计算节点 4 的输出，要先得到上一层中所有与节点 4 相连节点的输出值作为节点 4 的输入。因为 1 和 2 是输入层的节点，所以它们的输出值就是输入向量 $\boldsymbol{x}$ 本身。按图 4-18 所画出的对应关系，可以看出节点 1 和 2 的输出值分别为 x_1 和 x_2。神经网络中的输入向量维度等于输入层的神经元个数，而输入向量的某个元素对应到哪个输入节点是可以自由选择的，即把 x_1 赋值给节点 2 也没有问题，只是这样做不利于计算，当神经元个数变多时更易写错。

所以根据 $y = \text{activation\_function}(\boldsymbol{\omega}^\text{T} \cdot \boldsymbol{x})$ 可以计算出隐藏层第一个节点，即节点 3 的输出值 h_1 为

$$h_1 = \text{Sigmoid}(\boldsymbol{\omega}^\text{T} \cdot \boldsymbol{x})$$

$$= \text{Sigmoid}(\omega_{13} x_1 + \omega_{23} x_2 + \omega_{3b}) \tag{4-18}$$

式（4-18）中 ω_{3b} 是节点 3 的偏置项，图 4-18 中未画出，而 ω_{13} 和 ω_{23} 分别为节点 1、2 连接到节点 3 的权重。

同样地，可以继续计算出节点 4 的输出值 h_2 为

$$h_2 = \text{Sigmoid}(\boldsymbol{\omega}^\text{T} \cdot \boldsymbol{x})$$

$$= \text{Sigmoid}(\omega_{14} x_1 + \omega_{24} x_2 + \omega_{4b}) \tag{4-19}$$

计算出隐藏层节点的输出后，即可计算神经网络最后的输出结果 y，也是输出层中节点 5 的输出值 o_1：

$$y = o_1 = \text{Sigmoid}(\boldsymbol{\omega}^\text{T} \cdot \boldsymbol{x})$$

$$= \text{Sigmoid}(\omega_{35} h_1 + \omega_{45} h_2 + \omega_{5b}) \tag{4-20}$$

上面是完整的使用计算式的表达，下面采用线性代数中的矩阵表示神经网络上的运算。

首先把两个隐藏层节点的计算依次排列出来：

$$h_1 = \text{Sigmoid}(\omega_{13} x_1 + \omega_{23} x_2 + \omega_{3b}) \tag{4-21}$$

$$h_2 = \text{Sigmoid}(\omega_{14} x_1 + \omega_{24} x_2 + \omega_{4b}) \tag{4-22}$$

接着定义神经网络的输入向量 $\boldsymbol{x}$ 和隐藏层每个节点的权重向量 $\boldsymbol{\omega}_j$，令

$$X = \begin{bmatrix} x_1 \\ x_2 \\ 1 \end{bmatrix} \tag{4-23}$$

$$\omega_3 = [\omega_{13}, \omega_{23}, \omega_{3b}] \tag{4-24}$$

$$\omega_4 = [\omega_{14}, \omega_{24}, \omega_{4b}] \tag{4-25}$$

$$f = \text{Sigmoid} \tag{4-26}$$

将上述式子代入式（4-2）和式（4-20）可以得到

$$h_1 = f(\omega_3^T \cdot X) \tag{4-27}$$

$$h_2 = f(\omega_4^T \cdot X) \tag{4-28}$$

将式（4-27）和式（4-28）作为一个向量，将式（4-24）和式（4-25）的结果写到**权重矩阵**中得

$$h = \begin{bmatrix} h_1 \\ h_2 \end{bmatrix}, W = \begin{bmatrix} \omega_3 \\ \omega_4 \end{bmatrix} = \begin{bmatrix} \omega_{13}, \omega_{23}, \omega_{3b} \\ \omega_{14}, \omega_{24}, \omega_{4b} \end{bmatrix}, f\left(\begin{bmatrix} x_1 \\ x_2 \\ \cdots \\ x_n \end{bmatrix}\right) = \begin{bmatrix} f(x_1) \\ f(x_2) \\ \cdots \\ f(x_n) \end{bmatrix} \tag{4-29}$$

将上面三个式子代入式（4-27）和式（4-28）可得

$$a = f(W \cdot x) \tag{4-30}$$

式（4-30）中的激活函数，在本例中是 Sigmoid 函数；W 是某层的权重矩阵；x 是某层的输入向量；a 是某层的输出向量。**式（4-30）说明神经网络每层的作用实际上是将输入向量左乘一个数组进行线性变换，得到一个向量，然后对这个向量的每个元素应用激活函数。**

神经网络中每层的算法都是一样的。例如，对于一个包含一个输入层、一个输出层和三个隐藏层的神经网络，假设其权重矩阵分别为 W_1、W_2、W_3、W_4，每个隐藏层的输出分别为 a_1、a_2、a_3，神经网络的输入为 x，输出为 y，结构如图 4-19 所示。

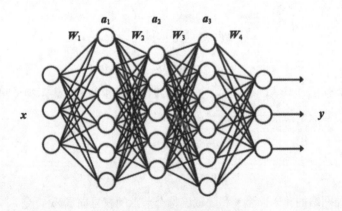

图4-19 神经网络矩阵示例

则每一层的输出向量可以表示为

$$a_1 = f(W_1 \cdot x) \tag{4-31}$$

$$a_2 = f(W_2 \cdot a_1) \tag{4-32}$$

$$a_3 = f(W_3 \cdot a_2) \tag{4-33}$$

$$y = f(W_4 \cdot a_3) \tag{4-34}$$

这就是神经网络正向传播计算输出的方法。可以看到使用矩阵表示会使得式子很简洁,这有利于在计算机中编程实现。当网络层数和神经元很多时,采用传统表达式的写法是行不通的。

正向传播结束后,神经网络会根据输入数据计算出网络预测值,将预测值送入损失函数即可得到预测值与真实值之间的损失,这个过程比较容易。最为重要也较难理解的是,神经网络如何根据损失更新网络中的权重参数,从而最小化损失完成训练?这一过程就是反向传播要做的事情。

2. 反向传播

经过正向传播后,我们就可以计算出每个节点上的损失,从而反向传播损失。在损失函数上使用梯度下降算法来更新网络中的权重,从而降低模型的损失。下面具体讲解如何将损失反向传播到每一层,以及如何根据传播得来的损失更新网络权重。

如图 4-20 所示,假设网络输出层中的节点 5 的损失 $\text{Loss}_5 = 10$,那么如何计算隐藏层中节点 3 和节点 4 的损失呢?很容易想到的是将损失进行平分,一个节点分到 5 的损失。但是这样似乎没有和权重产生联系,怎么办?最好的办法是根据权重链接,权重大的说明对产生的损失影响应该更大。所以根据权重链接来确定节点 3 和节点 4 上的损失分别为

$$\text{Loss}_3 = \frac{\omega_{35}}{\omega_{35} + \omega_{45}} \text{Loss}_5 = 6.0 \tag{4-35}$$

$$\text{Loss}_4 = \frac{\omega_{45}}{\omega_{35} + \omega_{45}} \text{Loss}_5 = 4.0 \tag{4-36}$$

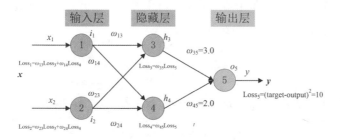

图4-20 神经网络中的损失与权重关系

因为损失函数只是衡量输出与实际值接近程度的函数,我们分别用 $\text{Loss}_3 = \omega_{35}\text{Loss}_5$ 和 $\text{Loss}_4 = \omega_{45}\text{Loss}_5$ 来近似代替上面的式(4-35)和式(4-36),不会影响损失函数的评价性能。但起到了化简式子的作用,也有助于加快神经网络训练。如果读者怀疑或者不能理解这样做的合理性,可以在实战环节中把代码中相应的地方改成此处的式(4-35)和式(4-36)进行神经网络的训练。

　　我们知道了隐藏层与输出层之间的损失如何计算，现在来看一下输入层与隐藏层之间的损失如何计算。在这一层显然我们没有实际值来与输出值作差进行衡量，怎么做呢？很简单，只需要把隐藏层中节点的损失按权重大小分配给输入层即可。例如，节点 1 的损失来自与之相连的节点 3 和节点 4，此时用 $\text{Loss}_1 = \omega_{13}\text{Loss}_3 + \omega_{14}\text{Loss}_4$ 计算节点 1 上的损失 Loss_1，同理可得 $\text{Loss}_2 = \omega_{23}\text{Loss}_3 + \omega_{24}\text{Loss}_4$。

　　只有神经网络层数和每层的节点较少时写等式进行计算比较容易，当层数和节点数增多后，应该借助矩阵进行运算，用一个矩阵运算式来表示 $\text{Loss}_1 = \omega_{13}\text{Loss}_3 + \omega_{14}\text{Loss}_4$ 和 $\text{Loss}_2 = \omega_{23}\text{Loss}_3 + \omega_{24}\text{Loss}_4$ 两个式子，以及编程运算。例如，本例中输入层与隐藏层之间的损失可以表示为

$$\text{Loss}_{\text{input\_hidden}} = W_{\text{input\_hidden}}\text{Loss}_{\text{hidden\_output}} \tag{4-37}$$

其中，$\text{Loss}_{\text{input\_hidden}}$ 表示输入层与隐藏层之间的损失，$W_{\text{input\_hidden}}$ 表示输入层与隐藏层之间的权重链接，$\text{Loss}_{\text{hidden\_output}}$ 表示隐藏层与输出层之间的损失。且

$$W_{\text{input\_hidden}} = \begin{bmatrix} \omega_{13} & \omega_{14} \\ \omega_{23} & \omega_{24} \end{bmatrix}, \quad \text{Loss}_{\text{hidden\_output}} = (\text{Loss}_3, \text{Loss}_4)^{\text{T}} = \begin{bmatrix} \text{Loss}_3 \\ \text{Loss}_4 \end{bmatrix} \tag{4-38}$$

　　矩阵表达式简单且易于计算机编程实现，而且隐藏层与输出层之间的损失也可以用类似式（4-30）的表达式代替，即使用 $\text{Loss}_{\text{hidden\_output}} = W_{\text{hidden\_output}}\text{Loss}_{\text{output}}$ 表示。

　　能计算每一层每一个节点的损失后，只需要对损失使用 4.2.2 小节中的式（4-9）的梯度下降算法即可更新网络的权重。例如，更新隐藏层与输出层之间的权重：

$$\begin{aligned} \omega_{\text{new}} &= \omega_{\text{old}} - \eta\nabla\text{Loss}(\omega_{\text{old}}) \\ &= W_{\text{hidden\_output}} - \eta\,\nabla\text{Loss}(W_{\text{hidden\_output}}) \end{aligned} \tag{4-39}$$

式中

$$\nabla\text{Loss}(W_{\text{hidden\_output}}) = \frac{\partial\text{Loss}(\bar{y})}{\partial W_{\text{hidden\_output}}} = \frac{\partial}{\partial W_{\text{hidden\_output}}}(t_i - o_i)^2 \tag{4-40}$$

其中，t_i 和 o_i 分别表示输出层中第 i 个节点的实际值和网络的输出值（预测值）。

　　式（4-40）可以用链式法则求偏导得到：

$$\frac{\partial}{\partial W_{\text{hidden\_output}}}(t_i - o_i)^2 = -2(t_i - o_i)\bullet\frac{\partial o_i}{\partial W_{\text{hidden\_output}}} \tag{4-41}$$

　　又因为节点上都是应用的 Sigmod 函数作为激活函数求输出，所以

$$o_i = \text{Sigmoid}(W_{\text{hidden\_output}}o_k) \tag{4-42}$$

其中，o_k 是前一层的隐藏层节点的输出。式（4-41）可以写成

$$\frac{\partial}{\partial W_{\text{hidden\_output}}}(t_i - o_i)^2 = -2(t_i - o_i)\frac{\partial}{\partial W_{\text{hidden\_output}}}\text{Sigmod}(W_{\text{hidden\_output}}o_k) \tag{4-43}$$

　　又因为 Sigmoid 函数求偏导为

$$\frac{\partial}{\partial x}\text{Sigmod}(x) = \text{Sigmoid}(x)(1-\text{Sigmoid}(x)) \tag{4-44}$$

故式（4-43）最终表示为

$$-2(t_i - o_i)\text{Sigmoid}(W_{\text{hidden\_output}}o_k)(1-\text{Sigmoid}(W_{\text{hidden\_output}}o_k))\bullet o_k \tag{4-45}$$

综合式（4-39）和式（4-40）即可得到更新隐藏层与输出层之间权重矩阵的表达式为

$$W_{h\_o} = W_{h\_o} + 2\eta(t_i - o_i)\text{Sigmoid}(W_{h\_o}o_k)(1-\text{Sigmoid}(W_{h\_o}o_k))\bullet o_k \tag{4-46}$$

其中，W_{h_o} 表示隐藏层与输出层之间的权重矩阵，**式（4-46）**也是我们在编程实战中用于更新隐藏层与输出层之间权重矩阵的表达式。类似地可以推导出，更新输入层与隐藏层之间权重矩阵的表达式为

$$W_{i\_h} = W_{i\_h} + 2\eta(\text{Loss}_{\text{input\_hidden}})\text{Sigmoid}(W_{i\_h}o_i)(1-\text{Sigmoid}(W_{i\_h}o_i))\bullet o_i \tag{4-47}$$

式（4-47）中 η 表示网络的学习率，$\text{Loss}_{\text{input\_hidden}}$ 表示输入层与隐藏层之间的损失，W_{i_h} 表示输入层与隐藏层之间的权重矩阵，o_i 表示输入层的输出值。如果读者实在不明白公式推导细节也没关系，只需知道反向传播算法的核心思想，知道大致流程，将公式写入程序即可。

4.4 实战：手工搭建神经网络

本节我们要搭建一个典型的三层神经网络，实现 MNIST 手写数字图像的识别。首先，需要定义神经网络的结构，通常输入层节点个数与输出层节点个数分别与数据集的大小和类别相关，中间隐藏层的节点个数可以根据经验自由设置（隐藏层节点个数少时神经网络训练速度比较快，但模型拟合和表示能力也会减弱。相反地，节点个数越多模型的表示和拟合能力越强，但会降低训练速度，且数量过于巨大时易出现过拟合）。因为 MNIST 数据集中单张图片的大小为 28 × 28，所以网络的输入层节点个数为 28 × 28=784；MNIST 数据集为 0 ～ 9 的数据图片，共 10 类，所以网络的输出层节点个数为 10；隐藏层节点个数为 15，如图 4-21 所示。

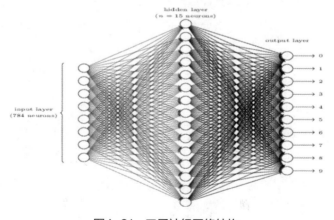

图4-21　三层神经网络结构

关于隐藏层神经元个数设置的几个经验公式：

$$h = \sqrt{i+o} + \alpha \qquad\qquad (4\text{-}48)$$

$$h = \sqrt{io} \qquad\qquad (4\text{-}49)$$

$$h = \log_2 i \qquad\qquad (4\text{-}50)$$

$$h = \frac{N_t}{[\alpha(i+o)]} \qquad\qquad (4\text{-}51)$$

上述公式中 h 表示隐藏层神经元个数，i 表示输入层神经元个数，o 表示输出层神经元个数，α 为取任意值的变量（通常可取 $2 \sim 10$ 范围内的数），N_t 表示训练集中样本的总数。注意，上述公式都只是经验公式，并未被证明一定可行，在实际中可以借助经验公式进行多次尝试选择出最优值。

4.4.1　定义NeuralNetwork()类

首先定义 NeuralNetwork() 类，将模型正反向传播的过程定义在其方法之中。NeuralNetwork() 类有三个主要方法：初始化方法、训练方法（正向传播、反向调整）和预测方法（正向传播）。

```python
class NeuralNetwork():
    def _init_():
        pass
    def train():
        pass
    def query():
        pass
```

1. 初始化方法

定义初始化方法，包括输入层节点个数、隐藏层节点个数、输出层节点个数、学习率等几个参数。除了这些参数，还定义了参数的初始化方法和激活函数。

```python
def __init__(self, inputnodes, hiddennodes, outputnodes, learningrate):
    # 设置输入层节点个数、隐藏层节点个数和输出层节点个数
    self.inodes = inputnodes
    self.hnodes = hiddennodes
    self.onodes = outputnodes
    # 设置学习率
    self.lr = learningrate
    # 设置权重矩阵 正态分布
    self.wih = numpy.random.normal(0.0, pow(self.hnodes, -0.5), (self.hnodes, self.inodes))
    self.who = numpy.random.normal(0.0, pow(self.onodes, -0.5), (self.onodes, self.hnodes))
    # 设置激活函数，Sigmod()函数
    self.activation_function = lambda x: scipy.special.expit(x)
    pass
```

2. 训练方法（正向传播、反向调整）

定义训练方法需要接收两个列表（list），一个是输入 list，另一个是真实标签 list。训练方法中定义了神经网络正向传播的计算过程，并且计算实际输出和真实输出的损失，再进行反向传播，从而更新网络的权重。这里的反向传播没有使用特别的优化算法，仅使用基础的梯度下降算法。

```python
import numpy as np
def train(self, input_list, target_list):
    # 转换输入/输出列表为二维数组
    inputs = np.array(input_list, ndmin=2).T
    targets = np.array(target_list, ndmin= 2).T
    # 计算到隐藏层的信号
    hidden_inputs = np.dot(self.wih, inputs)
    # 计算隐藏层输出的信号
    hidden_outputs = self.activation_function(hidden_inputs)
    # 计算到输出层的信号
    final_inputs = np.dot(self.who, hidden_outputs)
    final_outputs = self.activation_function(final_inputs)

    output_errors = targets - final_outputs
    hidden_errors = np.dot(self.who.T,output_errors)

    # 更新隐藏层与输出层之间的权重
    self.out_weight  += 2*self.lr* np.dot((output_errors * final_outputs *
    (1.0-final_outputs)),np.transpose(hidden_outputs))
    # 更新输入层与隐藏层之间的权重
    self.in_weight  += 2*self.lr * np.dot((2*hidden_errors * hidden_outputs *
    (1.0 - hidden_outputs)),np.transpose(inputs))
```

3. 预测方法（正向传播）

正向传播的方法只需实现输入一个数据，得到一个输出结果的功能。

```python
def query(self, input_list):
    # 转换输入列表为二维数组
    inputs = np.array(input_list, ndmin=2).T
    # 计算到隐藏层的信号
    hidden_inputs = np.dot(self.wih, inputs)
    # 计算隐藏层输出的信号
    hidden_outputs = self.activation_function(hidden_inputs)
    # 计算到输出层的信号
    final_inputs = np.dot(self.who, hidden_outputs)
    final_outputs = self.activation_function(final_inputs)
    return final_outputs
```

NeuralNetwork() 类的完整代码如下。

```python
import numpy as np
import scipy.special
import scipy.misc
import matplotlib.pyplot
import scipy.ndimage
# 神经网络类定义
class NeuralNetwork():
    # 初始化神经网络
    def __init__(self, inputnodes, hiddennodes, outputnodes, learningrate):
        # 设置输入层节点个数、隐藏层节点个数和输出层节点个数
        self.inodes = inputnodes
        self.hnodes = hiddennodes
        self.onodes = outputnodes
        # 设置学习率
        self.lr = learningrate
        # 设置权重矩阵 正态分布
        self.wih = np.random.normal(0.0, pow(self.hnodes, -0.5), (self.hnodes, self.inodes))
        self.who = np.random.normal(0.0, pow(self.onodes, -0.5), (self.onodes, self.hnodes))
        # 设置激活函数，Sigmod()函数
        self.activation_function = lambda x: scipy.special.expit(x)
        pass
    # 训练神经网络
    def train(self, input_list, target_list):
        inputs = np.array(input_list, ndmin=2).T      # 转换输入/输出列表为二维数组
        targets = np.array(target_list, ndmin= 2).T
        hidden_inputs = np.dot(self.wih, inputs)     # 计算到隐藏层的信号
        hidden_outputs = self.activation_function(hidden_inputs)     # 计算隐藏层输出的信号
        final_inputs = np.dot(self.who, hidden_outputs)            # 计算到输出层的信号
        final_outputs = self.activation_function(final_inputs)
        output_errors = targets - final_outputs
        hidden_errors = np.dot(self.who.T,output_errors)
        # 更新隐藏层与输出层之间的权重
self.out_weight  += 2*self.lr* np.dot((output_errors * final_outputs *
(1.0-final_outputs)),np.transpose(hidden_outputs))
        # 更新输入层与隐藏层之间的权重
self.in_weight  += 2*self.lr * np.dot((2*hidden_errors * hidden_outputs *
(1.0 - hidden_outputs)),np.transpose(inputs))
        #查询神经网络
    def query(self, input_list):
        inputs = np.array(input_list, ndmin=2).T                    # 转换输入列表为二维数组
        hidden_inputs = np.dot(self.wih, inputs)                # 计算到隐藏层的信号
        hidden_outputs = self.activation_function(hidden_inputs)    # 计算隐藏层输出的信号
        final_inputs = np.dot(self.who, hidden_outputs)            # 计算到输出层的信号
        final_outputs = self.activation_function(final_inputs)
        return final_outputs
print('n') # 验证
```

定义好 NeuralNetwork() 类后，我们粗略地测试了"训练"和"预测"方法的代码是否有误，所以随意设置了调用该类需要的实参，然后调用 NeuralNetwork() 类的 query() 方法，对其进行简单的功能测试。代码详细设置如下：

设置输入层节点个数为 3，隐藏层节点个数为 15，输出层节点个数为 10，学习率为 0.01。创建神经网络，再自定义一个输入（0，0.5，-5），调用 NeuralNetwork() 类的 query() 方法，返回 final_outputs 输出，验证代码是否有误。还可以通过改变相应参数观察输出的变化。

```
input_nodes = 3              # 输入层节点个数
hidden_nodes = 15            # 隐藏层节点个数
output_nodes = 10            # 输出层节点个数
learning_rate = 0.01         # 学习率
n = NeuralNetwork(input_nodes, hidden_nodes, output_nodes, learning_rate)    # 创建神经网络
print(n.query([0,0.5,-5]))
```

通过调用 NeuralNetwork() 类，发现正、反向传播的计算应该是无误的。但是并没有使用真正的数据集进行训练，也没有根据任务合理地设置模型的各种参数，所以下面开始导入数据集，合理设置模型参数并进行训练。

4.4.2　处理数据集

MNIST 数据集中的 Train dataset 有 60000 张图片与相应的标注，其中训练集有 55000 张图片，验证集有 5000 张图片；Test dataset 的训练集有 10000 张图片，如表 4-3 所示。

表4-3　MNIST数据集的内容

文件	内容
train-images-idx3-ubyte.gz	training set images（9912422 bytes）
train-labels-idx1-ubyte.gz	training set labels（28881 bytes）
t10k-images-idx3-ubyte.gz	test set images（1648877 bytes）
t10k-labels-idx1-ubyte.gz	test set labels（4542 bytes）

1. 导入数据集

训练集首先要设置 NeuralNetwork() 类所需要的参数，包括输入层节点个数、隐藏层节点个数、输出层节点个数、学习率。input_nodes 是输入层节点个数，因为本次是识别 28 × 28 的图像，所以使用了 784 个节点，也就是将 784 个像素作为输入参数。hidden_nodes 是隐藏层节点个数，该节点个数可以根据不同的目的调节，以达到最优解。output_nodes 是输出层节点个数，因为本次是识别图像中的数字，有 0 ～ 9 共 10 个数字，所以设置输出层节点个数为 10，最终输出结果会在 10 个节点中显示正确结果的权重。

设置每层节点个数：

```
input_nodes = 784
hidden_nodes = 200
```

```
output_nodes = 10
learning_rate = 0.1                 # 设置学习率为 0.1
n = NeuralNetwork(input_nodes, hidden_nodes, output_nodes, learning_rate) # 读取数据转化为列表
training_data_file = open("dataset/mnist_train_100.csv", 'r')
training_data_list = training_data_file.readlines()
training_data_file.close()
print(training_data_list[0])        # 验证 查看第一列数据
```

2. 训练神经网络

```
# 训练神经网络
# 设置训练的轮数
epochs = 1000
for e in range(epochs):
for record in training_data_list:
    all_values = record.split(',')          # 根据逗号，将文本数据进行拆分
    # 将文本字符串转化为实数，并创建这些数字的数组
    inputs = (numpy.asfarray(all_values[1:]) / 255.0 * 0.99) + 0.01
    # 创建用 0 填充的数组，数组的长度为 output_nodes，加 0.01 解决了 0 输入造成的问题
    targets = numpy.zeros(output_nodes) + 0.01
    targets[int(all_values[0])] = 0.99      # 使用目标标签，将正确元素设置为 0.99
    n.train(inputs, targets )
    pass
pass
```

训练效果如图 4-22 所示。

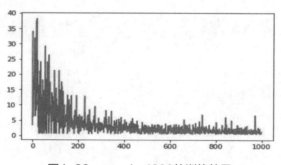

图4-22 epoch=1000的训练效果

3. 测试数据集

拆分数据集，将其转化为列表。

```
# 读取测试文件
test_data_file = open("dataset/mnist_test_10.csv",'r')
test_data_list = test_data_file.readlines()
# readlines()方法读取整个文件所有行，保存在一个列表(list)变量中，每行作为一个元素，但读取大文件会比较占内存
test_data_file.close()
all_values = test_data_list[1].split(',')        # 测试第二组数据
```

```
print("图像中的数字是：",all_values[0])
# print("图像中的数字是：",label)
```

读取的数据还可将其可视化出来，代码如下。

```
# 绘制手写数字的图像
image_array = numpy.asfarray(all_values[1:]).reshape(28,28)
matplotlib.pyplot.imshow(image_array,cmap='Greys',interpolation='None')
matplotlib.pyplot.show()
```

数据可视化效果如图 4-23 所示。

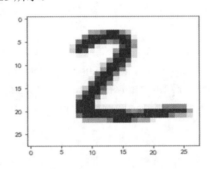

图4-23　数据可视化

测试数据集的代码如下。

```
scorecard = []
for record in test_data_list:
    all_values = record.split(',')
    # 标签是列表的第一个值
    correct_label = int(all_values[0])
    inputs = (numpy.asfarray(all_values[1:]) / 255.0 * 0.99) + 0.01
    # 整理格式化输入列表
    # [1:]表示除了列表中的第一个元素以外的所有值
    # numpy.asfarray()将文本字符串转化成实数，并创建为数组
    outputs = n.query(inputs)
    # 标签是10维的向量，取其中最大值的索引，即为实际类别
    label = numpy.argmax(outputs)
    if (label == correct_label):
        scorecard.append(1)
    else:
        scorecard.append(0)
# 计算准确率
scorecard_array = numpy.asarray(scorecard)
print ("accurancy = ", scorecard_array.sum( ) / scorecard_array.size
```

完整代码如下。

```
import numpy
```

```python
import scipy.special
import scipy.misc
import matplotlib.pyplot
import scipy.ndimage
# 神经网络类定义
class NeuralNetwork():
    def __init__(self, inputnodes, hiddennodes, outputnodes, learningrate):# 初始化神经网络
        # 设置输入层节点个数、隐藏层节点个数和输出层节点个数
        self.inodes = inputnodes
        self.hnodes = hiddennodes
        self.onodes = outputnodes
        self.lr = learningrate                              # 设置学习率
        # 设置权重矩阵 正态分布
        self.wih = numpy.random.normal(0.0, pow(self.hnodes, -0.5), (self.hnodes, self.inodes))
        self.who = numpy.random.normal(0.0, pow(self.onodes, -0.5), (self.onodes, self.hnodes))
        self.activation_function = lambda x: scipy.special.expit(x)        # 设置激活函数，Sigmod函数
        pass

    def train(self,input_list,target_list):                     # 训练神经网络
        inputs = numpy.array(input_list, ndmin=2).T             # 转换输入/输出列表为二维数组
        targets = numpy.array(target_list,ndmin=2).T
        hidden_inputs = numpy.dot(self.wih, inputs)             # 计算到隐藏层的信号
        hidden_outputs = self.activation_function(hidden_inputs)  # 计算隐藏层输出的信号
        final_inputs = numpy.dot(self.who, hidden_outputs)      # 计算到输出层的信号
        final_outputs = self.activation_function(final_inputs)

        output_errors = targets - final_outputs
        hidden_errors = numpy.dot(self.who.T,output_errors)

        # 更新隐藏层与输出层之间的权重
        self.out_weight += 2*self.lr* np.dot((output_errors * final_outputs * (1.0-final_outputs)),np.transpose(hidden_outputs))

        # 更新输入层与隐藏层之间的权重
        self.in_weight += 2*self.lr* np.dot((2*hidden_errors * hidden_outputs * (1.0-hidden_outputs)),np.transpose(inputs))

    def query(self, input_list):                                # 查询神经网络
        inputs = numpy.array(input_list, ndmin=2).T             # 转换输入列表到二维数组
        hidden_inputs = numpy.dot(self.wih, inputs)             # 计算到隐藏层的信号
        hidden_outputs = self.activation_function(hidden_inputs) # 计算隐藏层输出的信号
        final_inputs = numpy.dot(self.who, hidden_outputs)      # 计算到输出层的信号
        final_outputs = self.activation_function(final_inputs)  # 计算到输出层的信号
        return final_outputs
print('n')
```

```python
input_nodes = 784                                              # 设置每层节点个数
hidden_nodes = 200
output_nodes = 10
learning_rate = 0.3                                            # 设置学习率为 0.3
n = NeuralNetwork(input_nodes, hidden_nodes, output_nodes, learning_rate)    # 创建神经网络
training_data_file = open("dataset/mnist_train.csv",'r')       # 读取训练数据集 转化为列表
training_data_list = training_data_file.readlines();
training_data_file.close()
print(training_data_list[0])                                   # 查看第一列数据


# 训练神经网络
for record in training_data_list:
    all_values = record.split(',')                             # 根据逗号，将文本数据进行拆分
    # 将文本字符串转化为实数，并创建这些数字的数组
    inputs = (numpy.asfarray(all_values[1:])/255.0 * 0.99) + 0.01
     # 创建用 0 填充的数组，数组的长度为 output_nodes，加 0.01 解决了 0 输入造成的问题
    targets = numpy.zeros(output_nodes) + 0.01
    targets[int(all_values[0])] = 0.99                         # 使用目标标签，将正确元素设置为 0.99
    n.train(inputs,targets)
    pass
# 读取测试文件
test_data_file = open("dataset/mnist_test.csv",'r')
test_data_list = test_data_file.readlines()
#readlines()方法读取整个文件所有行，保存在一个列表(list)变量中，每行作为一个元素，但读取大
文件会比较占内存
test_data_file.close()
scorecard = []                              # 测试数据集测试
total = 0
correct = 0
for record in test_data_list:
    total +=1
    all_values = record.split(',')          # 将数据以逗号进行拆分，保存到 all_values 中
    correct_label = int(all_values[0])      # 正确的数字
    # 整理格式化输入列表
      # [1:]表示除了列表中的第一个元素以外的所有值
    #numpy.asfarray()将文本字符串转化成实数，并创建为数组
    inputs = (numpy.asfarray(all_values[1:])/255*0.99)+0.01
    outputs = n.query(inputs)

    label = numpy.argmax(outputs)           # 获取输出结果
    if(label==correct_label):
        scorecard.append(1)
        correct += 1
    else:
```

```
    scorecard.append(0)
print(scorecard)
print('正确率：',(correct/total)*100,'%')
```

4.5 习题

1. 判断题

（1）感知器可以解决二次函数型的回归预测问题。　　　　　　　　　　　　　　（　　）

（2）在神经网络的训练过程中，学习率设置得越大越好，因为这样可以加快训练速度。

（　　）

（3）神经网络的输入层和输出层中的神经元个数往往都是固定的，在问题和数据集输入确定以后，输入层和输出层的神经元个数往往也就确定下来了，而隐藏层中的神经元个数可以人为改变。　　　　　　　　　　　　　　　　　　　　　　　　　　　　　　　　　（　　）

（4）神经网络的层数越多，在数据集上的表现越好。　　　　　　　　　　　　　（　　）

（5）反向传播算法其实是将输出层的损失，从输出层往后传播逐步分配给各个层，并用梯度下降算法对各个层的权重参数进行更新。　　　　　　　　　　　　　　　　　　（　　）

2. 填空题

（1）感知器模仿了生物的＿＿＿＿＿结构，它能解决所有的＿＿＿＿＿分类问题和＿＿＿＿＿回归问题，但是它不能解决＿＿＿＿＿问题，即使是最简单的"异或问题"。

（2）生物神经网络中的神经元是＿＿＿＿＿结构的，而人工神经网络中的神经元是＿＿＿＿＿结构的。

（3）感知器中使用＿＿＿＿＿算法更新权重参数，而神经网络中使用＿＿＿＿＿算法更新权重参数。

3. 论述题

（1）人工神经网络中的激活函数有什么作用？

（2）为什么在求解复杂非线性问题时，要使用多层神经网络，而且其中的激活函数要使用非线性函数？如果使用线性函数会怎么样？

（3）神经网络中的损失函数和反向传播算法在训练过程中分别起到什么作用？它们在训练过程中最大的作用是什么？

第5章
TensorFlow与PyTorch

曾经，人们需要具备C++和CUDA的专业知识才能实现深度学习算法。现在，随着很多公司将它们的深度学习框架开源，那些具有脚本语言（如Python）知识的人也可以开始搭建和使用深度学习算法。

深度学习研究的热潮持续高涨，各种开源深度学习框架也层出不穷，当前深度学习框架包括TensorFlow、Keras、PyTorch、Caffe、MXNet、Deeplearning4j、Sonnet，学术工作者和工程开发者可利用这些框架高效快速地搭建神经网络模型。其中，TensorFlow、Keras、PyTorch、Caffe是当前使用最多的开发框架。

本章将详细介绍TensorFlow与PyTorch的安装与使用。

 学习重点

◎掌握TensorFlow的安装与基本用法

◎掌握PyTorch的安装与基本用法

◎了解其他深度学习框架

5.1 TensorFlow 的安装与使用

扫一扫，看视频

谷歌的 TensorFlow[13] 可以说是当今最受欢迎的深度学习框架之一，Gmail、Uber、Airbnb、Nvidia 等知名品牌都在使用。TensorFlow 支持 Python、JavaScript、C++、Java、Go、C# 和 Julia 等多种编程语言。此外，TensorFlow 不仅具有强大的计算集群，还可以在 iOS 和 Android 等移动平台上运行模型。初学者需要仔细考虑神经网络的架构，正确评估输入和输出数据的维度与数量。

TensorFlow 使用静态计算图进行操作，也就是说，需要先定义图形，然后运行计算。如果需要对框架进行更改，就要重新训练模型。选择这样的方法是为了提高效率，但是许多现代神经网络工具能够在学习过程中考虑改进而不会显著降低学习速度。在这方面，TensorFlow 的主要竞争对手是 PyTorch。TensorFlow 非常适合创建和试验深度学习架构，便于数据集成，如输入图形 SQL 表和图形。TensorFlow 得到了谷歌的支持，所以该模型很值得投入时间来学习。

5.1.1 TensorFlow的版本

在学习安装和使用 TensorFlow 之前，我们需要了解目前 TensorFlow 的版本。TensorFlow 自推出以来，已经经历了三个大版本的更迭。

第一个版本是 2015 年 11 月推出的 0.x 版本。目前只能下载到 0.12 版本以上的版本，其余都已经不再使用。

第二个版本是 2017 年推出的 1.x 版本。该版本在速度和性能上有了很大提升，并且这个版本的 TensorFlow 开始集成很多新的 API，尤其是开始支持 tf.keras 模块。改进后的 TensorFlow 1.x，API 更加稳定，更适合商用。目前 GitHub 上的很多开源项目和经典的模型都是采用 TensorFlow 1.x 版本实现的。

第三个版本是 2019 年 3 月推出的 2.x 版本。2.x 版本是在 1.x 版本上做了较大的调整，主要有以下几个方面。首先，2.x 版本使用"动态图"替代 1.x 版本中的"静态图"机制，调整后的 TensorFlow 使用更方便，更接近 Python 的语法。其次，2.x 版本中删除了很多重复的 API，只留下 Keras 作为其唯一的高级 API，避免了 1.x 版本中"重复造车轮"的情况。除了以上两点，2.x 版本在 1.x 版本的基础上还有一些其他的调整。整体来说，TensorFlow 2.x 版本相对 1.x 版本使用更加便捷。

一般在选择 TensorFlow 版本的时候，首先会排除 0.x 版本。若已经使用 TensorFlow 1.x 进行过项目开发，考虑到项目的可复用性，可以在一段时间内继续使用 1.x 版本。若是初学者，推荐直接使用 TensorFlow 2.x。后续本书涉及的所有 TensorFlow 代码均会采用 2.x 版本。

5.1.2　安装TensorFlow

本节介绍在 Windows 操作系统下安装 TensorFlow 的方法。

1. 安装 Anaconda

在整个安装过程的最开始，建议安装已经集成了很多 Python 第三方库的 Anaconda。安装 Anaconda 之后可以不用一个一个地去下载这些库并解决它们之间的依赖关系，后续直接调用即可，十分方便。

下面介绍 Anaconda 的下载及安装方法。

首先，登录 Anaconda 官网：https://www.anaconda.com/。

其次，单击页面右上角的 Download 按钮，如图 5-1 所示。

图5-1　单击Anaconda官网右上角的Download按钮

最后，选择与用户计算机操作系统对应的 Anaconda 版本，如图 5-2 所示。

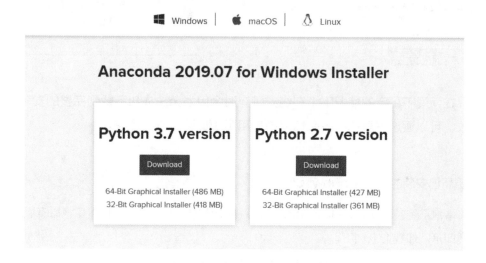

图5-2　Anaconda版本选择

安装好 Anaconda 后，在安装 TensorFlow 之前，建议先构建虚拟环境。不同项目对模块版本需求不同，构建虚拟环境可以给予更好的管理和更干净的环境。

下面将进入本书主旨的入门阶段，先从环境搭建开始。开发环境使用 Python 3.6，开发工具使用 Anaconda 3，操作系统使用 Windows 10。TensorFlow 的学习与操作系统无关，读者可以使用 Linux 或 macOS 系统，也可以使用其他操作系统。如果对安装过程已经掌握，可以跳过本节。

2. 在线安装nightly包

nightly 安装包是 TensorFlow 团队于 2017 年下半年推出的安装模式，适用于在一个全新的环境下进行 TensorFlow 的安装。在安装 TensorFlow 的同时，nightly 安装包程序默认会把需要依赖的库也一起安装，是非常方便、快捷的安装方式。

输入如下安装命令。

```
pip install tf-nightly
```

此时即可下载并安装 TensorFlow 的最新 CPU 版本。若要安装最新的 GPU 版本，可以使用如下命令。

```
pip install tf-nightly-gpu
```

3. 只安装TensorFlow

如果只想安装 TensorFlow，直接输入下面的命令即可。

```
pip install tensorflow
```

上面是 CPU 版本，GPU 版本的安装命令如下：

```
pip install tensorflow-gpu
```

注 意

在网速不稳定的情况下，在线安装有时会因为无法成功下载到完整的安装包而失败。可以通过重复执行安装命令或采用离线安装的方式解决。

4. 更新已安装的TensorFlow版本

如果本地已经装有 TensorFlow，需要升级为新版本的 TensorFlow，只需要将原有版本卸载，再次安装即可。卸载命令如下。

```
pip uninstall<安装时的TensorFlow名称>
```

5. 离线安装

有时由于网络环境问题，无法实现在线安装，需要在网络环境好的地方提前将安装包下载下来进行离线安装。

（1）下载安装包。可以访问以下网址来查看 TensorFlow 的发布版本。

https://storage.googleapis.com/tensorflow/windows/cpu/tensorflow-1.4.0-cp35-cp35m-win_amd64.whl

TensorFlow 1.4.0 的 GPU 版本安装包下载路径如下。

https://storage.googleapis.com/tensorflow/windows/cpu/tensorflo_gpu-1.4.0-cp35-cp35m-win_amd64.whl

如果要下载 1.3.0 版本，则直接将上面链接中的 1.4.0 改为 1.3.0 即可。

（2）安装安装包。下载完 TensorFlow 二进制文件后，假设使用 CPU 版本并且安装在 E:/tensorflow 下，可选择"开始"→"运行"命令，在弹出的窗口中输入"cmd"，打开命令行窗口，然后输入如下命令来安装 TensorFlow 二进制文件。

```
C:\Users\Administrator>E:
E:\>cd tensorflow
E:\tensorflow>
E:\tensorflow>
pip install tensorflow-1.1.0-cp35-cp35m-win_amd64.whl
```

5.1.3　TensorFlow的基本用法

TensorFlow 是一种较为完善的深度学习框架，支持所有流行编程语言开发，如 Python、C++ 等 [14]。此外，TensorFlow 可在多种平台上工作，允许将模型部署到工业生产中，并易于使用。

在 TensorFlow 2.x 的基本用法中，介绍两种风格的代码，一种使用低阶 API 进行代码编写，一种使用高阶 API 进行代码编写。在网上的一些资料中，有时也会出现两种风格混合的代码编写方式。整体上，我们推荐使用 TensorFlow 中的高阶 API-tf.keras 进行代码编写，但也需要读懂低阶 API 的代码。

1. TensorFlow中低阶API的使用

（1）第一个 TensorFlow 程序

【案例 5.1】　导入 TensorFlow，测试版本，并创建打印一个 tf 常量，获取常量的值。

```
import tensorflow as tf
print(tf.__version__)
# 由于TensorFlow的版本差异比较大，使用前打印TensorFlow的版本是一个好习惯
a = tf.constant(2.0)
print(a)
```

运行结果：

```
tf.Tensor(2.0, shape=(), dtype=float32)
```

（2）TensorFlow 2.x 切换为 1.x 版本运行模式

【案例 5.2】　在 TensorFlow 2.x 的环境中使用 1.x 版本的代码。

目前 TensorFlow 1.x 和 TensorFlow 2.x 都有很多人在使用，若想在 2.x 版本环境下运行 1.x 版本的代码，可以使用"import tensorflow.compat.v1 as tf tf.disable_v2_behavior()"两句代替"import tensorflow as tf"。不过这个办法不是万能的，由于 TensorFlow 2.x 中删除了 1.x 版本中的一些模块，若代码刚好导入了这些被删除的模块，即使切换为 1.x 版本的格式，也会报错。

```
import tensorflow.compat.v1 as tf
tf.disable_v2_behavior()
a = tf.constant(2.0)
with tf.Session() as sess:
    print(sess.run(a))print(a)
```

运行结果：

```
2.0
```

（3）TensorFlow 常量

【案例 5.3】　TensorFlow 常量的使用。

```
import tensorflow as tf
# 声明一个标量常量
t_1 = tf.constant(2)
t_2 = tf.constant(2)
# 常量相加
t_add = tf.add(t_1,t_2)
# 一个形如一行三列的常量向量可以用如下代码声明
t_3 = tf.constant([4,3,2])
# 定义一个形状为[M,N]的全0张量和全1张量
zeros= tf.zeros(shape=[3,3])
ones = tf.ones(shape=[3,3])
```

（4）TensorFlow 变量

在 TensorFlow 中，模型的权值和偏置常常被定义为变量。变量在创建的时候，需要设定其初始化方法：可以直接赋值，也可以使用初始化函数。

【案例 5.4】　TensorFlow 变量的使用。

下面的代码，通过两种不同的方式，直接赋值初始化变量。

```
# 直接赋值初始化
import tensorflow as tf
# 直接给变量赋值初始化
bias1=tf.Variable(2)
# 通过initial_value显示的赋值初始化
bias2=tf.Variable(initial_value=3.)
```

除了上述直接赋值的初始化方法，变量还有一些其他更复杂的初始化方法，如 tf.zeros、tf.zeros_like、tf.ones、tf.ones_like、tf.fill、tf.random.normal（正态分布初始化）、tf.random.truncated_normal（截断正态分布初始化）、tf.random.uniform（随机均匀分布）。其中，tf.random.normal 和 tf.zeros 是常常被用来进行权值和偏置的初始化方法。

```
# 使用初始化函数初始化
import tensorflow as tf
a=tf.Variable(tf.zeros([2,1]))        # 将形状为[2,1]张量初始化为0
b=tf.Variable(tf.zeros_like(a))       # 返回一个和给定tensor同样shape的tensor，其中的元素全部置0
c=tf.Variable(tf.ones([2,1]))         # 初始化为1
d=tf.Variable(tf.ones_like(a))        # 将与a一个形状的张量初始化为1
e=tf.fill([2,3],4)                    # 将指定形状的张量初始化为指定数值
```

（5）张量 (tensor) 的属性

TensorFlow 程序使用 tensor 数据结构来代表所有的数据，计算图中，操作间传递的数据都是 tensor。我们可以把张量看作是一个 *n* 维的数组或列表。在 TensorFlow 2.x 中，张量的形状、类型和值可以通过 shape、dtype、numpy() 方法获得。

【案例 5.5】 TensorFlow 数组转张量。

```
import tensorflow as tf
a = tf.constant([[1.0,2.0],[3.0,4.0]])
print(a.shape)
print(a.dtype)
print(a.numpy())
```

运行结果：

```
(2, 2)
<dtype: 'float32'>
[[1. 2.]
 [3. 4.]]
```

（6）Tensor 的基础运算操作

【案例 5.6】 加、减、乘、除之类的运算。

```
import tensorflow as tf
print(tf.add(1, 2))                      # 0 维张量相加
print(tf.add([1, 2], [3, 4]))            # 一维张量相加
print(tf.matmul([[1,2,3]],[[4],[5],[6]]))   # 矩阵相乘
print(tf.square(5))                      # 计算 5 的平方
print(tf.pow(2,3))                       # 计算 2 的 3 次方
print(tf.square(2) + tf.square(3))       # 也支持操作符重载
```

```
print(tf.reduce_sum([1, 2, 3]))                  #计算数值的和
print(tf.reduce_mean([1, 2, 3]))                 #计算均值
```

运行结果：

```
tf.Tensor(3, shape=(), dtype=int32)
tf.Tensor([46], shape=(2,), dtype=int32)
tf.Tensor([[32]], shape=(1, 1), dtype=int32)
tf.Tensor(25, shape=(), dtype=int32)
tf.Tensor(8, shape=(), dtype=int32)
tf.Tensor(13, shape=(), dtype=int32)
tf.Tensor(6, shape=(), dtype=int32)
tf.Tensor(2, shape=(), dtype=int32)
```

（7）Tensor 的其他操作

【案例 5.7】 模型搭建时常用的 Tensor 操作。

① 取最大索引：tf.argmax

```
print(tf.argmax([1,0,0,8,6]))                    #返回数组内最大值对应的索引，常用于处理one_hot向量
```

运行结果：

```
tf.Tensor(3, shape=(), dtype=int64)
```

② 扩张维度：tf.expand_dims

```
a=tf.constant([[1,2],[3,4],[5,6]])
b=tf.expand_dims(a,0)                            #在tensor中增加一个维度，0表示需要添加维度的下标为0
c=tf.expand_dims(a,1)                            #在tensor中增加一个维度，1表示需要添加维度的下标为1
print(a.shape,b.shape,c.shape)
```

运行结果：

```
(3, 2) (1, 3, 2) (3, 1, 2)
```

③ 张量拼接：tf.concat

```
x=[[1,2,3],[4,5,6],[7,8,9]]
y=[[2,3,4],[5,6,7],[8,9,10]]
z1=tf.concat([x,y],axis=0)                       #按照维度0拼接
z2=tf.concat([x,y],axis=1)                       #按照维度1拼接
print(z1,z2)
```

运行结果：

```
<tf.Tensor: shape=(6, 3), dtype=int32, numpy=
```

```
array([[ 1,  2,  3],
       [ 4,  5,  6],
       [ 7,  8,  9],
       [ 2,  3,  4],
       [ 5,  6,  7],
       [ 8,  9, 10]], dtype=int32)>
<tf.Tensor: shape=(3, 6), dtype=int32, numpy=
array([[ 1,  2,  3,  2,  3,  4],
       [ 4,  5,  6,  5,  6,  7],
       [ 7,  8,  9,  8,  9, 10]], dtype=int32)>
```

④ 形状变换：tf.reshape

```
a=tf.Variable([[[1,2,3],[4,5,6]],[[7,8,9],[10,11,12]]])
b=tf.reshape(a,[6,2])
print(a.numpy(),'\n',b.numpy())
```

运行结果：

```
[[[ 1  2  3]
  [ 4  5  6]]

 [[ 7  8  9]
  [10 11 12]]]

 [[ 1  2]
  [ 3  4]
  [ 5  6]
  [ 7  8]
  [ 9 10]
  [11 12]]
```

（8）损失函数

【案例 5.8】　常用的损失函数。

```
# MSE损失函数，主要用序列预测
tf.losses.MeanSquaredError
# 交叉熵损失函数，主要用于分类
tf.losses.categorical_crossentropy
```

（9）优化器

【案例 5.9】　TensorFlow 的卷积函数使用。

深度学习优化算法大概经历了 SGD → SGDM → NAG → Adagrad → Adadelta(RMSprop) → Adam → Nadam 这样的发展历程。在 keras.optimizers 子模块中，它们基本上都有对应的类的实现。

```
optimizer = tf.keras.optimizers.SGD(learning_rate=5e-4)          # 基础的随机下降梯度算法
optimizer = tf.keras.optimizers.Adam(learning_rate=5e-4)         # 使用最多的Adam算法
```

（10）梯度记录器

梯度记录器实现模型的反向传播，主要涉及如下两个方法。

◎ tape.gradient:tape.gradient：求解梯度，需要传入两个参数，即损失值和参数，分别是因变量和自变量。

◎ optimizer.apply_gradients：更新模型参数，依然传入两个参数，即梯度和变量。变量将会按照 w_new = w-lr*grads 的方式进行参数的更新。

【案例 5.10】 使用低阶 API 进行梯度更新。

```
with tf.GradientTape() as tape:
    loss = tf.losses.MeanSquaredError()(model(x),y)
grads = tape.gradient(loss,variables)
optimizer.apply_gradients(grads_and_vars=zip(grads, variables))
```

（11）低阶 API 实现线性回归

【案例 5.11】 用数据拟合 $y = 2x$ 的线性函数。

案例中，使用了 100 条训练数据，weight 和 bias 直接初始化为 1，损失函数为 MSE，学习率为 1e-1（即 0.1），训练了一个 epoch。

```
import tensorflow as tf
import numpy as np
import matplotlib.pyplot as plt
input_x = np.float32(np.linspace(-1,1,100))      # 在区间[-1,1]内产生100个数的等差数列，作为输入
input_y = 2*input_x + np.random.randn(*input_x.shape)*0.3    # y = 2x+随机噪声
weight = tf.Variable(1.,dtype=tf.float32,name='weight')
bias = tf.Variable(1.,dtype=tf.float32,name='bias')
def model(x):                                    # 定义了线性模型y = weight*x+bias
  pred = tf.multiply(x,weight) + bias
  return pred
step=0
opt=tf.optimizers.Adam(1e-1)                      # 选择优化器，是一种梯度下降的方法
for x,y in zip(input_x,input_y):
  x = np.reshape(x,[1])
  y = np.reshape(y,[1])
  step =step +1
  with tf.GradientTape() as tape:
    loss = tf.losses.MeanSquaredError()(model(x),y)     # 连续数据的预测，损失函数用MSE
  grads=tape.gradient(loss,[weight,bias])               # 计算梯度
  opt.apply_gradients(zip(grads,[weight,bias]))         # 更新参数weight和bias
```

```
print("Step:",step,"Traing Loss:",loss.numpy())
# 用matplotlib可视化原始数据和预测的模型
    plt.plot(input_x,input_y,'ro',label = 'original data')
    plt.plot(input_x,model(input_x),label = 'predicted value')
    plt.plot(input_x,2*input_x,label = 'y = 2x ')
    plt.legend()
    plt.show()
print(weight)
print(bias)
```

运行结果：分别选取了迭代次数为 1 和 20 次的可视化图像（见图 5-3）。

Step: 1 Traing Loss: 7.0738630294799805

Step: 20 Traing Loss: 0.5212175846099854

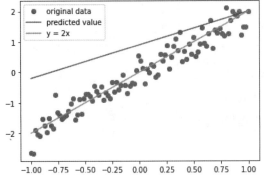 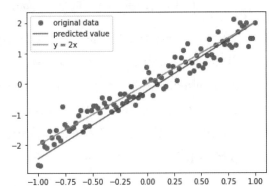

图5-3　实验结果可视化图

2. TensorFlow中高阶API的使用

低阶 API 的用法比较偏向于 1.x 版本中的使用方式，在 TensorFlow 2.x 中更推荐使用 tf.keras 这个高阶 API 来进行模型的搭建和训练。

（1）tf.keras 构建模型

【案例 5.12】　通过"序贯式"和"函数式"两种方式构建模型。

① 序贯式方式一：先通过构造函数创建一个 Sequential 模型，再通过 model.add 依次添加不同层。

```
model = tf.keras.Sequential()
# 创建一个全连接层，神经元个数为256，输入为784，激活函数为relu
model.add(tf.keras.layers.Dense(256,activation='relu',input_dim=784))
model.add(tf.keras.layers.Dense(128,activation='relu'))
model.add(tf.keras.layers.Dense(10,activation='softmax'))
```

② 序贯式方式二：将层的列表传递给 Sequential 的构造函数。

```
input_layer = tf.keras.layers.Input(shape = (784,))
```

```
hid1_layer = tf.layers.Dense(256,activation='relu')
hid2_layer = tf.keras.layers.Dense(128,activation='relu'),
output_layers = tf.keras.layers.Dense(10,activation='softmax')
# 将层的列表传给Sequential的构造函数
model = tf.keras.Sequential(layers = [input_layer,hid1_layer,hid2_layer,output_layers])
```

③ 函数式：使用 tf.keras 构建函数模型，常用于更复杂的网络构建。

```
# 创建一个模型，包含一个输入层和三个全连接层
inputs = tf.keras.layers.Input(shape=(4))
x = tf.keras.layers.Dense(32,activation='relu')(inputs)
x = tf.keras.layers.Dense(64,activation='relu')(x)
outputs = tf.keras.layers.Dense(3,activation='softmax')(x)
model = tf.keras.Model(inputs = inputs,outputs = outputs)
```

（2）model.compile 编译模型

tf.keras.model.compile 接受如下 3 个重要的参数。

◎ optimizer：优化器，可从 tf.keras.optimizers 中选择。

◎ loss：损失函数，可从 tf.keras.losses 中选择。

◎ metrics：评估指标，可从 tf.keras.metrics 中选择。

【案例 5.13】 编译模型关键代码。

```
model.compile(
    optimizer=tf.keras.optimizers.Adam(learning_rate=0.001),
    loss=tf.keras.losses.sparse_categorical_crossentropy,
    metrics=[tf.keras.metrics.sparse_categorical_accuracy]
)
```

（3）model.fit 训练模型

tf.keras.model.fit 接受如下 5 个重要的参数。

◎ x：训练数据。

◎ y：目标数据（数据标签）。

◎ epochs：将训练数据迭代多少遍。

◎ batch_size：批次的大小。

◎ validation_data：验证数据，可用于在训练过程中监控模型的性能。

【案例 5.14】 训练模型关键代码。

```
model.fit(data_loader.train_data,
data_loader.train_label,
epochs=num_epochs,
batch_size=batch_size)
```

（4）model.fit 训练模型

evaluate() 函数将对所有输入和输出预测，并且收集分数，包括损失，还有其他指标。只需提供测试数据及标签即可。

```
model.evaluate(data_loader.test_data, data_loader.test_label)
```

（5）高阶 API 标准化搭建实例

以下为鸢尾花特征分类实验，实验将搭建一个三层的人工神经网络，用于特征的分类。

① 数据集介绍

Iris 也称鸢尾花卉数据集，是一类多重变量分析的数据集。数据集包含 150 个数据，分为 3 类，每类 50 个数据，每个数据包含 4 个属性。可通过花萼长度、花萼宽度、花瓣长度、花瓣宽度 4 个属性预测鸢尾花卉属于 Iris Setosa（山鸢尾）、Iris Versicolour（杂色鸢尾），以及 Iris Virginica（维吉尼亚鸢尾）这 3 个种类中的哪一类。Iris 以鸢尾花的特征作为数据来源，常用在分类操作中。该数据集由 3 种不同类型的鸢尾花的各 50 个样本数据构成。其中的一个种类与另外两个种类是线性可分离的，后两个种类是非线性可分离的。图 5-4 所示为数据集图像展示。

图5-4　数据集图像展示

② 完整代码

```python
# 导入用到的Python库，其中np用于数值计算，sklearn用于提供数据集
import tensorflow as tf
import numpy as np
from sklearn.datasets import load_iris

data = load_iris()                                                      # 读取数据集
iris_data = np.float32(data.data)                                       # 获取数据集中的鸢尾花4个属性
iris_target = data.target                                               # 获取鸢尾花的类别
iris_target = tf.keras.utils.to_categorical(iris_target,num_classes=3)  # 标签转为one-hot标签
train_data = tf.data.Dataset.from_tensor_slices((iris_data,iris_target)).batch(128)  # 批量加载数据
inputs = tf.keras.layers.Input(shape=(4))                               # 特征共有四维，所以输入为4
x = tf.keras.layers.Dense(32,activation='relu')(inputs)
x = tf.keras.layers.Dense(64,activation='relu')(x)
```

```
outputs = tf.keras.layers.Dense(3,activation='softmax')(x)
model = tf.keras.Model(inputs = inputs,outputs = outputs)
model.compile(optimizer=tf.optimizers.Adam(lr=1e-3),loss=tf.losses.categorical_crossentropy,metrics
        =['accuracy'])                                          # 模型编译
model.fit(train_data,epochs=500)                                # 模型训练
score = model.evaluate(iris_data,iris_target)                   # 模型评估
print("last score:",score)
```

运行结果：

```
Epoch 1/500
2/2 [==============================] - 0s 2ms/step - loss: 1.1023 - accuracy: 0.6600
Epoch 2/500
2/2 [==============================] - 0s 2ms/step - loss: 1.0461 - accuracy: 0.6667
Epoch 3/500
2/2 [==============================] - 0s 1ms/step - loss: 1.0231 - accuracy: 0.6667
Epoch 4/500
...
Epoch 498/500
2/2 [==============================] - 0s 1ms/step - loss: 0.0989 - accuracy: 0.9733
Epoch 499/500
2/2 [==============================] - 0s 1ms/step - loss: 0.0988 - accuracy: 0.9733
Epoch 500/500
2/2 [==============================] - 0s 1ms/step - loss: 0.0987 - accuracy: 0.9733
5/5 [==============================] - 0s 2ms/step - loss: 0.0983 - accuracy: 0.9733
last score: [0.09832644462585449, 0.9733333587646484]
```

5.2 PyTorch 的安装与使用

扫一扫，看视频

TensorFlow 之后用于深度学习的主要框架是 PyTorch[15]。PyTorch 框架是 Facebook 开发的，Twitter 和 Salesforce 等公司都使用 PyTorch 框架。与 TensorFlow 不同，PyTorch 使用动态更新的图形进行操作，意味着它可以在流程中更改体系结构。在 PyTorch 中，可以使用标准调试器，如 pdb 或 PyCharm。

PyTorch 训练神经网络的过程简单明了，同时，PyTorch 支持数据并行和分布式学习模型，还包含许多预先训练的模型 [16]。

5.2.1　安装PyTorch

PyTorch 可以作为 PyTorch 包使用，用户可以使用 pip 或者 conda 来构建，或者从源码构建。本书推荐使用 Anaconda，前面已经介绍过 Anaconda 的安装，如果想深入了解，可以参考 Anaconda 官方文档。下面介绍 PyTorch 的安装步骤，以 Windows 10 操作系统为例。

（1）新建一个 PyTorch 子环境，name 为创建的子环境名，并安装 Python 3.6 版本。

```
Conda create -n name pip python=3.6
```

（2）激活刚刚创建的子环境。

```
Conda activate name
```

（3）在子环境中安装 PyTorch。PyTorch 官网地址为 https://pytorch.org/get-started/locally/，在官网中选择对应的安装环境，如图 5-5 所示。

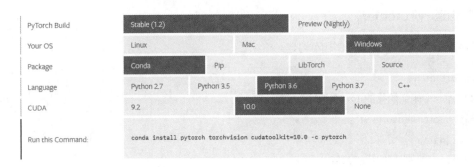

图5-5　在PyTorch官网版本中选择下载页面

输入如下代码。

```
conda install pytorch torchvision cudatoolkit=10.0 -c pytorch
```

输入如下命令验证是否安装成功。

```
import torch
```

如果输出没有报错，就说明 PyTorch 安装成功。要检测 CUDA 架构是否可用，可以输入如下信息。

```
import torchvision
print(torch.cuda.is_available())
```

如果输出 True，就说明 CUDA 可以在 PyTorch 中使用了。

5.2.2　PyTorch的基本用法

PyTorch 中最基本的操作对象就是 tensor，表示一个多维矩阵，比如零维矩阵就是一个点，一维矩阵就是向量，二维矩阵就是一般的矩阵，多维矩阵就相当于一个多维数组，这和numpy是对应的，而且PyTorch的tensor可以和numpy的ndarray相互转换，唯一不同的是PyTorch可以在GPU上运行，而numpy的ndarray只能在CPU上运行。

1. PyTorch张量

【案例5.15】 PyTorch的张量定义。

```
# 产生一个张量
x = torch.Tensor(3, 4)
# 打印张量类型、大小、值
print("Type: {}".format(x.type()))
print("Size: {}".format(x.shape))
print("Values: \n{}".format(x))
```

2. 构建PyTorch矩阵

【案例5.16】 PyTorch的矩阵构建。

```
import torch
# 构建一个未初始化的3×5矩阵
data = torch.Tensor(3,5)
print (data)
# 构建一个随机初始化的矩阵
data1 = torch.rand(5,3)
print (data1)
print (data1.size())
# 产生一个全0或全1矩阵
x = torch.zeros(2, 3)
print (x)
x = torch.ones(2, 3)
print (x)
```

3. PyTorch列表转化为张量

【案例5.17】 PyTorch的列表转化为张量。

```
x = torch.Tensor([[1, 2, 3],[4, 5, 6]])
# 打印张量大小和值
print("Size: {}".format(x.shape))
print("Values: \n{}".format(x))
```

4. PyTorch张量与numpy的转换

【案例 5.18】 PyTorch 的张量与 numpy 的转换。

```
# 导入torch模块
import torch
# 导入numpy
import numpy as np
# arange()生成一维数据，reshape()将一维数据转为多维数据
numpy_data = np.arange(15).reshape(3, 5)
print('numpy_data', numpy_data)
# numpy转换为torch张量
torch_data = torch.from_numpy(numpy_data)
print('torch_data', torch_data)
# torch转换为numpy
numpy_data1 = torch_data.numpy()
print('numpy_data1', numpy_data1)
```

5. PyTorch张量类型转换

【案例 5.19】 PyTorch 的张量类型转换。

```
x = torch.Tensor(3, 4)
print("Type: {}".format(x.type())) x = x.long()
print("Type: {}".format(x.type()))
```

6. PyTorch加法运算

【案例 5.20】 PyTorch 的加法操作。

```
import torch
# 构建一个随机初始化的矩阵
x = torch.rand(5,3)
y = torch.rand(5,3)
print (x + y)
print torch.add(x,y)
# 提供一个输出作为参数
result = torch.Tensor(5,3)
torch.add(x,y,out=result)
print (result)
# 加法操作
y.add_(x)          # 注意：任何改变张量的操作方法都是以后缀"_"结尾的
print (y)
```

7. PyTorch张量点乘

【案例 5.21】 PyTorch 的张量点乘操作。

```
x = torch.randn(2, 3)
y = torch.randn(3, 2)
z = torch.mm(x, y)
print("Size: {}".format(z.shape))
print("Values: \n{}".format(z))
```

8. PyTorch张量转置

【案例 5.22】 PyTorch 的张量转置。

```
x = torch.randn(2, 3)
print("Size: {}".format(x.shape))
print("Values: \n{}".format(x))
y = torch.t(x)
print("Size: {}".format(y.shape))
print("Values: \n{}".format(y))
```

9. PyTorch张量切片及view()方法

【案例 5.23】 PyTorch 的张量切片及 view() 方法。

```
import torch
# 构建一个随机初始化的矩阵
x = torch.rand(4,4)
print x[:,1] # 索引操作
y = x.view(16)
print (y)
z = x.view(-1,8)   #2*8
print (z)
```

10. PyTorch张量求梯度

【案例 5.24】 PyTorch 的张量梯度。

```
x = torch.rand(3, 4, requires_grad=True)
y = 3*x + 2
z = y.mean()
z.backward() # z has to be scalar
print("Values: \n{}".format(x))
print("x.grad: \n", x.grad)
```

11. PyTorch CUDA张量

【案例 5.25】 PyTorch 的 CUDA 张量。

```
# 使用cuda()函数可以将张量移动到GPU上
if torch.cuda.is_available() :
    x = x.cuda()
```

12. PyTorch的squeeze/unsqueeze函数操作

【案例 5.26】 PyTorch 的矩阵压缩。

```
# 压缩矩阵
# 压缩第i维，如果这一维维数是1，则这一维可有可无，便可以压缩
a.squeeze(i)
# 表示将第i维设置为1
unsqueeze(i)
# squeeze、unsqueeze操作不改变原矩阵
```

13. PyTorch的cat()函数操作

【案例 5.27】 PyTorch 的拼接操作。

```
# cat(seq,[dim],out=None)
# seq 表示要连接的两个序列，dim表示以哪个维度连接，dim=0 表示横向连接，dim=1 表示纵向连接
a = torch.rand((10,2))
b = torch.rand((10,2))
# 横向连接：按行拼接，结构列数不变，行变多
c = torch.cat((a,b),dim=0)
# 纵向连接：按列拼接，结构行数不变，需要列相同
d = torch.cat((a,b),dim=1)
```

5.3　其他深度学习框架

　　作为机器学习领域的一个热门分支，深度神经网络已经在计算机视觉、智能搜索、无人驾驶、模式识别等领域取得了令人瞩目的成就，而且随着深度学习的广泛应用，深度学习在未来依旧会快速发展。近些年，随着深度学习模型的结构越来越复杂，一般的编程手段已经不能满足用户需求，很多企业和科研机构都希望能有更快速和高效的深度学习开发方式。

　　深度学习框架 TensorFlow 和 PyTorch 为开发人员节省了大量通过朴素编程方法来实现底层算法的时间，不断推动着深度学习的发展。除了 TensorFlow 与 PyTorch 外，其他深度学习框架也在深度学习的发展历程中扮演着不可或缺的角色。

5.3.1　Keras

　　Keras 是一个机器学习框架，如果想快速入门深度学习，那么 Keras 就是一个不错的选择。Keras 是 TensorFlow 高级集成 API，可以非常方便地和 TensorFlow 进行融合。除了 TensorFlow 之外，Keras 还是其他流行的库（如 THEANO 和 CNTK）的高级 API。在 Keras 中更容易创建大规模的深度学习模型，但 Keras 框架环境配置比其他底层框架要复杂一些。Keras 是一个简洁的 API，可以快速帮助用户创建应用程序。Keras 中的代码更加可读和简洁，Keras 模型序列化/反序列化 API、回调和使用 Python 生成器的数据流已非常成熟。

　　目前 Keras 框架已经整合到了 TensorFlow 2.x 版本中，并且后续框架也即将停止更新。若有原先习惯使用 Keras 的用户，可用 TensorFlow 2.x 作为该框架的替代框架。

5.3.2　Caffe

　　Caffe 全称为 Convolutional Architecture for Fast Feature Embedding，在 TensorFlow 出现之前，它一直是最热门的深度学习框架。Caffe 的优势：容易上手，网络结构都是以配置文件形式定义，不需要代码设计网络；训练速度快，能够训练 state-of-the-art 的模型与大规模的数据；组件模块化，可以方便地拓展到新的模型和学习任务。

5.3.3　MXNet

　　MXNet 是一种高度可扩展的深度学习工具，可用于各种设备。虽然与 TensorFlow 相比，MXNet 还没有被广泛使用，但其可能会因为成为一个 Apache 项目而受到关注。该框架支持多种语言，如 C++、Python、R、Julia、JavaScript、Scala、Go、Perl，还可以在多个 GPU 和多种机器上有效地并行计算。MXNet 支持多个 GPU（具有优化的设计和快速上下文切换），拥有清晰且易于维护的代码（Python、R、Scala 和其他的 API）和快速解决问题的能力。

5.3.4　Sonnet

　　Sonnet 深度学习框架是建立在 TensorFlow 基础之上的，它是 DeepMind 用于创建具有复杂架构的神经网络。Sonnet 拥有面向对象的库，在开发神经网络（NN）或其他机器学习（ML）算法时更加抽象。Sonnet 的原理是构造对应于神经网络特定部分的主要 Python 对象，这些对象独立地连接到 TensorFlow 计算图。分离创建对象并将其与图形相关联的过程简化成了高级体系结构的设计。Sonnet 的主要优点是可以用它来重现 DeepMind 论文中展示的研究，它比 Keras 更容易，因为 DeepMind 论文模型就是使用 Sonnet 搭建的。

5.3.5　Deeplearning4j

Deeplearning4j 是一种专注于神经网络的 Java 库，可扩展并集成 Spark、Hadoop 和其他基于 Java 的分布式集成软件。

5.4　习题

简答题

（1）目前使用最广泛的两种深度学习框架是什么？

（2）在 TensorFlow 2.x 中，初始化权值和偏置常用的方法分别是什么？

（3）在 TensorFlow 2.x 中，使用 tf.keras 进行模型构建的两种方式分别是什么？分别用这两种方式，构建一个全连接的模型。模型的输入大小为 784，第一层神经元个数为 32 个，使用 ReLU 函数为激活函数；第二层神经元个数为 128 个，采用 ReLU 函数为激活函数；第三层神经元的个数为 10 个，采用 Softmax 函数为激活函数。

（4）请使用 PyTorch 构建一个 5×3 大小的随机初始化的矩阵。

（5）请列举一些其他的深度学习框架。

第6章
卷积神经网络

目前，人工智能领域最为丰硕的成果是卷积神经网络（Convolutional Neural Networks，CNN），它不再局限在实验室之内，而是被广泛地应用到人们的生产和生活中，并且正在以惊人的速度和效率改变着人类社会。

本章将详细介绍卷积神经网络的原理与结构，并讲解数据增强和卷积神经网络的训练方法。

 学习重点

◎掌握神经网络基本结构　　　◎了解基于LeNet-5实现MNIST

◎手写体数字识别分类方法

6.1 卷积神经网络概述

扫一扫，看视频

过去十几年，深度学习在图像识别、图像目标检测、语音识别和自然语言处理等方面取得了举世瞩目的成就。作为深度学习的关键技术之一，卷积神经网络得到了最深入的研究。早期由于缺乏训练数据和计算能力，在不产生过拟合的情况下是很难训练出高性能卷积神经网络的。ImageNet 这样的大规模标记数据的出现和 GPU 计算性能的快速提高，使得卷积神经网络出现井喷式发展，并迅速应用在工业、商业、农业、航天等领域。本节将介绍卷积神经网络的起源、发展以及应用。

6.1.1 起源与发展

卷积神经网络严格来说是一种特殊的多层感知器或者前馈神经网络，其发展大致经历了 3 个阶段：理论阶段、实现阶段以及大范围研究与应用阶段。大卫·休伯尔[①]（David Hunter Hubel）等人通过研究发现[17]，猫的大脑皮层中的局部感知神经元结构十分特殊，在进行信号传递时具有局部敏感和方向选择的特性。基于这一发现，休伯尔等人提出"感受野"的概念，认为生物获取视觉信息是经过多个层次的"感受野"从视网膜逐层传递到大脑的。福岛邦彦[②]（Kunihiko Fukushima）等人基于"感受野"的概念，提出了第一个卷积神经网络模型——神经认知机模型（neocognitron），首次成功地将"感受野"应用到人工神经网络[18-20]。神经认知机由 simple cell 层和 complex cell 层交替组成，是一个多层局部连接的神经网络。在模式识别中，神经认知机可以克服目标轻微的旋转和伸缩。20 世纪末，杨乐昆提出权重共享技术[21, 22]卷积层和下采样层相结合，组成了卷积神经网络的现代雏形，并在手写数字识别等规模较小的数据集上取得了优异的成绩，实现了卷积神经网络在人类生活中的首次应用，卷积神经网络取得了巨大的发展。

虽然卷积神经网络在小规模数据集上取得了优异的成绩，但在大规模数据集上卷积神经网络的识别效果并不理想。为了提高卷积神经网络的性能，研究人员从两个方面来改变网络结构。一方面是使用浅层网络，增加隐藏层神经元的数量。单隐层定理表明，只要单隐层感知器包含的隐藏层神经元足够多，就能够在闭区间上以任意精度逼近任何一个多变量连续函数[23]。但是，这种方法往往会因为节点足够多而难以得到应用。另一方面就是增加网络的层数。但是，随着网络层数的增加，反向传播误差会出现指数增长或衰减，从而产生梯度爆炸和梯度消失等问题。

---

① 大卫·休伯尔是一位加拿大神经科学家，由于对视觉系统进行了深入研究，而获得诺贝尔生理学或医学奖。
② 福岛邦彦将神经科学和工程学的原理联系起来，发明了一种具有视觉模式识别能力的神经认知机模型，从而推动了当今人工智能的兴起。

因此，卷积神经网络陷入了瓶颈，再加上当时支持向量机的优良性能，使得卷积神经网络逐渐淡出了人们的视线。至此，卷积神经网络的研究和发展陷入了低谷。

随着大数据时代的到来以及各种高性能硬件的出现，卷积神经网络又焕发了新的活力，实现了爆炸性的发展。2006 年，辛顿的研究 [24] 表明：深层神经网络的特征学习能力十分强大，而深层网络训练困难的问题可以通过"逐层预训练"的方法克服。这一研究的发表重新点燃了人们对卷积神经网络的研究热情。2012 年，克里泽夫斯基等人以 AlexNet 模型在 ImageNet 大规模数据库的识别中取得了非常优异的分类效果，在卷积神经网络的大规模数据识别应用方面取得突破 [25]。这使卷积神经网络再次成为学术界和工业界的焦点，成为深度学习发展史上最重要的拐点。随后，SPPNet、VGGNet、GoogLeNet、ResNet、R-CNN、SSD、YOLO、DCGAN 等一系列卷积神经网络模型相继出现，不断刷新着卷积神经网络的学习能力与判断能力。

6.1.2 应用概况

在计算机视觉领域，传统的图像处理与模式识别方法在图像分类、目标检测等方面相当长的时间内都没有做出大的突破，卷积神经网络出现以后，先是刷新了手写数字识别的准确率，后又在图像分类、图像增强、目标检测、视频分类、语言识别等方面取得了辉煌的成就。

2011 年，黎越国（Quoc Viet Le）等人使用堆叠卷积 ISA 网络将 YouTube 视频数据集上的分类准确率提高到 75.8%。[25]

2012 年，Abdel-Hamid 将卷积神经网络应用到语音识别任务上，将 TIMIT 音素识别任务的错误率从 20.7% 降低到了 20.0%。[26]

2014 年，Rich 将深度学习引入检测领域，一举将 Pascal VOC 数据集上的检测率从 35.1% 提升到 53.7%。[27]

2015 年 1 月，百度开发了计算机视觉系统 Deep Image，这一系统是针对超级计算机对深度学习算法的优化而设计的。在 ImageNet 对象识别中，这一系统的 top-5 错误率仅为 5.98%。

Jonathan Long 等人提出了全卷积网络（FCN），在像素级别对图像进行判别来实现图像的语义分割。[28]

2016 年，谷歌的围棋机器人 AlphaGo 以 4∶1 的比分战胜世界围棋冠军李世石，引发了人类对人工智能的深层次思考。

随着大规模数据集的出现以及各种硬件设备的发展，卷积神经网络的性能已得到极大的提高，达到了工业可用的级别。到 2018 年年底，基于 CNN 人脸识别模型的错误率已经降低到亿分之一，准确率远远超过了人眼识别。2019 年腾讯研究人员提出的人脸检测算法 DSFD[29] 在人脸检测基准数据集 FDDB 上的召回率已经高达 99.1%。目前，智能交通、自动驾驶、智能医疗、身份验证等领域都能见到 CNN 的身影，应用此类技术的城市越来越高效、越来越智能。

卷积神经网络表现出强大的学习能力，现在的卷积神经网络分类图像中的对象能够达到与人类匹敌的水平 [30]，但是这并不意味着卷积神经网络没有缺陷。卷积神经网络还不能实现完全智能化，还是有将图像对象分类错误的时候。卷积神经网络只是模拟神经信号传递进行计算，并不能完全实现人类的思维，此外，卷积神经网络训练完毕后还存在过拟合、模型大、参数分析困难等问题。

6.2　卷积神经网络结构

扫一扫，看视频

卷积神经网络由具有权重和偏差的神经元组成，这些神经元接收输入的数据并处理，然后输出信息。输出信息的准确度则由网络的结构决定，不同的网络结构具有不同的性能。卷积神经网络的高性能取决于合适地组合不同的基础结构。本节将介绍典型卷积神经网络的结构。

6.2.1　总体结构

卷积神经网络是由用于特征提取的卷积层和用于特征处理的下采样层（池化层）交叠组成的多层神经网络[31]，它是一个层次模型，主要特点在于卷积层的特征是由前一层的局部特征通过卷积共享的权重得到的。在卷积神经网络中，输入图像通过多个卷积层和池化层进行特征提取，逐步由低层特征变为高层特征；高层特征再经过全连接层和输出层进行特征分类，产生一维向量，表示当前输入图像的类别。因此，根据每层的功能，卷积神经网络可以分为两个部分：由输入层、卷积层和池化层构成的特征提取器和由全连接层和输出层构成的分类器。卷积神经网络的典型结构如图 6-1 所示。

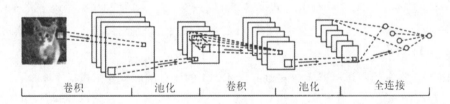

卷积　　　　池化　　　　卷积　　　　池化　　　　全连接

图6-1　卷积神经网络的典型结构

卷积神经网络的主要特性是通过局部感受野、权值共享以及时间或空间下采样等思想减少网络中自由参数的个数，从而获得某种程度的位移、尺度、形变不变性[32]，通过预处理从原始数据中学习到抽象的、本质的和高阶的特征。

在深度学习中，要想获得更高的准确率，最显著的方式是增加神经网络的层数，而全连接的前馈神经网络有一个非常致命的缺点，即随着层数的增加，网络内的神经元个数将会激增，这将导致计算量变得非常庞大，可扩展性则非常差。卷积神经网络利用局部连接和权重共享成功解决了这个问题。

图像的空间联系中局部的像素联系比较紧密，而距离较远的像素相关性则较弱。因此，每个神经元其实只需对局部区域进行感知，而不需要对全局图像进行感知，这个局部区域叫作感受野，如图 6-2 所示。尽管采用局部连接减少了大部分的参数，但是参数仍然很大，为了进一步减少参数量，可以使用权值共享的方法，具体做法就是使与图像进行局部连接的所有神经元使用同一组参数。

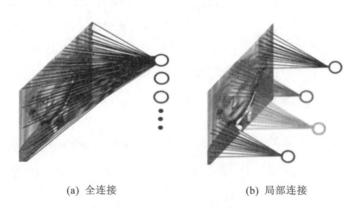

(a) 全连接　　　　　　　　　　(b) 局部连接

图6-2　全连接与局部连接

主流的分类方式几乎都是基于统计特征的，这就意味着在进行分辨前必须提取某些特征。然而，显式的特征提取并不容易，在一些应用问题中也并非总是可靠的。卷积神经网络避免了显式的特征取样，而是隐式地从训练数据中进行学习，这使得卷积神经网络明显有别于其他基于神经网络的分类器，通过结构重组和减少权重将特征提取功能融合进多层感知器。

卷积神经网络的特征检测层通过训练数据进行学习，由于同一特征映射面上的神经元权值相同，所以网络可以并行学习，这是卷积神经网络相对于全连接网络的一大优势。卷积神经网络以其局部权值共享的特殊结构在语音识别和图像处理方面有着独特的优越性，其布局更接近于实际的生物神经网络，权值共享降低了网络的复杂性，特别是多维输入向量的图像可以直接输入网络，从而避免了特征提取和分类过程中数据重建的复杂度。

6.2.2　卷积层

卷积层的作用是运用卷积操作提取特征，卷积层越多，特征的表达能力越强[33]。

特征图也可称为卷积特征图或卷积面，特征图是通过对输入图像进行卷积计算和激活函数计算得到的。卷积过程是指用一个大小固定的卷积核按照一定步长扫描输入矩阵进行点积运算，卷积层计算示意图如图 6-3 所示。卷积核是一个权重矩阵，特征图通过将卷积计算结果输入激活函数内得到，特征图的深度等于当前层设定的卷积核的个数。

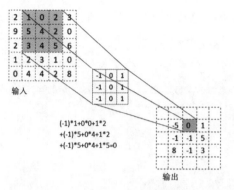

图6-3　卷积层计算示意图

对于 D 幅大小为 $M \times N$ 的输入图像 x_i，卷积核 w 为 $m \times n$ 的矩阵，偏置为 b，则卷积层的计算公式为

$$f = \sum_{i=1}^{D} x_i * w_i + b \qquad (6\text{-}1)$$

式中，* 表示卷积运算。

由于卷积核的大小是固定的，在进行卷积计算的时候，随着卷积核的滑动，很容易出现卷积核超出图像像素范围的情况。这时，只有舍弃图像像素边缘，以丢失图像信息为代价完成卷积计算，而图像边缘有时候具有很多图像细节，舍弃会造成大量的信息损失。为了不丢失输入图像的边缘信息，经常在输入图像四周进行"补0"操作，即在图像的边缘添加若干像素的零值像素，此类操作不会干扰原图的边缘特征，还可以控制卷积后特征图的尺寸。卷积操作的TensorFlow 函数如下。

```
tensorflow.nn.conv2d(input, weight, strides=[1, 1, 1, 1], padding='SAME')
    # weight: 卷积核
    # strides: 卷积步长
    # padding:"补0"操作，值为"SAME"和"VALID"
```

在图像完成卷积计算之后，神经元会提取图像的所有信息，而在做图像分类或者目标检测的时候，是"有目的"地提取图像信息，比如在做人脸检测的时候，网络可能主要关注双眉、双眼、鼻子、嘴巴等信息，而忽略头发、背景等其他信息。为了达到"有目的"提取图像信息的效果，卷积神经网络引入了激活函数。引入激活函数可以增加神经元的非线性因素，使神经网络更好地拟合非线性事件，达到"关注"图像某一特征的作用。常用的激活函数有 Sigmoid、Tanh、Leaky ReLU、ReLU、Maxout 和 ELU，如图 6-4 所示。

卷积过程最重要的就是卷积核的大小、步长设计和数量的选取。卷积核的大小影响网络结构的识别能力。步长决定了采取图像的大小和特征个数。卷积核数量越多，能够提取到的特征就越多，就可以学习到越多的信息，但网络的复杂度也在增加，易出现过拟合问题。

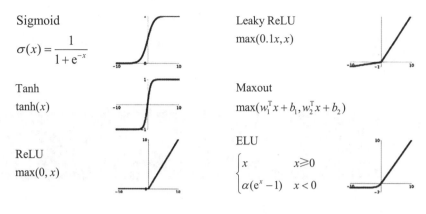

图6-4　常见的激活函数

6.2.3　池化层

池化也称下采样，通常放在卷积层之后，池化操作将语义上相似的特征合并起来，通常取对应区域的最大值、平均值（最大池化、平均池化）。在卷积神经网络中，参数的数量是巨大的，网络的计算量更是巨大的，为了减少计算量，同时能够获得"全局"信息，卷积神经网络引入了池化操作。

池化操作的作用就是缩小特征图的尺寸，减少计算量，同时使得同样大小的区域可以概括更加全局的信息。图 6-5 所示为 2×2 的最大池化示意图，以图中白色背景的 4 个数为例，在最大池化规则下，数值"8"相对于其他 3 个数无疑更具有代表性，可以"全局地"代表这个区域。注意，池化操作不会改变特征图的深度，并且大多不经过反向传播的修改。

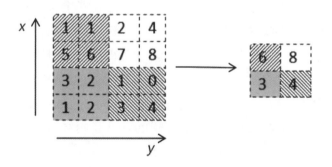

图6-5　最大池化示意图

目前使用最多的是最大池化操作，杨乐昆等人的研究 [21] 指出，最大池化适用于分离非常稀疏的特征，可以更好地进行特征选择。

池化的 TensorFlow() 函数如下。

```
tf.nn.max_pool(input, ksize=[1, 2, 2, 1], strides=[1, 2, 2, 1], padding='SAME') # 最大池化
tf.nn.avg_pool(input, ksize=[1, 2, 2, 1], strides=[1, 2, 2, 1], padding='SAME')  # 平均池化
    # ksize：池化窗口大小
```

通常情况下，池化操作在特征图上无重叠地选择局部区域，所以不会造成特征图的空间变形。池化层主要用来缩减模型的大小、去除冗余信息、提高计算速度、减小过拟合，同时提高所提取特征的鲁棒性。

6.3 训练卷积神经网络

卷积神经网络在本质上是一种输入到输出的映射，它能够学习大量输入与输出之间的映射关系，而不需要任何输入和输出之间精确的数学表达式，只要用已知的模式对卷积网络加以训练，网络就具有输入 / 输出对之间的映射能力。本节将介绍如何训练卷积神经网络。

6.3.1 数据增强

当前大部分所谓的"AI算法"其实本质上都是数据驱动的。只要有足够多的数据，就可以拟合出足够准确的模型。深度卷积神经网络需要的参数量非常大，经常是以百万级为单位的，而要优化这些参数需要训练数据的数量也是巨大的，通常是参数量的几倍到几十倍。但是用户并没有这么庞大的数据集来支撑卷积神经网络的训练。采集到的数据往往种类单一，各个类别的样本量极不均衡，并且难以覆盖到全部的场景。因此，在训练卷积神经网络之前通常要扩充现有的数据样本。

在计算机视觉中，典型的数据增强方法有水平和垂直方向上的翻转、旋转、缩放、平移、随机裁剪等几何变换操作和噪声、模糊、颜色扰动、擦除、填充等颜色变换类操作。

基于噪声的数据增强就是在原来的图片的基础上随机叠加一些噪声，最常见的做法就是高斯噪声。更复杂一点的就是在面积大小可选定、位置随机的矩形区域上丢弃像素产生黑色矩形块，从而产生一些彩色噪声，甚至还可以随机选取图片的一块区域并擦除图像信息。

模糊多采用高斯函数来模糊全局图像或局部图像，以增加样本数据的多样性。

色彩扰动就是在某一个颜色空间通过增加或减少某些颜色分量，或者更改颜色通道的顺序，在 HSV 颜色空间随机改变图像原有的饱和度和亮度分量，进行小范围微调的结果对比。

6.3.2 归一化

深度网络训练是一个复杂的过程，只要网络的前面几层发生微小的改变，则此变化就会在后面几层被累积放大下去。一旦网络某一层输入数据的分布发生改变，那么这一层网络就需要去适应学习这个新的数据分布，所以如果训练过程中训练数据的分布一直在发生变化，那么将会严重影响网络的训练速度。

局部响应归一化模仿了生物神经系统的"侧抑制"机制，对局部神经元的活动创建了竞争环境，使得其中响应比较大的值变得相对更大，并抑制其他反馈较小的神经元，增强了模型的泛化能力。

　　可以将局部响应归一化认为是连接在卷积层或池化层后的层，其数学表达式为

$$b_{x,y}^i = a_{x,y}^i \left/ \left(k + \alpha \sum_{j=\max(0,i-n/2)}^{\min(N-1,i+n/2)} (a_{x,y}^j)^2 \right)^\beta \right.$$ （6-2）

式中，$a_{x,y}^i$ 表示第 i 个特征图上（x,y）的位置的值；N 为特征图的总数；n 为可调的临近的特征图的个数；α、k、β 为可调参数。

　　从上述公式中可以看出，如果 a^i 的数值小，则对应的 b^i 就会相对更小；而如果 a^i 的数值大，其对应的 b^i 就会相对更大，这就实现了"侧抑制"，保留数值大的，抑制数值小的。

　　局部响应归一化对于 ReLU 这种没有上限边界的激活函数会比较有用，因为它会从附近的多个卷积核的响应中挑选比较大的反馈，但不适合 Sigmoid 这种有固定边界并且能抑制过大值的激活函数。

　　局部响应归一化的 TensorFlow 函数如下。

```
tensorflow.nn.lrn(input,depth_radius=None,bias=None,alpha=None,beta=None,name=None)
        #depth_radius: 半径，即式（6-2）中的n/2
        #bias: 偏置，即式（6-2）中的k
        #alpha: 即式（6-2）中的α
        #beta: 即式（6-2）中的β
```

　　批归一化可以理解为把对输入数据的归一化扩展到对其他层的输入数据进行归一化，以减小内部数据分布偏移的影响。

　　神经网络学习过程的本质就是为了学习数据分布，如果没有做归一化处理，那么每一批次训练数据的分布都不一样。从大的方向上看，神经网络需要在多个分布中找到平衡点；从小的方向上看，由于每层网络输入数据分布在不断变化，这也会导致每层网络都在找平衡点，显然，神经网络就很难收敛。当然，如果只是对输入的数据进行归一化处理（比如将输入的图像除以255，将其归到 0~1），只能保证输入层数据分布是一样的，并不能保证每层网络输入数据分布是一样的，所以也需要在神经网络的中间层加入归一化处理。

　　批归一化计算公式为

$$\begin{cases} \mu_B \leftarrow \dfrac{1}{m} \sum_{i=1}^{m} x_i \\[2mm] \sigma_B \leftarrow \dfrac{1}{m} \sum_{i=1}^{m} (x_i - \mu_B) \\[2mm] \hat{x}_i \leftarrow \dfrac{x_i - \mu_B}{\sigma_B^2 + \varepsilon} \\[2mm] y_i \leftarrow \gamma \hat{x}_i + \beta = BN_{\gamma,\beta}(x_i) \end{cases}$$ （6-3）

式中，y_i 为归一化结果；B 为神经元输入的取值块；γ 和 β 为可学习参数。

在处理卷积神经网络时，批归一化将一整张特征图看作是一个神经元，求取所有输入所对应的一个特征图的平均值、方差，然后对这个神经元做归一化。

批归一化的 TensorFlow 函数如下。

```
batch_mean, batch_var = tf.nn.moments(input, [0])
output = tensorflow.nn.batch_normalization(input, mean=batch_mean, variance=batch_
                            var,offset=None, scale=None, variance_epsilon=1e-3)
        # mean：batch均值
        # variance：batch方差
        # offset: 偏移量，即式(6-3)中的 β
        # scale: 比例标度，即式(6-3)中的 γ
        # variance_epsilon: 小的浮点数，防止分母为0
```

6.3.3 模型调优

卷积神经网络采用严格的方向传播算法训练神经网络，需要同时考虑所有样本对梯度的贡献，如果样本的数量很大，那么梯度下降的每一次迭代都可能花费很长时间，从而导致整个过程收敛得非常缓慢。

早期批量梯度下降算法每次都会使用全部训练样本进行权重更新，从而产生大量的冗余计算。而随机梯度下降算法每次只随机选择一个（或一个 mini-batch）样本来更新模型参数，因此每次的学习是非常快速的，并且可以进行在线更新。

随机梯度下降算法每次在全部样本集中随机选择一个数据样本进行参数更新，其数学表达式为

$$w' = w - \eta \frac{\partial e_l}{\partial w}, l = 1, 2, \cdots, L \tag{6-4}$$

式中，w 为权重；η 为学习率；e_l 为样本 x_l 的实际输出与真实样本（期望输出）之间的误差；L 为样本总数。由于不是在全部训练数据上的损失函数，而是在每轮迭代中随机优化某一条训练数据上的损失函数，因此每一轮参数的更新速度将大大加快。但是，单个样本并不能代表全体样本的趋势，结果可能会收敛到局部最优而不是全局最优。

为了解决上述问题，可以将训练样本随机划分为大小为 m 的 mini-batch，每一次迭代计算mini-batch 的梯度来对参数进行更新，其数学表达式为

$$w' = w - \eta \left[\frac{1}{m} \sum_{l=(i-1)\cdot m+1}^{i \cdot m} \frac{\partial e_l}{\partial w} \right], i = 1, 2, \cdots, [L/m] \tag{6-5}$$

随机梯度下降算法的 TensorFlow 函数如下。

```
tf.train.GradientDescentOptimizer(learning_rate)
```

尽管随机梯度下降算法对于训练深度网络简单高效，但是需要人为选择参数，如学习率、

参数初始化等，这些参数的选择对训练结果至关重要。此外，Adam、AdaGram 等其他方式对于不同的问题也具有独特的优势。

6.4 实战：手写数字识别分类

本节将展示基于 TensorFlow 使用 LeNet-5 实现对 MNIST 中的手写数字识别分类的方法。本试验利用 GPU 进行训练，并在原论文的网络架构中在每层中适量增加了卷积核的个数。

6.4.1 试验环境

（1）Python 3。

（2）TensorFlow 深度学习框架的 GPU 版本。

6.4.2 数据集准备

这里使用的是 MNIST 数据集，具体介绍见 4.6.2 小节，其部分图片如图 6-6 所示。

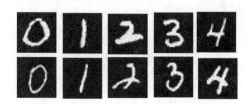

图6-6 MNIST数据集部分图片

6.4.3 程序代码

环境配置如后，直接将下述代码复制到新建的 Python 文件中即可。运行该文件，可以得到测试准确率的结果，训练得到的模型会保存在 models 文件夹中。运行结果显示 "test accuracy 0. ××××" 的字样。

```
# 使用LeNet-5实现MNIST手写数字分类识别
import tensorflow as tf
from tensorflow.examples.tutorials.mnist import input_data
import os.path as ops
import os
os.environ["CUDA_DEVICE_ORDER"] = "PCI_BUS_ID"
```

```
os.environ["CUDA_VISIBLE_DEVICES"] = "3"
tf.reset_default_graph()
# 获取MNIST数据集
# 自动下载数据集到mnist_data文件夹下
data_path = os.path.join('.', 'mnist_data')
mnist = input_data.read_data_sets(data_path, one_hot=True)
# 创建一个Session对象，之后的运算都会在这个Session里运行
sess = tf.InteractiveSession()


# 参数初始化
# 构造参数w函数
def weight_variable(shape):
    initial = tf.truncated_normal(shape, stddev=0.1)
# 权重在初始化时应该加入少量的噪声来打破对称性以及避免0梯度
# truncated_normal函数产生正态分布
    return tf.Variable(initial)
# 构造偏差b函数，在偏置上加了一个正值0.1来避免死亡节点
def bias_variable(shape):
    initial = tf.constant(0.1, shape=shape)
    return tf.Variable(initial)
# 定义卷积层和池化层函数
# x是输入，W为卷积参数。如[5,5,1,30]中，前两个参数表示卷积核的尺寸
# 第3个参数表示通道数，第4个参数表示提取特征数即卷积核的个数
# strides表示卷积模板移动步长
# strides中间两个参数都是1代表不遗漏地划过图片中每一个点
# padding表示边界处理方式
# 这里的SAME代表给边界加上padding值使输入和输出的尺寸相同
def conv2d(x, W):
    return tf.nn.conv2d(x, W, strides=[1, 1, 1, 1], padding='SAME')


# ksize在这里是指使用2×2最大池化
# 将一个2×2像素块变为1×1，最大池化保持像素最高的点
# strides表示横、竖两个方向跨过2步长
def max_pool_2x2(x):
    return tf.nn.max_pool(x, ksize=[1, 2, 2, 1], strides=[1, 2, 2, 1], padding='SAME')


# 定义张量流输入格式
# 变换张量，从二维张量[None, 784]变成四维张量[-1,28,28,1]。其中784=28*28
# [-1, 28, 28, 1] 中-1表示样本数量不固定。28和28为尺寸，1表示通道数
x = tf.placeholder(tf.float32, [None, 784],name='x')
```

```
# placeholder表示占位符，此函数用于定义过程，在执行的时候再赋具体值
# 其中[None, 784]表示有784列，行数不定
y_ = tf.placeholder(tf.float32, [None, 10], name='y_')
# 10表示来自MNIST的训练集中每一幅图片所对应的真实值的种类数
x_image = tf.reshape(x, [-1, 28, 28, 1])
# 第二维、第三维对应图片的宽、高，最后一维代表图片的颜色通道数
# MNIST是灰度图，所以通道数为1；如果输入的是RGB彩色图，则通道数为3


# 构建模型
# 第一次卷积池化，其中卷积层用ReLU激活函数
W_conv1 = weight_variable([5, 5, 1, 32])
# 前两个参数是patch的大小
# 1是输入的通道数，32是输出的通道数即卷积核数
b_conv1 = bias_variable([32])
# 对于每一个输出通道都有一个对应的偏置量，在这里定义32维常量为0.1
h_conv1 = tf.nn.relu(conv2d(x_image, W_conv1) + b_conv1)
# 把x_image和权值向量进行卷积，加上偏置项，然后应用ReLU激活函数
h_pool1 = max_pool_2x2(h_conv1)
# 最后进行最大池化


# 第二次卷积池化
W_conv2 = weight_variable([5, 5, 32, 64])
# 每个5×5的patch会得到64种特征
b_conv2 = bias_variable([64])
h_conv2 = tf.nn.relu(conv2d(h_pool1, W_conv2) + b_conv2)
h_pool2 = max_pool_2x2(h_conv2)


# 全连接层使用ReLU激活函数。首先改变张量结构，使张量变成一维
W_fc1 = weight_variable([7 * 7 * 64, 1024])
# 图片尺寸减小到7×7
# 加入一个有1024个神经元的全连接层，用于处理整个图片
b_fc1 = bias_variable([1024])
h_pool2_flat = tf.reshape(h_pool2, [-1, 7 * 7 * 64])
h_fc1 = tf.nn.relu(tf.matmul(h_pool2_flat, W_fc1) + b_fc1)
# tf.matmul 矩阵乘法，表示全连接，而不是conv2d


# 为了减轻过拟合，可以使用一个dropout层，随机丢掉一些神经元不参与运算
keep_prob = tf.placeholder(tf.float32, name='keep_prob')
h_fc1_drop = tf.nn.dropout(h_fc1, keep_prob)
```

```
# softmax层，即为第二个全连接层
# 分为10个种类，softmax后输出概率最大的数字即为预测值
W_fc2 = weight_variable([1024, 10])
b_fc2 = bias_variable([10])
y_conv = tf.nn.softmax(tf.matmul(h_fc1_drop, W_fc2) + b_fc2,name="y_conv")
# 这里利用tf.nn.softmax进行分类，而不是用 tf.nn.relu，y_conv表示概率


# 保存模型
# 创建saver的时候可以指明要存储的tensor，如果不指明就会存储全部模型
saver = tf.train.Saver(max_to_keep=2)
# 指定保存训练得到的最后两个模型
# 保存模型的路径
ckpt_file_path = "./models/" # models是文件夹
path = os.path.dirname(os.path.abspath(ckpt_file_path))


if os.path.isdir(path) is False:
        os.makedirs(path)


# 损失函数
# 模型预测的类别概率输出与真实类one-hot形式进行交叉熵损失函数计算
cross_entropy = tf.reduce_mean( -tf.reduce_sum(y_ * tf.log(y_conv), reduction_indices=[1]))
# reduction_indices参数表示函数处理维度


# 优化算法Adam()函数
train_step = tf.train.AdamOptimizer(1e-4).minimize(cross_entropy)
# 这里用Adam优化器优化，也可以使用随机梯度下降，1e-4表示学习率
# cross_entropy = -tf.reduce_sum(y_ * tf.log(y_conv),reduction_indices=[1])


# 交叉熵
# train_step = tf.train.GradientDescentOptimizer(0.5*1e-4).minimize(cross_entropy)
# 梯度下降法的写法
# accuracy()函数
# tf.equal(A, B)用于对比两个矩阵或者向量相等的元素
# 如果是相等的，则返回True，反之返回False
correct_prediction = tf.equal(tf.argmax(y_conv, 1), tf.argmax(y_, 1))
# tf.argmax()返回最大数值的下标，第二个参数为0时按列找，为1时按行找
accuracy = tf.reduce_mean(tf.cast(correct_prediction, tf.float32))
# 准确率
# tf.cast是类型转换函数，tf.float32是转换目标类型，返回Tensor
```

```
tf.global_variables_initializer().run()
# 使用全局参数初始化器并调用run()方法来对参数初始化
# 训练1001次，每次大小为50的mini-batch
# 每100次训练查看训练结果，用以实时监测模型性能
for i in range(1001):
    batch = mnist.train.next_batch(50)
    # batch[0]和batch[1]分别表示数据维度和标记维度
    # 将数据传入定义好的优化器进行训练
    train_step.run(feed_dict={x: batch[0], y_: batch[1], keep_prob: 0.5})
    # train_step是定义好的优化器
    if i % 100 == 0:# 每100次验证一下准确率
    # feed_dict: 一个字典，用来表示Tensor被feed的值
    # 评估模型得到训练准确率
train_accuracy = accuracy.eval(feed_dict={x: batch[0], y_: batch[1], keep_prob: 1.0})
        print("step %d, train_accuracy %g" % (i + 1, train_accuracy))
# %g表示指数(e)或浮点数(根据显示长度)
    if i % 100 == 0:
        model_name = 'mnist_{:s}'.format(str(i + 1))
        model_save_path = ops.join(ckpt_file_path, model_name)
        saver.save(sess, model_save_path, write_meta_graph=True)
# 保存模型
# 评估模型，得出测试的准确率
print("test accuracy %g" % accuracy.eval(feed_dict={x: mnist.test.images,
y_: mnist.test.labels, keep_prob: 1.0 }))
```

程序运行结果如图6-7所示。

```
step    1 train_accuracy  0.99
step  101 train_accuracy  0.95
step  201 train_accuracy  0.83
step  301 train_accuracy  0.9
step  401 train_accuracy  0.77
step  501 train_accuracy  0.73
step  601 train_accuracy  0.77
step  701 train_accuracy  0.69
step  801 train_accuracy  0.75
step  901 train_accuracy  0.66
step 1001 train_accuracy  0.69
step 1101 train_accuracy  0.6
step 1201 train_accuracy  0.55
step 1301 train_accuracy  0.5
step 1401 train_accuracy  0.54
step 1501 train_accuracy  0.48
step 1601 train_accuracy  0.44
step 1701 train_accuracy  0.5
step 1801 train_accuracy  0.39
step 1901 train_accuracy  0.33
step 2001 train_accuracy  0.35
step 2101 train_accuracy  0.22
step 2201 train_accuracy  0.17
step 2301 train_accuracy  0.18
step 2401 train_accuracy  0.18
step 2501 train_accuracy  0.25
test accuracy 0.98
```

图6-7 程序运行结果

6.5 习题

简答题

（1）什么是全连接和局部连接？二者的区别是什么？

（2）卷积是如何计算的？

（3）池化操作和激活函数的作用分别是什么？

（4）局部响应归一化的作用是什么？

（5）随机梯度下降算法的原理是什么？

第7章
目标分类

　　众所周知，当今是信息时代，信息的获得、加工、处理以及应用都在飞速发展。人们认识世界的一个重要知识来源就是图像信息。在很多场合，图像所传送的信息比其他形式的信息更丰富、真切和具体，人眼与大脑的协作使得人们可以获取、处理以及理解视觉信息。视觉是人类获取外界信息的主要载体，计算机要实现智能化，就必须能够处理图像信息。近年来，以图形、图像、视频等大容量为特征的图像数据处理广泛应用于医学、交通、工业自动化等领域。

　　目标分类和检测是计算机视觉和数字图像处理的一个热门方向，广泛应用于机器人导航、智能视频监控、工业检测、航空航天等诸多领域。因此，目标分类也就成为近年来理论和应用的研究热点，它是图像处理和计算机视觉学科的重要分支，也是智能监控系统的核心部分。目标分类的目的是快速、准确地检测出监控视频中的目标，即从序列图像中将目标提取出来。

　　本章将详细介绍目标分类的相关知识和常用模型，并带领读者通过CIFAR数据集分类和猫狗分类的实例学习代码知识。

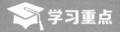
学习重点

◎了解目标分类的概念和种类

◎掌握目标分类常用模型

7.1 目标分类概述

7.1.1 目标分类的概念

扫一扫，看视频

　　与文字信息相比，图像可以提供更加生动、容易被理解的信息，是人们传递和交换信息的重要来源。本章聚焦于图像识别领域的一个重要问题——目标分类。目标分类是指给定一张输入图像，根据图像的语义信息判断该图像所属的类别，是计算机视觉中重要的基本问题，也是目标检测、目标分割、物体跟踪、行为分析等其他高层视觉任务的基础。目标分类在许多领域有着广泛的应用，包括安全领域的人脸识别和视频智能化分析、交通领域场景识别、基于内容的图像检索和相册自动归类、医学领域的图像识别与分割等。

　　在目标分类中，一般通过手动设计特征或特征学习方法对整个图像进行全部描述，然后使用分类器判别物体类别，因此如何提取图像的特征至关重要。目标分类一般有五大方法，分别是 K 近邻法（K-Nearest Neighbor，KNN）、支持向量机（Support Vector Machine，SVM）、BP 神经网络、卷积神经网络（Convolutional Neural Networks，CNN）和迁移学习。传统的 KNN、SVM 方法相比于随机猜测，效果确实有所提升，但是分类效果欠佳，在使用多个类别分类复杂图像的时候表现得并不好。所以为了提升精确度，使用一些深度学习方法很有必要。

　　基于深度学习的目标分类方法，可以利用有监督或无监督的方式学习层次化的特征描述，从而取代手动设计或选择图像特征的工作。深度学习模型中的卷积神经网络近年来在图像领域取得了惊人的成绩。卷积神经网络直接利用图像像素信息作为输入，最大限度地保留了输入图像的所有信息，通过卷积操作提取特征和高层抽象，输出目标分类的结果。这种基于"输入-输出"的直接端到端（end-to-end）的学习方法取得了非常好的效果，在图像处理领域得到了广泛的应用。从最开始较简单的 10 分类的灰度图像手写数字识别任务 MNIST 数据集，到后来更大一点的 10 分类的 CIFAR-10 和 100 分类的 CIFAR-100 任务，最后到大规模的 ImageNet 任务，目标分类模型伴随着数据集的增长，一步一步地提升到了今天的水平。现如今，在 ImageNet 这样的超过 1000 万图像、超过 2 万类的数据集中，计算机的图像分类水平已经超过了人类。

7.1.2 目标分类的种类

　　顾名思义，目标分类就是一个模式分类问题，它的目标是将不同的图像划分到不同的类别中，实现最小的分类误差。总体来说，单标签的图像分类问题可以分为跨物种语义级别的图像分类和子类细粒度图像分类。

1. 跨物种语义级别的图像分类

所谓跨物种语义级别的图像分类，是在不同物种的层次上识别不同类别的对象，比较常见的如猫狗分类。这样的目标分类中，各个类别之间因为属于不同的物种或大类，往往具有较大的类间方差，而类内则具有较小的类内误差。以常用的 CIFAR-10 数据集中的 10 个类别为例（见图 7-1），模型可以正确识别图像上的主要物体。

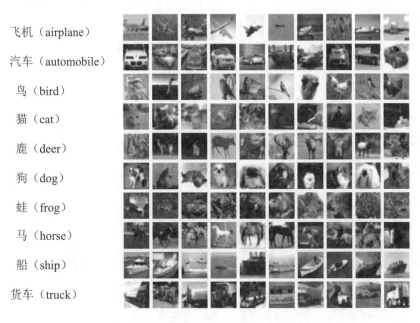

飞机（airplane）
汽车（automobile）
鸟（bird）
猫（cat）
鹿（deer）
狗（dog）
蛙（frog）
马（horse）
船（ship）
货车（truck）

图7-1　CIFAR-10数据集的10个类别

2. 子类细粒度图像分类

子类细粒度图像分类往往是同一个大类中子类的分类，例如不同花卉的分类、不同鸟类的分类（见图 7-2）、不同车型的分类等。其最大的挑战在于同一大类别下不同子类别之间的视觉差异极小，因此所需的图像分辨率较高。

(a) 太平鸟与雪松太平鸟　　　　　　(b) 百合与萱草

图7-2　目标的整体外观相似，但细节特征不同

7.1.3　模型健壮性判断

一个好的模型既要对不同的类别分类正确，同时也要足够健壮（鲁棒性，rubust），至少能够适应下述条件和组合（见图 7-3）。

（1）不同视角：同一个物体摄像机可以从多个角度来呈现。

（2）不同大小：物体可视的大小通常是会变化的，不仅是在图片中，在真实世界中大小也不同。

（3）形变：很多东西的形状并非一成不变，可能会有很大变化。

（4）遮挡：目标物体可能被挡住，有时候只有物体的一小部分（可以小到几个像素）是可见的。

（5）不同光照：在像素层面上光照的影响非常大。

（6）背景干扰：物体可能混入背景之中使之难以被辨认出来。

（7）同类异形：一类物体个体之间的外形差异很大，如椅子。

　　（a）不同视角　　　　　　（b）形变　　　　　（c）遮挡

　　（d）不同光照　　　　　　（e）背景干扰　　　（f）同类异形

图7-3　图片中可能存在的干扰因素

7.1.4　常用的数据集

目标分类任务中常用的数据集有 MNIST、CIFAR-10、CIFAR-100 和 ImageNet 等。

1. MNIST数据集

MNIST 数据集的基本介绍参见第 4 章，其图像为 $1 \times 28 \times 28$ 的灰度图像，即 784 维，所有图像中的手写数字存在较大的形变。

2. CIFAR数据集

CIFAR-10 和 CIFAR-100 数据库分别包含了 10 类和 100 类物体类别。这两个数据库的图像尺寸都是 $3 \times 32 \times 32$ 的彩色图像。CIFAR-10 包含 60 000 张图像，其中，50 000 张图像用于模型训练，10 000 张图像用于测试，每一类物体有 5 000 张图像用于训练，1000 张图像用于测试。CIFAR-100 与 CIFAR-10 的组成类似，不同的是 CIFAR-100 包含了更多的类别：20 个大类，大类又细分为 100 个小类，每类包含 600 张图像。CIFAR-10 和 CIFAR-100 数据库的尺寸较小，但是数据规模相对较大，非常适合复杂模型特别是深度学习模型的训练，因而成为深度学习领域主流的物体识别评测数据集。

3. ImageNet数据集

最著名的 ImageNet 数据集是由李飞飞主持的，从 2007 年就开始耗费大量人力，并通过各种方式（网络抓取、人工标注、亚马逊众包平台）收集制作成大规模的图像数据库。图像类别按照 WordNet 构建，全库超过 1500 万张图像，大约有 2.2 万个类别（在论文方法的比较中常用的是 1000 类的基准），平均每类包含 1000 张图像。这是目前视觉识别领域最大的有标注的自然图像分辨率的数据集，尽管图像本身还是以目标为中心构建的，但是海量的数据和海量的图像类别使得该数据库上的分类任务依然极具挑战性。除此之外，ImageNet 还构建了一个包含 1000 类物体、120 万张图像的子集，并以此作为 ImageNet 大尺度视觉识别竞赛（ImageNet Large Scale Visual Recognition Challenge，ILSVRC）的数据平台，逐渐成为物体分类算法评测的标准数据集。

7.2　常用模型

7.2.1　前期方法

扫一扫，看视频

20 世纪 90 年代末到 21 世纪初，SVM 和 KNN 方法使用的频率较高。当时，以 SVM 为代表的方法可以将 MNIST 分类错误率降低到 0.56%，超过了以神经网络为代表的方法，即 LeNet 系列网络。LeNet 网络在 1994 年产生，在多次的迭代后才有了 1998 年为大家所广泛知晓的版本 LeNet-5。这是一个经典的卷积神经网络，它包含着一些重要特性，至今仍然是 CNN 网络的核心。

网络的基本架构由卷积层、批归一层、非线性激活函数、池化层构成，其中卷积层用于提取特征，池化层用于减少空间大小。最常见的网络结构顺序是卷积层→批归一层→非线性激活函数→池化层。随着网络逐渐变深，图像的空间大小将越来越小，而通道数越来越大。经过 20 年的发展，从 1998 年至今，卷积神经网络依然遵循着这样的设计思路。其中卷积层发展出了很多的变种，池化层则逐渐被带步长的卷积层完全替代，非线性激活函数更是演变出了很多的变种。

1. LeNet-5网络

虽然 LeNet-5[22] 在当时的错误率仍然停留在 0.7%，不如同时期最好的 SVM 方法，但随着网络结构的发展，神经网络方法很快就超过了其他所有方法，错误率也降低到 0.23%，甚至有的方法已经达到了错误率接近 0 的水平。LeNet-5 中主要有 2 个卷积层、2 个池化层（下采样层）、3 个全连接层这 3 种连接方式。LeNet-5 网络结构如图 7-4 所示。

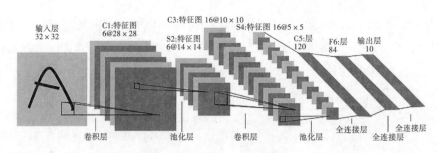

图7-4 LeNet-5网络结构

2. AlexNet网络

21 世纪初期，虽然一度停滞的神经网络研究开始有复苏的迹象，但是受限于数据集的规模和硬件的发展，神经网络的训练和优化仍然是比较困难的。在 ImageNet 发布的早些年里，仍然是以 SVM 和 Boost 为代表的分类方法占优势，直到 2012 年 Alex Krizhevsky 提出了 AlexNet[25]，它的分类效果大幅度超越了传统方法，获得了 ILSVRC 2012 的冠军。AlexNet 是第一个真正意义上的深度网络，也是首次将深度学习用于大规模图像分类中的方法。与 LeNet-5 相比，AlexNet 网络的参数量大大增加，输入图像的大小也从 $1 \times 28 \times 28$ 变成了 $3 \times 224 \times 224$。同时 GPU 的面世使得深度学习从此进入 GPU 为王的训练时代。AlexNet 输入是 1000 个不同类型图像（如猫、狗等）中的一个图像，输出是 1000 个数字的矢量。输出向量的第 i 个元素即为输入图像属于第 i 类图像的概率，因此，输出向量的所有元素之和为 1。AlexNet 拥有 6000 万个参数和 65 万个神经元，其网络结构和 LeNet-5 相似，如图 7-5 所示。

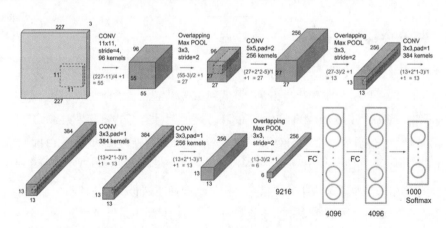

图7-5 AlexNet网络结构

AlexNet 具有以下特点。

（1）网络比 LeNet-5 更深，包括 5 个卷积层和 3 个全连接层。

（2）使用 ReLU 激活函数，加快了收敛速度，解决了 Sigmoid 激活函数在网络较深时出现的梯度弥散问题。

（3）为防止过拟合，加入了随机失活（dropout），使得部分节点失活。

（4）使用了 LRN 归一化层，对局部神经元的活动创建竞争机制，抑制反馈较小的神经元，放大反应大的神经元，增强了模型的泛化能力。

（5）使用裁剪、翻转等操作进行数据增强，增强了模型的泛化能力。

（6）分块训练，当年的 GPU 计算能力没有现在强大，AlexNet 创新地将图像分为上、下两块分别训练，然后在全连接层合并在一起。

从 AlexNet 之后，逐步涌现了一系列的 CNN 模型，不断地在 ImageNet 上刷新成绩（见图 7-6）。随着模型变得越来越深以及精妙的结构设计，Top-5 的错误率越来越低，降到了 3.5% 左右。然而，在同样的 ImageNet 数据集上，人眼的辨识错误率大概为 5.1%，所以目前深度学习模型的识别能力已经超过了人眼。

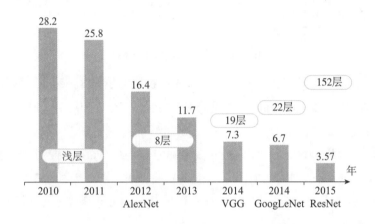

图7-6　CNN模型的错误率在逐渐降低

7.2.2　后期方法

1. VGGNet网络

2014 年，牛津大学计算机视觉组（Oxford Visual Geometry Group）和 Google DeepMind 公司的研究员一起研发出了新的深度卷积神经网络 VGGNet[34]，并取得了 ILSVRC 2014 比赛分类项目的第二名（第一名是 GoogLeNet，也是 2014 年提出的）和定位项目的第一名。VGGNet 探索了卷积神经网络的深度与其性能之间的关系，成功地构筑了 16~19 层深的卷积神经网络，证明了增加网络的深度能够在一定程度上影响网络最终的性能，使错误率大幅下降，同时拓展性又很强，迁移到其他图片数据上的泛化性也非常好。到目前为止，VGG 仍然被用来提取图像特征。VGGNet 可以看成加深版本的 AlexNet，都是由卷积层、全连接层两大部分构成。VGGNet 网络结构如图 7-7 所示。

输入是大小为 224×224 的 RGB 图像，预处理时计算出 3 个通道的平均值，在每个像素上减去平均值，这样处理后迭代更少，使模型更快收敛。图像经过一系列卷积层处理，在卷积层中使用了非常小的 3×3 卷积核，在有些卷积层里则使用了 1×1 的卷积核。从感受野角度来说，两个 3×3 的卷积核叠加就等于一个 5×5 的卷积核的结果。可是从参数数量上看，前者明显会小于后者。从分层角度上看，因为层与层之间会通过非线性激活函数转换，所以 3×3 的卷积核叠加还能得到更非线性的特征提取结果，以增加网络的拟合表达能力。

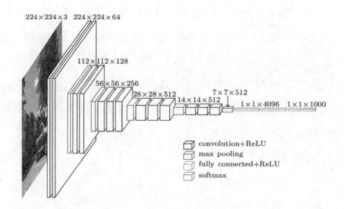

图7-7　VGGNet网络结构

卷积层步长（stride）设置为1个像素，3×3卷积层的填充（padding）设置为1个像素。池化层采用最大池化（Max Pooling），共设置有5层。在部分卷积层后，最大池化的滑动窗口是2×2，步长设置为2个像素。

所有卷积层之后是3个全连接层（Fully-connected Layers，FC）。前两个全连接层均有4096个通道用来分类，第3个全连接层有1000个通道用来分类。所有网络的全连接层配置都相同。全连接层后是用来分类的Softmax层。所有隐藏层（每个卷积层中间）都使用ReLU作为激活函数进行非线性修正。

VGG一共提供了6个网络版本，各个版本的网络配置细节如图7-8所示。从图7-8中可以看出，当网络深度超过16层时，有明显的提升效果，因此，如果截取当前16层的网络，就被称为VGG16。

ConvNet Configuration					
A	A-LRN	B	C	D	E
11 weight layers	11 weight layers	13 weight layers	16 weight layers	16 weight layers	19 weight layers
input (224 × 224 RGB image)					
conv3-64	conv3-64 LRN	conv3-64 conv3-64	conv3-64 conv3-64	conv3-64 conv3-64	conv3-64 conv3-64
maxpool					
conv3-128	conv3-128	conv3-128 conv3-128	conv3-128 conv3-128	conv3-128 conv3-128	conv3-128 conv3-128
maxpool					
conv3-256 conv3-256	conv3-256 conv3-256	conv3-256 conv3-256	conv3-256 conv3-256 conv1-256	conv3-256 conv3-256 conv3-256	conv3-256 conv3-256 conv3-256 conv3-256
maxpool					
conv3-512 conv3-512	conv3-512 conv3-512	conv3-512 conv3-512	conv3-512 conv3-512 conv1-512	conv3-512 conv3-512 conv3-512	conv3-512 conv3-512 conv3-512 conv3-512
maxpool					
conv3-512 conv3-512	conv3-512 conv3-512	conv3-512 conv3-512	conv3-512 conv3-512 conv1-512	conv3-512 conv3-512 conv3-512	conv3-512 conv3-512 conv3-512 conv3-512
maxpool					
FC-4096					
FC-4096					
FC-1000					
Soft-max					

图7-8　VGG各版本的网络模型结构

◎ 结构 A：与 AlexNet 类似，卷积层分为 5 个阶段（stage），后接有 3 个全连接层；与 AlexNet 不同，卷积层都使用 3×3 大小的卷积核。

◎ 结构 A-LRN：保留 AlexNet 中的 LRN 操作，其他结构与结构 A 相同。

◎ 结构 B：在 A 的 stage2 和 stage3 上分别增加一个 3×3 的卷积层，有 10 个卷积层。

◎ 结构 C：在 B 的基础上，在 stage3、stage4、stage5 上分别增加一个 1×1 的卷积层，有 13 个卷积层，总计 16 层。

◎ 结构 D：在 B 的基础上，在 stage3、stage4、stage5 上分别增加一个 3×3 的卷积层，有 13 个卷积层，总计 16 层。

◎ 结构 E：在 D 的基础上，在 stage3、stage4、stage5 上分别增加一个 3×3 的卷积层，有 16 个卷积层，总计 19 层。

由前文可知，VGG19 结构类似于 VGG16，有略好于 VGG16 的性能，但 VGG19 需要消耗更大的资源，因此，在实际中 VGG16 的使用更为普遍。由于 VGG16 网络结构十分简单，并且很适合迁移学习，因此至今 VGG16 仍在广泛使用。

2. GoogLeNet网络

自 2012 年 AlexNet 做出突破以来，直到 GoogLeNet[35] 出来之前，增加网络的深度和宽度都是提升网络性能最直接的办法。但是纯粹地增大网络有 3 个缺点，即过拟合、计算量的增加以及出现梯度弥散问题（梯度越往后穿越容易消失）。解决这 3 个缺点的方法是在增加网络深度和宽度的同时减少参数。但结构稀疏性和计算能力有矛盾，需要既保持网络结构的稀疏性，又能利用密集矩阵的高计算性能。大量的文献表明可以将稀疏矩阵聚类为较为密集的子矩阵来提高计算性能，所以 GoogLeNet 团队提出了 Inception 架构。

VGG 继承了 LeNet 以及 AlexNet 的一些框架结构，而获得比赛第一名的 GoogLeNet 则做了更加大胆的网络结构尝试。虽然深度达到 22 层，但大小却比 AlexNet 和 VGG 小很多。GoogLeNet 的参数为 500 万个，AlexNet 的参数个数是 GoogLeNet 的 12 倍，VGGNet 的参数又是 AlexNet 的 3 倍，因此，在内存或计算资源有限时 GoogLeNet 是比较好的选择。从模型结果来看，GoogLeNet 的性能也更加优越。GoogLeNet 的核心是 Inception 架构，它采用并行的方式将 4 个成分的运算结果在通道上组合，这就是 Inception 架构的核心思想。通过多个卷积核提取图像不同尺度的信息然后进行融合，可以得到图像更好的表征。

下面先对 Inception 架构进行介绍。Inception 架构历经了 v1、v2、v3、v4 等多个版本的发展，并且不断趋于完善，接下来重点介绍 v1。

Inception 架构的主要思想是找出如何用密集成分来近似最优的局部稀疏结构，谷歌公司提出了最原始的 Inception 基本结构，如图 7-9 所示。

该结构将 CNN 中常用的卷积（1×1 卷积核、3×3 卷积核、5×5 卷积核）、池化层操作（3×3 最大池化层）组合在一起（卷积、池化后的尺寸相同，将通道相加）。网络中的卷积层能够提取多种输入的细节信息，同时 5×5 的滤波器也能够覆盖大部分接收层的输入。池化层操作用来减少空间大小，降低过度拟合。在这些层之上，在每一个卷积层后都要进行 ReLU 操作，以增加网络的非线性特征。这种结构一方面增加了网络的宽度，另一方面也增加了网络对尺度的适应性。Inception 架构可以代替人为确定卷积层中的卷积类型或者确定是否需要创建卷积层和池化层，这些参数都由网络自行决定。给网络添加所有的可能值，将输出连接组合起来，网络自己学习它需要的参数。

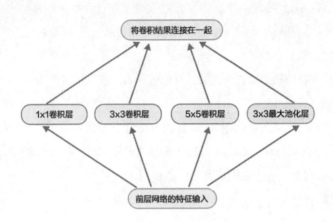

图7-9　Inception架构的基本结构

在 Inception 架构的原始版本中，要在上一层的输出中进行卷积层的计算，5×5 卷积层的网络参数数量过大，并且导致计算量过大。为了避免这种情况的发生，在 3×3 卷积层前、5×5 卷积层前、池化层操作后分别加上 1×1 的卷积层，以起到降低维度的作用。这就形成了 Inception v1 的网络结构，如图 7-10 所示。

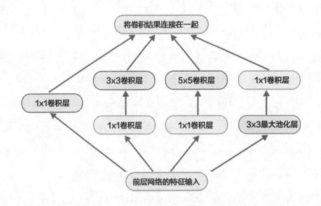

图7-10　Inception v1的网络结构

GoogLeNet 整体总共有 22 层网络：开始由 3 层普通的卷积层组成；接下来由 3 组子网络组成，第一组子网络包含 2 个 Inception 模块，第二组子网络包含 5 个 Inception 模块，第三组子网络包含 2 个 Inception 模块；然后连接全局平均值池化层、全连接层。模型网络结构如图 7-11 所示。其中的"#3×3 reduce""#5×5 reduce"表示在 3×3、5×5 卷积层操作之前使用了 1×1 卷积层的数量。

type	patch size/stride	output size	depth	#1×1	#3×3 reduce	#3×3	#5×5 reduce	#5×5	pool proj	params	ops
convolution	7×7/2	112×112×64	1							2.7K	34M
max pool	3×3/2	56×56×64	0								
convolution	3×3/1	56×56×192	2		64	192				112K	360M
max pool	3×3/2	28×28×192	0								
inception (3a)		28×28×256	2	64	96	128	16	32	32	159K	128M
inception (3b)		28×28×480	2	128	128	192	32	96	64	380K	304M
max pool	3×3/2	14×14×480	0								
inception (4a)		14×14×512	2	192	96	208	16	48	64	364K	73M
inception (4b)		14×14×512	2	160	112	224	24	64	64	437K	88M
inception (4c)		14×14×512	2	128	128	256	24	64	64	463K	100M
inception (4d)		14×14×528	2	112	144	288	32	64	64	580K	119M
inception (4e)		14×14×832	2	256	160	320	32	128	128	840K	170M
max pool	3×3/2	7×7×832	0								
inception (5a)		7×7×832	2	256	160	320	32	128	128	1072K	54M
inception (5b)		7×7×1024	2	384	192	384	48	128	128	1388K	71M
avg pool	7×7/1	1×1×1024	0								
dropout (40%)		1×1×1024	0								
linear		1×1×1000	1							1000K	1M
softmax		1×1×1000	0								

图7-11　GoogLeNet-v1模型网络结构图

另外，在网络最后也没有采用传统的多层全连接层，而是采用了全局平均值池化层代替全连接层，减少了参数数量，降低了网络复杂度和过拟合的可能性。全局平均值池化层主要是对最后的整张特征图均值池化形成一个特征点，将这些特征点组成最后的特征向量进行后续的分类工作。在该网络中，全局平均值池化层后面接了一层到类别数映射的全连接层，方便对输出进行灵活调整。

除了这两个特点外，由于网络中间层特征也很有判别性，为避免梯度消失，GoogLeNet 在中间层添加了两个辅助分类器。辅助分类器是将中间某层的输出用作分类，并分配一个较小的权重加到最终分类结果中。这样相当于对模型融合，同时给网络增加了反向传播的梯度信号，也增强了正则化，增强了整个网络的训练效果。而在实际测试的时候，这两个额外的分类器会被去掉。

上面介绍的是 GoogLeNet 第一版模型（称作 GoogLeNet-v1）。GoogLeNet-v2 引入了批量归一化层；GoogLeNet-v3 分解了部分卷积层，进一步提高了网络非线性能力，并加深了网络；GoogLeNet-v4 引入了下面要讲的 ResNet 设计思路。从 GoogLeNet-v1 到 GoogLeNet-v4，每版的改进都会带来准确度的提升，鉴于篇幅所限，这里不再详细介绍 GoogLeNet-v2 到 GoogLeNet-v4 的结构。

3. ResNet网络

ResNet[36]（Residual Network）是 2015 年的 ILSVRC 冠军。ResNet 旨在解决网络加深后训练难度增大的问题，提出采用残差学习的方法。每个残差模块包含两条路径：一条路径是输入特征的直连通路，另一条路径对该特征做两到三次卷积操作，得到该特征的残差，最后再将两条路径上的特征相加。

随着网络深度的增加，会出现退化问题，即当网络变得越来越深的时候，训练的准确率会趋于平缓，但是训练误差会先减少、再变大。所以，如果没有残差网络，对于一个普通网络来说，深度越深，意味着用优化算法越难训练。这明显不是过拟合造成的，因为过拟合是指网络的训练误差会随着网络深度的增加不断变小，但是测试误差会变大。若网络具有很长的简单堆叠结构，网络内部在其中某一层已经达到了性能最佳的情况，则剩下的层不应该改变任何特征，它们会自动形成恒等映射（identity mapping）的形式。在已知有网络退化的情况下，希望让深层次网络实现和浅层次网络一样的性能，即让深层次网络后面的层至少实现恒等映射的作用。根据这个想法，论文作者提出了残差模块，用于帮助网络实现恒等映射。

残差模块的结构如图 7-12 所示。若将输入设为 x，将某一有参网络层设为 H，则以 x 为输入的此层的输出为 $H(x)$。一般的 CNN 网络（如 AlexNet、VGG 等）会直接通过训练学习参数函数 H 的表达，从而直接学习 $x{\rightarrow}H(x)$。而残差学习则致力于使用多个有参网络层来学习输入、输出之间的残差，即 $F(x)=H(x)-x$，也就是学习 $x{\rightarrow}F(x)+x$。其中，x 这一部分为上层输出的特征图，$F(x)$ 则为有参网络层要学习的输入、输出之间的残差。当浅层次的 x 代表的特征已经足够成熟，在任何对于特征 x 的改变都会让损失变大的情况下，$F(x)$ 会趋向于学习成为 0，x 则从恒等映射的路径继续传递。这样就可以实现在前向过程中浅层次的输出已经足够成熟时，深层次网络后面的层能够实现恒等映射。

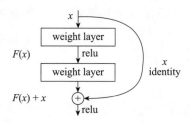

图7-12　残差模块的结构

图 7-13 中的弧线就是抄近道的 shortcut connection，在实际计算中真正使用的 ResNet 模块有两种形式。图 7-13（a）是基础形式，图 7-13（b）是改进过的残差模块（瓶颈结构）。这两种结构分别针对的是 ResNet 34 和 ResNet 50/101/152。通过使用 1×1 卷积层巧妙地缩减或扩张特征图维度，使得 3×3 卷积核的数目不受上一层输入的影响，并且输出也不会影响到下一层模型。这样的安排能够节省计算时间，进而缩短整个模型训练所需的时间，而不会影响最终的模型精度。

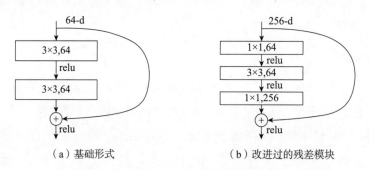

（a）基础形式　　　　　　　　（b）改进过的残差模块

图7-13　两种残差模块

基于这个模块，论文中给出了多种网络设置。图 7-14 中共有 5 种残差网络的结构，深度分别是 18、34、50、101、152。首先都通过一个 7×7 卷积层，接着是一个最大池化层。后续就是堆叠残差块，其中 50、101、152 层的残差网络使用的残差块是瓶颈结构，各网络中残差块的个数从左到右依次是 8、16、16、33、50。最后在网络的结尾通常连接一个全局平均值池化层。

层	输出尺寸	18层	34层	50层	101层	152层
conv1	112×112	7×7, 64, stride 2				
conv2_x	56×56	3×3 max pool, stride 2				
		$\begin{bmatrix} 3\times3, 64 \\ 3\times3, 64 \end{bmatrix}\times2$	$\begin{bmatrix} 3\times3, 64 \\ 3\times3, 64 \end{bmatrix}\times3$	$\begin{bmatrix} 1\times1, 64 \\ 3\times3, 64 \\ 1\times1, 256 \end{bmatrix}\times3$	$\begin{bmatrix} 1\times1, 64 \\ 3\times3, 64 \\ 1\times1, 256 \end{bmatrix}\times3$	$\begin{bmatrix} 1\times1, 64 \\ 3\times3, 64 \\ 1\times1, 256 \end{bmatrix}\times3$
conv3_x	28×28	$\begin{bmatrix} 3\times3, 128 \\ 3\times3, 128 \end{bmatrix}\times2$	$\begin{bmatrix} 3\times3, 128 \\ 3\times3, 128 \end{bmatrix}\times4$	$\begin{bmatrix} 1\times1, 128 \\ 3\times3, 128 \\ 1\times1, 512 \end{bmatrix}\times4$	$\begin{bmatrix} 1\times1, 128 \\ 3\times3, 128 \\ 1\times1, 512 \end{bmatrix}\times4$	$\begin{bmatrix} 1\times1, 128 \\ 3\times3, 128 \\ 1\times1, 512 \end{bmatrix}\times8$
conv4_x	14×14	$\begin{bmatrix} 3\times3, 256 \\ 3\times3, 256 \end{bmatrix}\times2$	$\begin{bmatrix} 3\times3, 256 \\ 3\times3, 256 \end{bmatrix}\times6$	$\begin{bmatrix} 1\times1, 256 \\ 3\times3, 256 \\ 1\times1, 1024 \end{bmatrix}\times6$	$\begin{bmatrix} 1\times1, 256 \\ 3\times3, 256 \\ 1\times1, 1024 \end{bmatrix}\times23$	$\begin{bmatrix} 1\times1, 256 \\ 3\times3, 256 \\ 1\times1, 1024 \end{bmatrix}\times36$
conv5_x	7×7	$\begin{bmatrix} 3\times3, 512 \\ 3\times3, 512 \end{bmatrix}\times2$	$\begin{bmatrix} 3\times3, 512 \\ 3\times3, 512 \end{bmatrix}\times3$	$\begin{bmatrix} 1\times1, 512 \\ 3\times3, 512 \\ 1\times1, 2048 \end{bmatrix}\times3$	$\begin{bmatrix} 1\times1, 512 \\ 3\times3, 512 \\ 1\times1, 2048 \end{bmatrix}\times3$	$\begin{bmatrix} 1\times1, 512 \\ 3\times3, 512 \\ 1\times1, 2048 \end{bmatrix}\times3$
	1×1	average pool, 1000-d fc, softmax				
FLOPs		1.8×10^9	3.6×10^9	3.8×10^9	7.6×10^9	11.3×10^9

图7-14　5种残差网络的结构

ResNet 训练收敛较快，成功地训练了上百乃至近千层的卷积神经网络。它以 3.57% 的错误率表现超过了人类的识别水平，并以 152 层的网络架构创造了新的模型纪录。后续依旧诞生了许多经典的模型，包括 2016 年赢得分类比赛第二名的 ResNeXt。101 层的 ResNeXt 可以达到 ResNet 152 的精确度，而复杂度只有后者的一半。在 ResNet 的基础上，密集连接的 DenseNet 在前馈过程中将每一层与其他层都连接起来，强化了特征的传播和复用，减少了参数的数量。

4. DenseNet网络

作为顶级会议 CVPR 2017 年的最佳论文，DenseNet[37] 脱离了加深网络层数（ResNet）和加宽网络（Inception）来提升网络性能的思维定式，从特征的角度考虑，通过特征重用和旁路（Bypass）设置，既大幅减少了网络的参数量，又在一定程度上缓解了梯度消失问题的产生。对比 ResNet，作者没有把通过一个层的特征进行求和，而是通过连接的方式把每一层的特征连接起来，就像一个列表，每经过一层进行一次相加。所以当经过 L 层时，第 L 层有 L 个输入，对于一个 L 层的网络，一共有 $L(L+1)/2$ 个连接。Dense Block 的结构如图 7-15 所示（注：图中 $L=5$，由 H_1、H_2、H_3、H_4、Transition Layer 构成）。

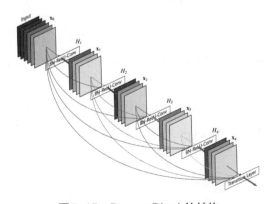

图7-15　Dense Block的结构

和原来的卷积网络相比：

（1）DenseNet 有更少的网络参数，网络更窄。

（2）DenseNet 更有利于信息的传递。

（3）在进行反向传播时，DenseNet 更有利于减轻梯度消失的情况。

梯度消失的问题在网络深度越深的时候越容易出现，它是由于输入信息和梯度信息在很多层之间传递而导致的。而 Dense Block 相当于每一层都直接连接了输入和损失信息，因此可以减轻梯度消失的现象，在这样的设计下，更深的网络可以实现更好的效果。带有 3 个 Dense Blocks 的 DenseNet 网络结构如图 7-16 所示。

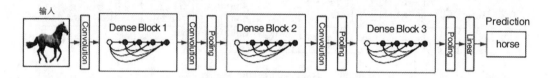

图7-16　DenseNet的网络结构

DenseNet 相较于 ResNet 所需的内存和计算资源更少，并具有更好的性能。2017 年是 ILSVRC 图像分类比赛的最后一年，ResNet 获得了冠军。这个结构使用了"特征重标定"的策略来对特征进行处理，可以学习每个特征通道的重要程度，并根据重要性去衡量相应特征通道的权重。至此，图像分类的比赛基本落幕，也已经接近算法的极限。但是在实际的应用中，仍面临着更加复杂的场景和不同的挑战，需要继续积累经验面对现实问题。

7.3　实战：CIFAR 数据集分类和猫狗分类

7.3.1　基于TensorFlow的VGGNet-16分类实现

本小节将展示如何基于 TensorFlow 使用 VGGNet-16 实现 CIFAR-10 数据集的分类。

实验指导：

程序使用轻量级 TensorFlow 库 slim 编写网络结构，涉及数据导入（input_data.py）、预定义程序（tools.py）、构建网络（VGG.py）以及网络训练（train.py）4 个程序。实验环境要求如下。

◎ Python 3。

◎ TensorFlow 深度学习框架的 GPU 版本。

环境配置如后，直接将下述代码复制到新建的 Python 文件中即可。

```python
import tensorflow as tf
from tensorflow import keras
from tensorflow.keras import layers
import numpy as np
import os
import matplotlib.pyplot as plt
import cv2


resize = 224
os.environ["CUDA_VISIBLE_DEVICES"] = "0"                    # 使用第一块GPU


path ="dataset/dogs-vs-cats/train"                          # 数据集位置


# 从训练集中取5000张作为训练集，再取5000张作为测试集
def load_data():
    imgs = os.listdir(path)
    num = len(imgs)
    train_data = np.empty((5000, resize, resize, 3), dtype="int32")
    train_label = np.empty((5000, ), dtype="int32")
    test_data = np.empty((5000, resize, resize, 3), dtype="int32")
    test_label = np.empty((5000, ), dtype="int32")
    for i in range(5000):
        if i % 2:
            train_data[i] = cv2.resize(cv2.imread(path+'/'+ 'dog.' + str(i) + '.jpg'), (resize, resize))
            train_label[i] = 1
        else:
            train_data[i] = cv2.resize(cv2.imread(path+'/' + 'cat.' + str(i) + '.jpg'), (resize, resize))
            train_label[i] = 0
    for i in range(5000, 10000):
        if i % 2:
            test_data[i-5000] = cv2.resize(cv2.imread(path+'/' + 'dog.' + str(i) + '.jpg'), (resize, resize))
            test_label[i-5000] = 1
        else:
            test_data[i-5000] = cv2.resize(cv2.imread(path+'/' + 'cat.' + str(i) + '.jpg'), (resize, resize))
            test_label[i-5000] = 0
    return train_data, train_label, test_data, test_label


def vgg16():
    weight_decay = 0.0005
```

```
nb_epoch = 100
batch_size = 32

# layer1
model = keras.Sequential()
model.add(Conv2D(64, (3, 3), padding='same',
        input_shape=(224, 224, 3), kernel_regularizer=regularizers.l2(weight_decay)))
model.add(Activation('relu'))
model.add(BatchNormalization())
model.add(Dropout(0.3))
# layer2
model.add(Conv2D(64, (3, 3), padding='same', kernel_regularizer=regularizers.l2(weight_decay)))
model.add(Activation('relu'))
model.add(BatchNormalization())
model.add(MaxPooling2D(pool_size=(2, 2)))
# layer3
model.add(Conv2D(128, (3, 3), padding='same', kernel_regularizer=regularizers.l2(weight_decay)))
model.add(Activation('relu'))
model.add(BatchNormalization())
model.add(Dropout(0.4))
# layer4
model.add(Conv2D(128, (3, 3), padding='same', kernel_regularizer=regularizers.l2(weight_decay)))
model.add(Activation('relu'))
model.add(BatchNormalization())
model.add(MaxPooling2D(pool_size=(2, 2)))
# layer5
model.add(Conv2D(256, (3, 3), padding='same', kernel_regularizer=regularizers.l2(weight_decay)))
model.add(Activation('relu'))
model.add(BatchNormalization())
model.add(Dropout(0.4))
# layer6
model.add(Conv2D(256, (3, 3), padding='same', kernel_regularizer=regularizers.l2(weight_decay)))
model.add(Activation('relu'))
model.add(BatchNormalization())
model.add(Dropout(0.4))
# layer7
model.add(Conv2D(256, (3, 3), padding='same', kernel_regularizer=regularizers.l2(weight_decay)))
model.add(Activation('relu'))
model.add(BatchNormalization())
model.add(MaxPooling2D(pool_size=(2, 2)))
```

```python
# layer8
model.add(Conv2D(512, (3, 3), padding='same', kernel_regularizer=regularizers.l2(weight_decay)))
model.add(Activation('relu'))
model.add(BatchNormalization())
model.add(Dropout(0.4))
# layer9
model.add(Conv2D(512, (3, 3), padding='same', kernel_regularizer=regularizers.l2(weight_decay)))
model.add(Activation('relu'))
model.add(BatchNormalization())
model.add(Dropout(0.4))
# layer10
model.add(Conv2D(512, (3, 3), padding='same', kernel_regularizer=regularizers.l2(weight_decay)))
model.add(Activation('relu'))
model.add(BatchNormalization())
model.add(MaxPooling2D(pool_size=(2, 2)))
# layer11
model.add(Conv2D(512, (3, 3), padding='same', kernel_regularizer=regularizers.l2(weight_decay)))
model.add(Activation('relu'))
model.add(BatchNormalization())
model.add(Dropout(0.4))
# layer12
model.add(Conv2D(512, (3, 3), padding='same', kernel_regularizer=regularizers.l2(weight_decay)))
model.add(Activation('relu'))
model.add(BatchNormalization())
model.add(Dropout(0.4))
# layer13
model.add(Conv2D(512, (3, 3), padding='same', kernel_regularizer=regularizers.l2(weight_decay)))
model.add(Activation('relu'))
model.add(BatchNormalization())
model.add(MaxPooling2D(pool_size=(2, 2)))
model.add(Dropout(0.5))
# layer14
model.add(Flatten())
model.add(Dense(512, kernel_regularizer=regularizers.l2(weight_decay)))
model.add(Activation('relu'))
model.add(BatchNormalization())
# layer15
model.add(Dense(512, kernel_regularizer=regularizers.l2(weight_decay)))
model.add(Activation('relu'))
model.add(BatchNormalization())
```

```python
# layer16
model.add(Dropout(0.5))
model.add(Dense(2))
model.add(Activation('softmax'))


return model

if __name__ == '__main__':
    train_data, train_label, test_data, test_label = load_data()
    train_data = train_data.astype('float32')
    test_data = test_data.astype('float32')
    train_label = keras.utils.to_categorical(train_label, 2)      # 把label转成独热编码
    test_label = keras.utils.to_categorical(test_label, 2)        # 把label转成独热编码


    model = vgg16()
    sgd = SGD(lr=0.01, decay=1e-6, momentum=0.9, nesterov=True)    # 设置优化器为SGD
    model.compile(loss='categorical_crossentropy', optimizer=sgd, metrics=['accuracy'])
    history = model.fit(train_data, train_label,
                    batch_size=10,
                    epochs=100,
                    validation_split=0.2,            # 把训练集中的1/5作为验证集
                    shuffle=True)
    model.save('vgg16dogcat.h5')


    # 绘制训练图像
    acc = history.history['acc']                      # 获取训练集准确性数据
    val_acc = history.history['val_acc']              # 获取验证集准确性数据
    loss = history.history['loss']                    # 获取训练集错误值数据
    val_loss = history.history['val_loss']            # 获取验证集错误值数据
    epochs = range(1, len(acc) + 1)
    plt.plot(epochs, acc, 'bo', label='Trainning acc')
    # 以epochs为横坐标，以训练集准确性为纵坐标
    plt.plot(epochs, val_acc, 'b', label='Vaildation acc')
    # 以epochs为横坐标，以验证集准确性为纵坐标
    plt.legend()                                      # 绘制图例，即标明图中的线段代表何种含义


    plt.show()
```

7.3.2 基于PyTorch的ResNet猫狗识别

本小节通过 ResNet 实现来源于 Kaggle 的猫狗数据集的分类，数据集中有 12 500 只猫和 12 500 只狗，可以在 Kaggle 官网下载。

实验指导：

实验首先对数据进行处理，接下来加载训练数据对网络进行训练。其中，模型直接调用 PyTorch 的 ResNet 50 对其进行训练。需要的实验环境如下。

◎ Python 3。

◎ PyTorch 深度学习框架的 GPU 版本。

本实验调用了 PyTorch 中 torchvision.models 模块，该模块内集成有常用的 AlexNet、DenseNet、Inception、ResNet、SqueezeNet、VGG 等常用的网络结构，并且提供了预训练模型，可以通过简单调用来读取网络结构和预训练模型，然后使用自己的数据对预训练模型进行微调。

代码分析如下。

（1）数据处理部分。

原始数据 train 文件夹里包含所有的图片，首先需要对这些图片进行处理，生成一个图片名称与标签相对应的、用于索引的 txt 文件。将猫的标签对应为 0，狗的标签对应为 1。

```python
import os
def text_save(filename,data_dir,data_class):
    file = open(filename,'a')
    for i in range(len(data_class)):
        s = str(data_dir[i]+' '+str(data_class[i])) +'\n'
        file.write(s)
    file.close()
    print('文件保存成功')

def get_files(file_dir):
    #file_dir 文件路径
    cat = []
    dog = []
    label_dog = []
    label_cat = []
    for file in os.listdir(file_dir):
        name = file.split(sep = '.')
        if name[0]=='cat':
            cat.append(file_dir + file)
            label_cat.append(0)          #0对应猫
        else:
            dog.append(file_dir + file)
```

```
        label_dog.append(1)
    print('There are %d cats and %d dogs' %(len(cat), (len(dog))))

    cat.extend(dog)
    label_cat.extend(label_dog)
    image_list = cat
    label_list = label_cat
    print(type(image_list))
    return image_list,label_list

def data_process():                              # 生成train.txt，包含图片名称一级标签
    image_list, label_list = get_files('train/')
    text_save('train.txt', image_list, label_list)
```

（2）加载训练数据。

```
# 重写Dataset类，用于加载dataloader
class train_Dataset(Dataset):
    def __init__(self, txt_path, transform=None, target_transform=None):
        fh = open(txt_path, 'r')
        imgs = []
        for line in fh:
            line = line.rstrip()
            words = line.split()
            imgs.append((words[0], int(words[1])))

        self.imgs = imgs
        #最主要的就是要生成这个列表，DataLoader中给index，通过getitem读取图片数据
        self.transform = transform
        self.target_transform = target_transform

    def __getitem__(self, index):
        fn, label = self.imgs[index]
        img = Image.open(fn).convert('RGB')
        # 像素值为 0~255，在transform.ToTensor中除以255，使像素值变成 0~1
        if self.transform is not None:
            img = self.transform(img)                # 在这里做transform，使其转为Tensor
        return img, label

    def __len__(self):
        return len(self.imgs)
```

（3）训练函数。

```python
def save_models(net,epoch):                          # 模型保存函数，自己更改位置
    torch.save(net.state_dict(),'/home/cat/mymodel_epoch_1{}.pth'.format(epoch))
    print('model saved')


def train(dataloader, net, lr = 0.01, momentum = 0.9, epochs = 10 ):# 训练函数
    cirterion = nn.CrossEntropyLoss()
    # PyTorch使用交叉熵不需要将标签转换为one-hot编码模式，PyTorch会自动转换
    optimizer = optim.SGD(net.parameters(),lr,momentum)# 使用SGD
    print('开始训练')
    for epoch in range(epochs):
        net.train()
        train_acc = 0.0                              # 用来打印训练时候的正确率
        for i,(image,label) in tqdm(enumerate(dataloader)):
            image,label = image.cuda(),label.cuda()          # 都放到显卡上
            optimizer.zero_grad()        # 每一个batch_size都要清零，不然就会与以前的grad叠加起来
            output = net(image)
            loss = cirterion(output, label)
            loss.backward()
            optimizer.step()
            _, prediction = torch.max(output.data, 1)
            train_acc += torch.sum(prediction == label.data)
            if i % 100 == 0:
                accuracy = train_acc/1600.0*100
                print("epoch: %d Iteration %d loss: %f accuracy: %f"%(epoch,i,loss,accuracy))
                train_acc = 0
        if epoch % 3 == 0:
            save_models(net, epoch)                  # 每三个epoch保存一次模型
    print('训练完成')
    save_models(net, epoch)                          # 训练完成后保存模型


def train_model():                                   # 开始训练
    dataset = train_Dataset('train.txt', transform = transform)
    train_dataloader = DataLoader(dataset,batch_size= 16, shuffle = True, num_workers= 0)
    # DataLoader加载完成，DataLoader类似迭代器，batch数量可以更改
    model = torchvision.models.resnet50(pretrained=True)  # 使用预训练模型会快一些，不用也可以
    model.fc = nn.Sequential(nn.Linear(2048,2))      # 二分类问题，要将模型更改一下
    model = model.cuda()                             # 将模型放到显卡上训练
    print('model construct finished')
```

```
# 开始训练
train(net = model, lr = 0.0001, momentum = 0.09, epochs = 19 , dataloader = train_dataloader)
# 可以更改epoch，数目
```

（4）训练完成后的测试。

```
def eval():
  csv_file = 'sample_submission.csv'
  test_dir = 'test/'                                          # test图片所在位置
  test_data = test_dataset(csv_file, test_dir, transform)
  test_dataloader = DataLoader(test_data, batch_size= 1, shuffle = False, num_workers= 0)
  # test_dataloader加载完成
  model = torchvision.models.resnet50(pretrained=False)
  model.fc = nn.Sequential(
    nn.Linear(2048,2),
  )
  model.load_state_dict(torch.load("mymodel_epoch_19.pth"))
  model = model.cuda()
  print('model_load finished')                        # 将训练好的模型加载，这里加载的是第19个epoch
  result = []
  model.eval()
  for i , image in tqdm(enumerate(test_dataloader)):
    image = image.cuda()
    output = model(image)
    _, prediction = torch.max(output.data, 1)
    result.append(prediction.item())
  # 将结果写入文件
  dataframe = pd.DataFrame({'label':result})
  dataframe.to_csv("result.csv",sep=',')
  # 将分类结果写入result.csv中，和sample_submission.csv整合一下即可提交
```

（5）完整代码如下。

```
from PIL import Image
from torch.utils.data import Dataset
import os
import matplotlib.pyplot as plt
import numpy as np
import torch
from torch import nn
from torch.utils.data import DataLoader
import torchvision
```

```python
from torchvision import transforms
import torch.optim as optim
from tqdm import tqdm
import pandas as pd


def text_save(filename,data_dir,data_class):
    file = open(filename,'a')
    for i in range(len(data_class)):
        s = str(data_dir[i]+' '+str(data_class[i])) +'\n'
        file.write(s)
    file.close()
    print('文件保存成功')


def get_files(file_dir):
    # file_dir 文件路径
    cat = []
    dog = []
    label_dog = []
    label_cat = []
    for file in os.listdir(file_dir):
        name = file.split(sep = '.')
        if name[0]=='cat':
            cat.append(file_dir + file)
            label_cat.append(0)                        # 0 对应猫
        else:
            dog.append(file_dir + file)
            label_dog.append(1)
    print('There are %d cats and %d dogs' %(len(cat), (len(dog))))

    cat.extend(dog)
    label_cat.extend(label_dog)
    image_list = cat
    label_list = label_cat
    print(type(image_list))
    return image_list,label_list


def data_process():
    image_list, label_list = get_files('train/')
    text_save('123.txt', image_list, label_list)
```

```
transform = transforms.Compose([
    transforms.Resize((224,224)),
    transforms.ToTensor(),                                    # 将图片转换为Tensor，归一化至[0,1]
    transforms.Normalize(mean=[.5, .5, .5], std=[.5, .5, .5])
])

class train_Dataset(Dataset):
    def __init__(self, txt_path, transform=None, target_transform=None):
        fh = open(txt_path, 'r')
        imgs = []
        for line in fh:
            line = line.rstrip()
            words = line.split()
            imgs.append((words[0], int(words[1])))

        self.imgs = imgs
        # 最主要的是要生成这个列表，然后DataLoader中给index，通过getitem读取图片数据
        self.transform = transform
        self.target_transform = target_transform

    def __getitem__(self, index):
        fn, label = self.imgs[index]
        img = Image.open(fn).convert('RGB')
        # 像素值为 0~255，在transform.ToTensor中除以255，使像素值变成 0~1
        if self.transform is not None:
            img = self.transform(img)                         # 在这里做transform，转为Tensor
        #img = torchvision.transforms.functional.to_tensor(img)
        return img, label

    def __len__(self):
        return len(self.imgs)

def save_models(net,epoch):
    torch.save(net.state_dict(),'model/mymodel_epoch_1{}.pth'.format(epoch))
    print('model saved')
def train(dataloader, net, lr = 0.01, momentum = 0.9, epochs = 10 ):      # 训练函数
    cirterion = nn.CrossEntropyLoss()
    optimizer = optim.SGD(net.parameters(),lr,momentum)
    print('开始训练')
```

```
    for epoch in range(epochs):
        net.train()
        train_acc = 0.0
        for i,(image,label) in tqdm(enumerate(dataloader)):
            image,label = image.cuda(),label.cuda()
            optimizer.zero_grad()
            output = net(image)
            loss = cirterion(output, label)
            loss.backward()
            optimizer.step()
            _, prediction = torch.max(output.data, 1)
            train_acc += torch.sum(prediction == label.data)
            if i % 100 == 0:
                accuracy = train_acc/1600.0*100
                print("epoch: %d Iteration %d loss: %f accuracy: %f"%(epoch,i,loss,accuracy))
                train_acc = 0
        if epoch % 3 == 0:
            save_models(net, epoch)
    print('训练完成')
    save_models(net, epoch)


def train_model():
    dataset = train_Dataset('train.txt', transform = transform)
    train_dataloader = DataLoader(dataset,batch_size= 16, shuffle = True, num_workers= 0)
    # DataLoader加载完成
    model = torchvision.models.resnet50(pretrained=True)
    model.fc = nn.Sequential(nn.Linear(2048,2))
    model = model.cuda()
    print('model construct finished')
    # 开始训练
    train(net = model, lr = 0.0001, momentum = 0.09, epochs = 19 , dataloader = train_dataloader)


class test_dataset(Dataset):
    def __init__(self, csv_file, test_dir, transform = None, target_transform = None):
        # csv_file是sample_submission.csv的位置，test_dir是test图片的文件夹
        self.test_csv = pd.read_csv(csv_file)
        self.test_dir = test_dir
        self.transform = transform


    def __getitem__(self, index):
```

```
            image_name = os.path.join(self.test_dir,str(int(self.test_csv.ix[index,0])))
            image_name = image_name + '.jpg'
            image = Image.open(image_name).convert('RGB')
            if self.transform is not None:
                image = self.transform(image)
            return image


    def __len__(self):
        return len(self.test_csv)


def eval():
    csv_file = 'sample_submission.csv'
    test_dir = 'test/'
    test_data = test_dataset(csv_file, test_dir, transform)
    test_dataloader = DataLoader(test_data, batch_size= 1, shuffle = False, num_workers= 0)
    #test_dataloader加载完成
    model = torchvision.models.resnet50(pretrained=False)
    model.fc = nn.Sequential(
        nn.Linear(2048,2),
    )
    model.load_state_dict(torch.load("model/mymodel_epoch_19.pth"))
    model = model.cuda()
    print('model_load finished')
    result = []
    model.eval()
    for i , image in tqdm(enumerate(test_dataloader)):
        image = image.cuda()
        output = model(image)
        _, prediction = torch.max(output.data, 1)
        result.append(prediction.item())
    # 将结果写入文件
    dataframe = pd.DataFrame({'label':result})
    dataframe.to_csv("result.csv",sep=',')


if __name__ == "__main__":
    import fire
    fire.Fire()
```

（6）训练并测试的 Linux 命令。

训练时将以上代码保存到 dog_vs_cat.py 文件中。

在命令行输入以下文字进行数据预处理。

```
python dog_vs_cat.py data_process
```

在命令行输入以下文字进行模型训练。

```
python dog_vs_cat.py train_model
```

在命令行输入以下文字进行测试，并将结果输出。

```
python dog_vs_cat.py eval
```

7.4　习题

简答题

（1）学习本章并查阅相关资料，叙述目标检测方法的发展历程和相关改进方法。

（2）简述 ResNet 网络的架构和设计思想。

（3）DenseNet 网络和传统网络相比的优点是什么？

第8章
目标检测

在计算机视觉的基础问题中，目标检测一直是研究热点。目标检测意在用同一个神经网络确认物体的位置以及属性，它的本质就是在给定的图片中精确找到物体所在位置，并标注出物体的类别。所以，目标检测要回答的问题就是被测物体在哪里以及是什么。然而，这个问题并不容易解决，由于摆放物体的角度、姿态不定，自然物体的尺寸变化范围很大，同时，物体可以出现在图片的任何地方，甚至可以属于多个类别。

本章将详细介绍几个目前热门的目标检测算法，让读者对目标检测有一个初步的了解，以顺利开展后续的学习。

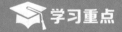 学习重点

◎了解目标检测的优势与难点

◎掌握几种目标检测算法

◎了解基于YOLO的人脸检测实例

8.1　目标检测概述

目标检测要回答的问题就是物体在哪里以及是什么。然而，这个问题并不容易解决，由于摆放物体的角度、姿态不定，自然物体的尺寸变化范围很大。同时，物体可以出现在图片的任何地方，甚至可以属于多个类别。一些在人类看来轻而易举就能辨认的物体，在人工智能算法看来却很难进行辨认。比如，大部分人看到从正面、侧面、背面拍摄的大象照片，都可以轻易地得出结论：这是大象。但是对于卷积神经网络来说，如果它只见过大象的侧面，那么它就无法辨认从正面和背面拍摄的大象图片。这样的问题在目标检测的问题中也是难点之一，如果网络所遇到的物体改换了成像方式或者角度，那么网络就很难将它正确归类。

在传统方法中，这样的问题分为区域选择、提取特征和分类回归 3 个部分。更加具体地说，传统方法多采用滑动窗口的形式，遍历整张图像，然后计算每个框和手动提取特征之间的欧氏距离，最后进行回归分类。那么，此时面对的最大挑战就是滑动窗口所造成的冗余选择，即大部分候选框都框选了背景而并非物体。由于滑动窗口的计算量非常大，会造成大量计算资源和时间的浪费，同时，手动提取的特征并不能考虑多样性的变化。也就是说，得到的"正确答案"有很大的可能是不完全正确的。所以，利用传统方法做目标识别的准确率较低，且很难提升。

在卷积神经网络进入主流视野以后，利用卷积神经网络自主提取特征的便利，研究者对目标检测问题提出了新的解决方案，目前的主流算法可以粗略分为两类：一类是以区域卷积神经网络（R-CNN）系列为代表的"两步走"类，即先选择候选区域（region proposal）再进行识别；另一类是以 YOLO 和 SSD 系列为代表的"一步走"类，即同时识别和定位。本章将从一些基本概念开始，帮助大家了解一些热门的网络架构。

8.2　区域卷积神经网络

扫一扫，看视频

8.2.1　R-CNN

R-CNN[38] 是基于深度学习卷积神经网络的模型中第一个进入主流视野的网络，其结构如图 8-1 所示。它的精髓结合了以下两种主要方法。

（1）在自下而上的候选区域应用了卷积神经网络来对物体进行局部定位和识别。

（2）根据图像中的提取框再进行位置微调（fine-tune），获取网络性能提升。

这种算法的名字 R-CNN 来自它将候选区域与卷积神经网络相结合的特性。

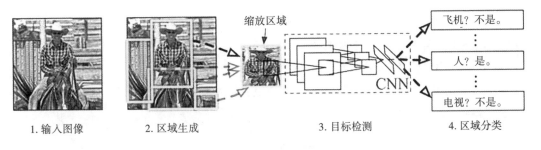

图8-1　R-CNN结构

　　首先，利用选择性搜索（selective search），根据颜色、纹理、形状和大小对相似的区域进行分组和合并，在图像上提取约 2000 个自下而上的候选区域（region proposal）。与遍历全图的滑动框相比，候选区域的指向性更加明确，也节省了许多计算量。由于提取的候选区域大小不统一，所以接下来需要将每个候选区域缩放（warp）成统一的大小（227×227）并输入卷积神经网络（CNN）。然后，模型将 CNN 中最后一个池化层的输出作为每个候选区域的特征。此后，它使用特定类的线性支持向量机（SVM）对每个区域进行分类。每个支持向量机进行二分类判断，即判断是或不是该类。最后，利用回归器精细修正候选框位置：针对每一类，训练一个线性回归模型去判定这个框是否贴合物体。该模型在 Pascal VOC 2010 上实现了 53.7％的平均精度，较先前的结果改进了 30%。

　　与传统方法相比，因为 R-CNN 不再需要穷举候选区域，因此它在速度和准确率上已经有了很大的提升，但是 R-CNN 流程中针对输入图像提取了约 2000 个候选区域，而每一个候选区域都需要进行 CNN 提取特征和 SVM 分类，计算量仍然很大。所以 R-CNN 的检测速度很慢，无法达到实时检测的目的。

8.2.2　Fast R-CNN

　　针对上述问题，R-CNN 的作者 Ross Girshick 在 SPP-Net 的启发下，提出了 Fast R-CNN[39]，其网络架构如图8-2所示。FAST R-CNN 改进了 R-CNN，在速度上获得了提升。第一个改进是在最后一个卷积层后增加了一个 ROI pooling 层；第二个改进是使用了多任务损失函数（multi-task loss），将边框回归（bounding box regression）直接纳入 CNN 中进行训练。

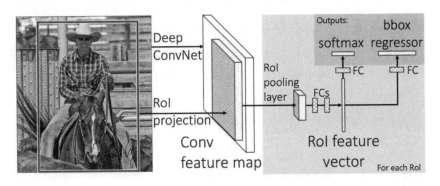

图8-2　Fast R-CNN网络架构

在这里先解释一下边框回归。对于每个边框，一般利用左上角点的坐标 (x, y) 和长宽 (w, h) 去定义它。边框回归主要是利用这些坐标 (P_x, P_y, P_h, P_w) 去寻找一种映射函数 f，使得 $f(P_x, P_y, P_h, P_w) = (G_{\hat{x}}, G_{\hat{y}}, G_{\hat{h}}, G_{\hat{w}})$，并且 $(G_{\hat{x}}, G_{\hat{y}}, G_{\hat{h}}, G_{\hat{w}}) \approx (G_x, G_y, G_h, G_w)$。

由 P 到 $\hat{G}$ 的过程就是获得由平移和尺度缩放组成的映射关系。先做平移，偏移量 $(\Delta x, \Delta y)$ 由如下公式得到。

$$
\begin{aligned}
\Delta x &= P_w \mathrm{d}_x(P) \\
\Delta y &= P_h \mathrm{d}_y(P) \\
G_{\hat{x}} &= P_w \mathrm{d}_x(P) + P_x \\
G_{\hat{y}} &= P_h \mathrm{d}_y(P) + P_y
\end{aligned}
\tag{8-1}
$$

然后再做尺度缩放 (S_w, S_h)，由如下公式得到。

$$
\begin{aligned}
S_w &= \exp(\mathrm{d}_w(P)) \\
S_h &= \exp(\mathrm{d}_h(P)) \\
G_{\hat{w}} &= P_w \exp(\mathrm{d}_w(P)) \\
G_{\hat{h}} &= P_h \exp(\mathrm{d}_h(P))
\end{aligned}
\tag{8-2}
$$

那么，边框回归学习就是 $\big(\mathrm{d}_x(P), \mathrm{d}_y(P), \mathrm{d}_w(P), \mathrm{d}_h(P)\big)$ 这 4 个映射关系。

线性回归就是给定输入的特征向量 X，学习一组参数 W，使得经过线性回归后的值跟真实值 Y（ground truth）非常接近，即 $Y \approx WX$。图 8-3 所示为边框回归示意图。边框中的输入以及输出分别是什么呢？

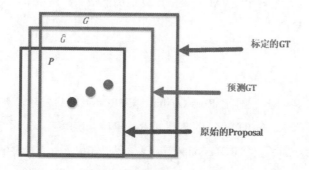

图8-3 边框回归示意图

训练的输入就是第 5 个池化层的特征向量 $P = (P_{\hat{x}}, P_y, P_h, P_w)$，而输出就是对 P 进行过平移和尺度缩放后得到的 $\hat{G} = (\Delta x, \Delta y, S_w, S_h)$。这里得到的并不是真实值 G，而是预测值 $\hat{G}$。那么，其实这 4 个值代表的是利用真实值和预测值计算得到的才是真正需要的平移量 (t_x, t_y) 和尺度缩放 (t_w, t_h)，即

$$
\begin{aligned}
t_x &= (G_x - P_x) / P_w \\
t_y &= (G_y - P_y) / P_h \\
t_w &= \log(G_w / P_w) \\
t_h &= \log(G_h / P_h)
\end{aligned}
\tag{8-3}
$$

那么，目标函数可以表示为 $d_*(P) = W_*^{\mathrm{T}} \Phi(P)$，$\Phi(P)$ 是输入的特征向量；W 是要学习的参数（$*$ 表示 x、y、w、h，也就是每一个变换对应一个目标函数）；$d_*(P)$ 是得到的预测值。如果想让预测值跟真实值 $t_* = (t_x, t_y, t_w, t_h)$ 差距最小，得到损失函数为

$$\text{Loss} = \sum_i^N (t_*^i - \widehat{W}_*^{\mathrm{T}} \bullet \Phi(P_i))^2 \tag{8-4}$$

函数优化目标为

$$W_* = \arg\min \sum_i^N (t_*^i - \widehat{W}_*^{\mathrm{T}} \bullet \Phi(P^i))^2 + \lambda \| \widehat{W}_* \|^2 \tag{8-5}$$

利用梯度下降法或者最小二乘法就可以得到 W_*。

接下来回到主题，Fast R-CNN 中的 ROI pooling 层实际上是 SPP-Net 的一个精简版本。不同于 SPP-Net 对每个候选区域使用了不同大小的金字塔映射，Fast R-CNN 中的 ROI pooling 层只需采样一个 7×7 的特征图。Fast R-CNN 使用的 VGG-16 网络结构中的 conv5_3 层有 512 个特征图，这样所有候选区域对应一个 7×7×512 维度的特征向量作为全连接层的输入。利用这样的一个操作，可以把大小不一致的输入映射到一个固定尺度的特征向量。由于卷积、池化、非线性激活等操作都不需要固定输入大小，因此，在原始图片上得到特征向量后，虽然输入图片的大小不同导致得到的特征图尺寸也不同，不能直接接到一个全连接层进行分类，但是利用这个 ROI pooling 层，可以对每个区域都提取一个固定维度的特征表示，再使用普通的 Softmax 进行类型识别。

R-CNN 将训练过程分为四个阶段，处理流程是先提取候选区域，然后 CNN 提取特征，之后用 SVM 分类器，最后再做边框回归。而 Fast R-CNN 则是直接使用 Softmax 替代 SVM 分类，同时利用多任务损失函数将边框回归也加入网络中，所以整个的训练过程是端到端的（除去候选区域提取阶段）。边框回归放进神经网络内部，可与预选区域分类合并成为一个多任务模型，实际试验也证明，这两个任务能够共享卷积特征，并相互促进。

当然，Fast R-CNN 仍然存在提升空间，那就是需要改进利用选择性搜索算法来找出所有候选框的过程。

8.2.3 Faster R-CNN

在 Faster R-CNN[40] 中，利用一个提取边缘的神经网络来做寻找候选框的工作：引入候选区域生成网络（Region Proposal Network，RPN）替代选择性搜索，同时引入锚框（anchor box）来应对目标形状的变化问题。

锚框即位置和大小固定的边框，可以理解成事先设置好的固定尺度的候选框。

RPN 利用锚框在特征图上滑动，然后建一个神经网络用于物体分类和框位置的回归。滑动窗口的位置提供了物体的大体位置信息，而锚框的回归提供了框更精确的位置。也就是说，Faster R-CNN 中的损失函数一共有如下 4 个：

（1）RPN 分类（判断锚框是否合适）；

（2）RPN 回归（将锚框区域调整成候选区域）；

（3）Fast R-CNN 分类（判断候选区域的类别）；

（4）Fast R-CNN 回归（精调候选区域成最终边框）。

Faster R-CNN 首先使用共享的卷积层为全图提取特征，然后将得到的特征图送入 RPN，RPN 生成待检测框（指定 ROI 的位置）并对 ROI 的包围框进行第一次修正。之后就是 Fast R-CNN 的架构，ROI pooling 层根据 RPN 的输出在特征图上选取每个 ROI 对应的特征，并将维度设置为定值。最后，使用全连接层（FC layer）对框进行分类，并且进行目标包围框的第二次修正。需要注意的是，Faster R-CNN 真正实现了端到端的训练（end-to-end training）。Faster R-CNN 的结构主要分为三大部分，第一部分是共享的卷积层——backbone，第二部分是候选区域生成网络，第三部分是对候选区域进行分类的网络——classifier。其中，RPN 与 classifier 部分均对目标框有修正。classifier 部分是原原本本继承的 Fast R-CNN 结构。图 8-4 所示为滑动窗口示意图。

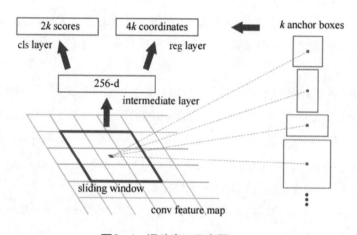

图8-4　滑动窗口示意图

首先来看看 RPN 的工作原理。

简单地说，RPN 依靠一个在共享特征图上滑动的窗口，为每个位置生成 9 种预先设置好长宽比与面积的目标框（锚框）。这 9 种初始锚框包含 3 种面积（128×128、256×256、512×512），每种面积又包含 3 种长宽比（1：1、1：2、2：1），示意图如图 8-5 所示。

由于共享特征图的大小约为 40×60，RPN 生成的初始锚框的总数约为 20 000 个（40×60×9）。对于生成的锚框，RPN 要做的事情有两个：第一个是判断锚框到底是前景还是背景，即判断锚框有没有覆盖目标；第二个是为属于前景的锚框进行第一次坐标修正。对于前一个问题，Faster R-CNN 的做法是使用 Softmax 直接训练，在训练的时候排除了超越图像边界的锚框；对于后一个问题，采用 smooth $_{L1}$ loss 进行训练。

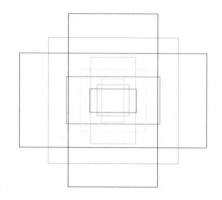

图8-5　锚框

总的来说，R-CNN、Fast R-CNN、Faster R-CNN 一路走来，基于深度学习目标检测的流程变得越来越精简，精度越来越高，速度越来越快。可以说，基于候选区域的 R-CNN 系列目标检测方法是当前目标检测技术领域最主要的一个分支。

Faster R-CNN 使用了 VGG-16 模型提取特征，提取得到的特征用到了 RPN 处理和 ROI pooling 处理。训练过程如下。

Step1：初始化 anchors，计算有效 anchors（valid_anchors），并获取目标 anchors 的置信度（anchor_conf）和平移缩放系数（anchor_locs）。

Step2：RPN 计算。特征图通过 RPN 预测参数，包括置信度（foreground）和转为预测框的坐标系数。

Step3：计算 RPN 损失。

Step4：根据 anchors 和 RPN 预测的 anchors 参数，计算预测框（ROI）和预测框的坐标系数（roi_locs），并得到每个预测框的所属类别 labels（roi_labels）。

Step5：ROI pooling。特征图和预测框通过 ROI pooling 获取固定尺寸的预测目标特征图，即利用预测框从特征图中把目标抠出来。因为目标尺寸不同，再通过 ROI pooling 的方法把目标转为统一的固定尺寸（7×7），这样就可以方便做目标的分类和预测框的修正处理。

Step6：Classification 线性分类，预测预测框的类别、置信度（pred_roi_labels）和转为目标框的平移缩放系数（pred_roi_locs）。注意，这里要与 RPN 区分。

Step7：计算分类损失。

8.2.4　Mask R-CNN

Mask R-CNN 是一个以 Faster R-CNN 为原型，增加了一个分支用于分割任务的实例分割架构。实例分割不仅要正确地找到图像中的对象，还要对其进行精确的分割。所以，实例分割（instance segmentation）可以看作目标检测（object detection）和语义分割（semantic segmentation）的结合。Mask R-CNN 对于 Faster R-CNN 的每个候选框都要使用全卷积网络（FCN）进行语义分割。需要注意的是，分割任务与定位、分类任务是同时进行的。

在 Faster R-CNN 中，Mask R-CNN 引入了 ROI align 代替 Faster R-CNN 中的 ROI pooling。因为 ROI pooling 并不是按照像素一一对齐的（pixel-to-pixel alignment），也许这对边框预测的影响不是很大，但对掩码的精度影响却很大。利用 ROI align，掩码的精度从 10% 显著提高到了 50%。

Mask R-CNN 引入语义分割分支，实现了掩码图和分类预测的结合，掩码分支只做语义分割，而类型预测的任务交给另一个分支。相比使用 FCN 的结构，Mask R-CNN 同时预测物体类别、边框，掩码的速度更快，但是对于重叠物体的分割效果不好。

Mask R-CNN 与 Faster R-CNN 采用了相同的"两步走"步骤：首先是利用 RPN 找到候选区域，然后对 RPN 找到的每个感兴趣区域（ROI）进行分类、定位，并找到二分类掩码。这与当时其他先找到 Mask 再进行分类的网络是不同的。Mask 的表现形式（Mask representation）：因为没有采用全连接层并且使用了 ROI align，因此可以实现输出与输入像素的一一对应。使用 ROI align 代替 ROI pooling 的目的是从 RPN 网络确定的 ROI 中导出较小且统一的特征图（如 7×7）。其次，RPN 网络会提出若干 ROI 的坐标用 $[x,y,w,h]$ 表示，然后输入 ROI pooling，输出 7×7 大小的特征图供分类和定位使用。如果 RON 网络输出的 ROI 大小是 8×8，那么无法保证输入像素和输出像素一一对应。因为它们包含的信息量不同（有的是 1 对 1，有的是 1 对 2），它们的坐标也无法和输入对应起来（无法确定 1 对 2 的那个 ROI 输出像素应该对应哪个输入像素的坐标）。这对分类没什么影响，但是对分割影响却很大。ROI align 的输出坐标使用差值算法得到，不再量化；每个网格中的值也不再求最大值，同样使用差值算法得到。

Mask R-CNN 的损失函数为 $L = L_{cls} + L_{box} + L_{mask}$。$L_{mask}$ 是对每个像素进行分类，其含有 $K×m×m$ 维度的输出，其中 K 代表类别的数量，$m×m$ 是提取的 ROI 图像的大小。L_{mask} 被定义为平均二值交叉熵损失函数（average binary cross-entropy loss）。这里解释一下是如何计算的，首先分割层会输出通道数为 K 的 Mask，每个 Mask 对应一个类别，利用 Sigmoid 函数进行二分类，判断是否是这个类别，然后在计算损失值的时候，假如 ROI 对应的真实值的类别是 K_i，则计算第 K_i 个 Mask 对应的损失值，其他 Mask 对这个损失值没有贡献。

Mask R-CNN 的实验取得了很好的效果，达到甚至超过了世界顶尖水平，如图 8-6 所示。不过训练代价也是相当大的，需要 8 块 GPU 联合训练。

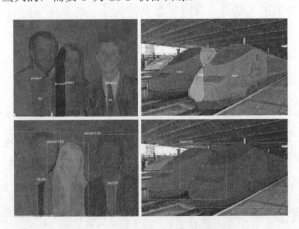

图8-6　Mask R-CNN实验结果

8.3 YOLO 卷积神经

8.3.1 YOLO

扫一扫，看视频

YOLO[41] 的全拼是 You Only Look Once，顾名思义就是指只看一次，它把目标区域预测和目标类别预测合二为一，将目标检测任务看作目标区域预测和类别预测的回归问题。该方法采用单个神经网络直接预测物品边界和类别概率，实现端到端的物品检测，其识别性能有了很大提升，达到每秒 45 帧，而在快速 YOLO（Fast YOLO，卷积层更少）中，可以达到每秒 155 帧。但是和当前最好的系统相比，YOLO 的目标区域定位误差更大。

将目标检测问题转换为直接从图像中提取边界框和类别概率的单个回归问题，只需一步即可检测目标类别和位置。YOLO 算法采用单个卷积神经网络来预测多个边界框和类别概率。与传统的物体检测方法相比，这种统一模型具有以下优点。

◎ YOLO 检测系统处理图像简单、直接，它将输入图像调整为 448×448，然后在图像上运行单个卷积网络，最后由模型的置信度对所得到的检测进行阈值处理。

◎ YOLO 预测流程简单、速度更快，因此可以实现实时检测。YOLO 采用全图信息来进行预测，与滑动窗口方法和候选区域提取方法不同，YOLO 在训练和预测过程中可以利用全图信息。Fast R-CNN 检测方法会错误地将背景中的斑块检测为目标，原因在于 Fast R-CNN 在检测中无法看到全局图像。相对于 Fast R-CNN，YOLO 的背景预测错误率则低了一半。YOLO 可以学习到目标的概括信息（generalizable representation），具有一定的普适性。YOLO 比其他目标检测方法的准确率高很多。在准确性上，YOLO 算法仍然落后于最先进的检测系统。虽然它可以快速识别图像中的目标，但很难精确定位某些目标，特别是小目标。

可以将目标检测统一到一个神经网络，使用整个图像中的特征来预测每个边界框，同时预测图像所有类的所有边界框。这意味着网络将学习到完整图像和图中所有的对象。YOLO 设计可实现端到端训练和实时的速度，同时保持较高的平均精度。YOLO 首先将图像分为 $S \times S$ 的网格，如果一个目标的中心落入网格，该网格就负责检测该目标。每一个网格中预测 B 个边界框和置信度（confidence score）。这些置信度反映了该网格包含目标的概率。然后，根据以下规则定义置信度：如果没有目标，置信度为零；如果有目标，希望置信度等于预测框与真实值之间联合部分的交集（IOU）。

所以，每一个边界框包含 5 个值：x、y、w、h 和置信度。坐标 (x, y) 表示边界框相对于网格单元边界框的中心；宽度和高度是相对于整张图像预测的；置信度表示预测的边界框与实际边界框之间的 IOU。

同时，每个网格单元还预测 C 个条件类别概率：这些概率是以网格包含目标为条件的，每个网格单元只预测一组类别概率，而不管边界框的数量 B 是多少。系统将检测建模视为回归问题，它将图像分成 $S \times S$ 的网格，并且每个网格单元预测 B 个边界框、边界框的置信度以及 C 个类别概率，结果即为 $S \times S \times (B \times 5 + C)$ 的张量。

YOLO 的网络结构是普通的卷积网络结构，网络的初始卷积层从图像中提取特征，而全连接层用来预测输出概率和坐标。网络架构受到 GoogLeNet 图像分类模型的启发。该网络有 24 个卷积层和 2 个全连接层。该模型的主要挑战在于，它只能预测一个类，且在鸟类等小目标上表现不佳。

YOLO 的损失函数 Loss 由 3 个损失函数求和得到

$$\text{Loss} = L_{\text{coord}} + L_{\text{iou}} + L_{\text{class}} \tag{8-6}$$

边界框位置和大小的损失函数为

$$L_{\text{coord}} = \lambda_{\text{coord}} \sum_{i=0}^{s^2} \sum_{j=0}^{B} \prod_{ij}^{\text{obj}} \left[\left(x_i - \hat{x}_i \right)^2 + \left(y_i - \hat{y}_i \right)^2 \right]$$
$$+ \lambda_{\text{coord}} \sum_{i=0}^{s^2} \sum_{j=0}^{B} \prod_{ij}^{\text{obj}} \left[\left(\sqrt{w_i} - \sqrt{\hat{w}_i} \right)^2 + \left(\sqrt{h_i} - \sqrt{\hat{h}_i} \right)^2 \right] \tag{8-7}$$

其中，λ_{coord} 和 $\prod_{ij}^{\text{obj}}$ 为控制系数，当网格单元 i 的第 j 个边界框预测内有真实目标时，$\prod_{ij}^{\text{obj}}$ 的值为 1，因为只有在有真实目标的情况下才会计算边界框的损失值，利用均方误差来计算边界框相对于真实目标的偏差。可以注意到，在边界框的宽、高 (w, h) 损失的计算上，先开根号，再做均方误差，这样做的目的是避免大目标对损失值产生过大的影响。

置信度损失函数为

$$L_{iou} = \sum_{i=0}^{s^2} \sum_{j=0}^{B} \prod_{ij}^{\text{obj}} \left(C_i - \hat{C}_i \right)^2 + \lambda_{\text{noobj}} \sum_{i=0}^{s^2} \sum_{j=0}^{B} \prod_{ij}^{\text{noobj}} \left(C_i - \hat{C}_i \right)^2 \tag{8-8}$$

式中，$\hat{C}_i$ 是真实标签，当网格单元 i 存在真实目标时，值为 1，否则为 0。C_i 表示预测的边界框包含真实目标的概率，利用均方误差来计算置信度的损失，当预测的边界框内有真实目标，并且该边界框和真实框的 IOU 最大，则 $\prod_{ij}^{\text{obj}}$ 为 1，否则为 0；$\prod_{ij}^{\text{noobj}}$ 与之相反，当没有真实目标时，值为 1，否则为 0。

目标类别损失函数为

$$L_{\text{class}} = \sum_{i=0}^{s^2} \prod_{i}^{\text{obj}} \sum_{c \in \text{classes}} \left(p_i(c) - \hat{p}_i(c) \right)^2 \tag{8-9}$$

式中，$p_i(c)$ 是预测对应类别的概率值；$\hat{p}_i(c)$ 是类别的真实标签；$\prod_i^{\text{obj}}$ 是控制系数，如果该网格单元包含真实目标，则值为 1，否则为 0，也就是只对那些有真实目标所属的网格单元进行类别损失的计算，如果不包含真实目标，则不进行此项损失函数的计算，因此预测值也就不会对此项损失函数造成影响。然而在实际场景中，含有真实目标的网格单元数量是很少的，其余都是不含真实目标的网格单元，针对这样的不均衡问题，可以加大含有真实目标的网格单元在损失函数中的权重，因此在公式中加入了系数 λ_{coord} 和 λ_{noobj}，并设置 $\lambda_{\text{coord}} = 5$

和 $\lambda_{\mathrm{noobj}} = 0.5$。

YOLO 每个网格单元预测多个边界框。在训练时,每个目标只需一个边界框预测器来负责。指定一个预测器"负责",是根据哪个预测与真实值之间具有当前最高的 IOU 来预测目标,这会导致边界框预测器之间的专业化。每个预测器可以更好地预测特定大小、方向角或目标的类别,从而改善整体召回率。

在检测的时候,通常一个目标落在哪一个网格单元中是很明显的,而网络只能为每个目标预测一个边界框。一些大的目标或靠近多个网格单元边界的目标可以被多个网格单元很好地定位。非极大值抑制可以用来修正这些多重检测,即对于每个类别的预测,只留下交并比最大的预测框。

当然,YOLO 也有它的局限性,它的每一个网格单元只预测两个边界框和一种类别,这导致模型对相邻目标的预测准确率下降。因此,YOLO 对成队列的目标(如一群鸟)的识别准确率较低。另外,模型的架构具有来自输入图像的多个下采样层,并使用相对较粗糙的特征来预测边界框,因此,它很难泛化到新的、不常见角度的目标。

8.3.2　YOLOv2/YOLO9000

YOLOv2 是 YOLOv1 基础上的延续,新的基础网络、多尺度训练、全卷积网络、Faster R-CNN 的锚框机制、更多的训练技巧等改进使得 YOLOv2[42] 速度与精度都得到了大幅提升。接下来就简单介绍一下这些改进机制。

批归一化(batch normalization)是 2015 年以后普遍比较流行的训练技巧,在每一层之后加入 BN 层可以将一个批量的数据归一化到均值为 0、方差为 1 的空间中,即将所有层数据规范化,防止梯度消失与梯度爆炸。

(1)预训练尺寸的调整。YOLOv1 也在 Image-Net 预训练模型上进行精调,但是预训练时的网络入口为 224×224,而精调时的网络入口为 448×448,这会带来预训练网络与实际训练网络识别图像尺寸的不兼容。YOLOv2 直接使用 448×448 的网络入口进行预训练,然后在检测任务上进行训练,使得效果得到 3.7% 的提升。

(2)采用更细网络划分。YOLOv2 为了提升小物体检测效果,减少了网络中的池化层数目,使最终特征图尺寸更大。如输入为 416×416,则输出为 13×13×125,其中 13×13 为最终特征图,即原图划分的个数;125 为每个格子中的边界框构成 [5×(classes + 5)],classes 为类别数量。

> 注意
>
> 　　特征图尺寸取决于原图尺寸,但特征图尺寸必须为奇数,以保证中间有一个位置能看到原图中心处的目标。

(3)使用全卷积网络。为了使网络能够接受多种尺寸的输入图像,YOLOv2 除去了

YOLOv1 网络结构中的全连接层，因为全连接层必须要求输入、输出固定长度特征向量。YOLOv2 将整个网络变成一个全卷积网络，能够对多种尺寸输入进行检测。同时，全卷积网络相对于全连接层能够更好地保留目标的空间位置信息。

（4）新基础网络。SSD 使用 VGG-16 作为基础网络，而 YOLOv2 使用 Darknet-19（共 19 个卷积层）作为基础预训练网络。因为 Darknet-19 能在保持高精度的情况下快速运算，而 VGG-16 虽然精度与 Darknet-19 相当，但运算速度较慢。

（5）加入 anchor 机制。YOLOv2 为了提高精度与召回率，使用了 Faster R-CNN 中的 anchor 机制。即在每个网格设置 k 个参考 anchor，训练以真值标注作为基准计算分类与回归损失。测试时直接在每个格子上预测 k 个边界框，对每个边界框相对于参考 anchor 的 x、y、w、h 的偏移量进行微调。这样把原来每个格子中边界框位置的全图回归（YOLOv1）转换为对参考 anchor 位置的精修（YOLOv2）。至于每个格子中设置多少个 anchor（即 k 的值），YOLOv2 使用 K-means 算法离线对 VOC 和 COCO 数据集中目标的形状及尺度进行了计算。发现当 $k=5$ 时并且选取固定比例值 5 时，anchors 形状及尺度最接近 VOC 与 COCO 中目标的形状，并且 k 不能太大，否则模型太复杂，计算量也会很大。

（6）新边界框预测方式，即直接预测边界框位置。如上文所述，在训练中得到的预测值，实际上是一个相对于 anchor 的偏移量。在训练初期，由于分类和置信度的损失可能很大，反传回来的误差可能相对过大，甚至有可能会把中心坐标（x，y）移到错误的格子里。为了应对这个问题，可以给偏移量（t_x,t_y）一个限制，也就是用 Sigmoid 函数把它控制在 0 到 1 的区间内。这样，不管损失多大，中心点坐标一定不会被它移到错误的网格里。对于长、宽，Faster R-CNN 把它们的偏移量定义成相对于锚框长、宽的对数。

（7）残差层融合低级特征。为了能够使用网络更好地检测小物体，YOLOv2 使用了 ResNet 跳级层结构，网络末端的高级特征层与前一层或者前几层的低级细粒度特征结合起来，增加网络对小物体的检测效果。

（8）多尺寸训练。YOLOv2 网络结构为全卷积网络，适于使用不同尺寸的图片作为输入。为了满足模型在测试时能够对多尺度输入图像有很好的效果，YOLOv2 在训练过程中每 10 个 epoch 都会对网络进行新的输入尺寸的训练。需要注意的是，因为全卷积网络总共对输入图像进行了 5 次下采样（步长为 2 的卷积或者池化层），所以最终特征图为原图的 1/32。因此，在训练或者测试时，网络输入必须为 32 的整倍数，并且最终特征图尺寸即为原图划分网络的方式。

8.3.3　YOLOv3

YOLOv2 使用维度聚类作为锚框来预测边界框，YOLOv3[43] 跟 YOLOv2 一样，也使用维度聚类选择锚框。同时，YOLOv3 使用逻辑回归来预测每个边界框里面对象的分数，以此区分对象和背景。图 8-7 所示为 YOLOv3 网络结构。

（1）类别预测更加灵活。YOLOv3 不使用 Softmax 对每个框进行分类，因为 Softmax 只给每个框分配一个类别，即得分最高的一个，但是很多东西可以同时属于多个类别（比如预测的是女生，同时也属于人这一个类别），对于这样的多标签问题，Softmax 无法解决。因此，YOLOv3 在逻辑回归层主要用到 Sigmoid 函数，该函数可以将输入映射在 [0,1]。一张图像经过特征提取后，如果某一类输出经过 Sigmoid 函数的结果大于 0.5，就表示属于该类。Softmax 被独立的多个 Sigmoid 分类器代替，从而解决了多标签问题。

（2）多尺度预测。YOLOv2 里面有一个层称为 pass-through 层，这个层的作用是将前一个池化层和本层进行相连（concatenation），以加强对小目标的检测。而 YOLOv3 采用了先上采样再融合的方法，里面融合了 3 个尺寸，分别为 13×13、26×26、52×52，然后在多个特征图上做检测。

YOLOv3 网络结构如图 8-7 所示。

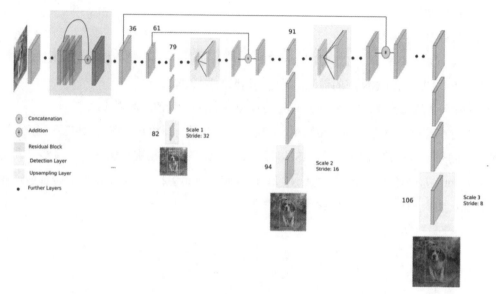

图8-7　YOLOv3网络结构

8.3.4　Darknet

Darknet 是一个相对小众的深度学习框架，是由约瑟夫·雷蒙（Joseph Redmon，YOLO 算法作者之一）提出的一个用 C 语言和 CUDA 编写的开源神经网络框架。Darknet 安装简单、速度快，同时还支持 CPU 和 GPU 计算（https://github.com/pjreddie/darknet）。

和 TensorFlow 相比，Darknet 并没有那么强大，但这也成了 Darknet 的优势。

（1）Darknet 完全由 C 语言实现，没有任何依赖项。OpenCV 只用来显示图片，可以实现更好的可视化。

（2）Darknet 支持 CPU 与 GPU（CUDA/cuDNN，使用 GPU 更快、更好）。

（3）Darknet 体量轻，没有像 TensorFlow 那样强大的 API，适合用来研究底层，可以更为方便地从底层对其进行改进与扩展。

8.4 单发多框检测（SSD）

8.4.1 定义模型

SSD[44] 全称为 Single Shot MultiBox Detector，是 Wei Liu 在 ECCV 2016 上提出的一种目标检测算法，也是截至目前最主要的检测框架之一。SSD 比 Faster R-CNN 有明显的速度优势，比 YOLO 有明显的精度优势（不过已经被 CVPR 2017 的 YOLOv2 超越等）。

SSD 具有如下主要特点。

（1）从 YOLO 中继承了将分类转化为回归的思路，同时一次即可完成网络训练。

（2）基于 Faster R-CNN 中的锚框，提出了相似的先验框。

（3）加入了基于特征金字塔（pyramidal feature hierarchy）的检测方式。

SSD 与 YOLO 网络结构的对比如图 8-8 所示。可以看出，YOLO 在卷积层后接全连接层，检测时只利用了最高层的特征；而 SSD 采用了特征金字塔结构进行检测，即检测时利用了 conv4-3、conv-7（FC7）、conv6-2、conv7-2、conv8-2、conv9-2 这些大小不同的特征图，在多个特征图上同时进行 Softmax 分类和边框位置回归。

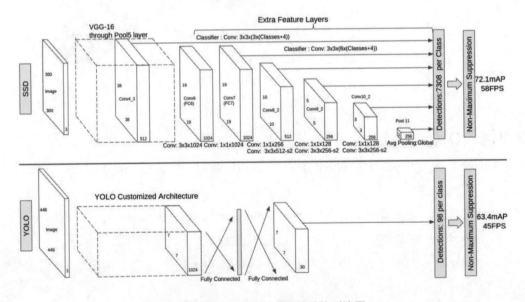

图8-8 SSD与YOLO网络结构对比图

与锚框非常类似，作者在 SSD 中引入了先验框，也就是一些目标的预选框。后续通过 Softmax 分类 + 边框位置回归获得真实目标的位置。SSD 按照如下规则生成 prior box：以特征图上每个点的中点为中心（offset=0.5），生成一系列同心的先验框（然后中心点的坐标会乘以步长，相当于从特征图位置映射回原图位置）。正方形先验框的最小边长为 min_size，最大边长为 $\sqrt{\text{min\_size}\times\text{max\_size}}$。在 proto txt 中每设置一个 aspect ratio，会生成 2 个长方形，长和宽为 $\sqrt{\text{aspect\_ratio}}\times\text{minsize}$ 和 $1/\sqrt{\text{aspect\_ratio}}\times\text{minsize}$。而每个特征图对应先验框的 min_size 和 max_size 由下式决定。

$$S_k = S_{\min} + \frac{S_{\max} - S_{\min}}{m-1}(k-1), k \in [1,m] \tag{8-10}$$

式中，m 是使用特征图的数量（SSD 300 中 $m=6$）。

第一层特征图对应的是 min_size=S_1，max_size=S_2；第二层特征图对应的是 min_size=S_2，max_size=S_3；以此类推。在原文中，$S_{\min}$=0.2，$S_{\max}$=0.9。

8.4.2 训练模型

$$L(x,c,l,g) = \frac{1}{n}\big(L_{\text{conf}}(x,c) + \alpha L_{\text{loc}}(x,l,g)\big) \tag{8-11}$$

对于 SSD，虽然文献[45]中指出采用了所谓的多损失函数，但是依然可以清晰地看到 SSD loss 分为类别置信度损失和框位置损失两部分。式（8-11）中，n 是匹配到 GT（Ground Truth）的先验框数量；α 用于调整类别置信度损失和框位置损失之间的比例，默认 α=1。SSD 中的类别置信度损失是典型的 Softmax 损失，有

$$L_{\text{conf}}(x,c) = -\sum_{i\in\text{Pos}}^{N} x_{ij}^{P} \log(\hat{c}_i^p) - \sum_{i\in\text{Neg}} \log(\hat{c}_i^0), \hat{c}_i^p = \frac{\exp(c_i^p)}{\sum_p \exp(c_i^p)} \tag{8-12}$$

式中，x_{ij}^{P}={1,0} 代表第 i 个先验框匹配到了第 j 个 class 为 p 类别的 GT box；而 location loss 是典型的 smooth_{L1}loss，即

$$L_{\text{loc}}(x,l,g) = \sum_{i\in\text{Pos}}^{N} \sum_{m\in\{cx,cy,w,h\}} x_{ij}^{k}\text{smooth}_{L1}(l_i^m - \hat{g}_j^m)$$

$$\hat{g}_j^{cx} = \frac{(g_j^{cx} - d_i^{cx})}{d_i^w} \qquad \hat{g}_j^{cy} = \frac{(g_j^{cy} - d_i^{cy})}{d_i^h} \tag{8-13}$$

$$\hat{g}_j^{w} = \log\left(\frac{g_j^w}{d_i^w}\right) \qquad \hat{g}_j^{h} = \log\left(\frac{g_i^h}{d_i^h}\right)$$

那么，如何做匹配呢？在训练时，真实框与先验框按照如下方式进行配对。

（1）寻找与每一个真实框有最大 IOU（采用交并比来计算）的先验框，这样就能保证每一个真实框与唯一的一个先验框相对应。

（2）SSD 之后再将剩余还没有配对的先验框与任意一个真实框尝试配对，只要两者之间的 IOU 大于阈值（SSD 300 的阈值为 0.5），就认为是配对成功。

那么，配对到 GT 的先验框就是正样本，没有配对到 GT 的先验框就是负样本。

图 8-9 所示为交、并示意图。

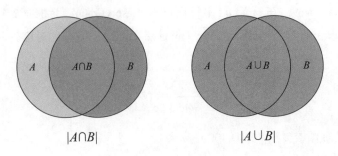

图8-9　交、并示意图

IOU 计算公式为

$$J(A,B)=\frac{|A\bigcap B|}{|A\bigcup B|}=\frac{|A\bigcap B|}{|A|+|B|-|A\bigcap B|} \tag{8-14}$$

由于一般情况下，负样本框数量远大于正样本框数量，直接训练会使得网络过于重视负样本，导致损失不稳定，所以需要采取难例挖掘（hard negative mining）的方法。即 SSD 在训练时会依据置信度排序候选框，挑选其中置信度高的候选框进行训练，控制负样本框：正样本框 =1 ∶ 3。

为了使得模型对目标的尺度、大小更加鲁棒，该文献[45] 对训练图像做了数据扩充（Data Augmentation），每一张训练图像由以下方法随机产生：

（1）使用原始图像；

（2）对原始图像进行裁剪，裁剪后的图像与原图中目标的交并比为 0.1、0.3、0.5、0.7、0.9；

（3）对原始图像进行裁剪，裁剪后的图像大小为原始图像的 [0.1, 1]，纵横比在 1/2 与 2 之间，当目标真实框的中心在裁剪的范围内时，保留重叠部分。

将裁剪后的图像调整到固定大小，并以 0.5 的概率对其水平翻转。

8.5　实战：基于 YOLOv3 的目标检测

本试验使用 Keras 版本的 YOLOv3 代码，代码相对来说比较容易理解，复现比较容易。目录结构如图 8-10 所示。

图8-10 YOLOv3代码目录结构

代码所需环境如下。

```
Python:3.5.2
Keras:2.1.5
TensorFlow:1.6.0
```

YOLO 本身使用的是 VOC 的数据集，所以可以按照 VOC 数据集的架构来构建自己的数据集。具体做法是需要使用 VOC 工具标注图像，生成包含真实框信息的 xml 文件，将 xml 文件信息写进 txt 文件，每行为图像的地址信息、真实框坐标、框类别。训练时脚本读取 txt 文件的每行信息，读取对应的图片并塞进网络进行训练即可。VOC 的结构如下。

```
--VOC
  --Annotations
  --ImageSets
    --Main
  --JPEGImages
```

这里面用到的文件夹是 Annotations、ImageSets 和 JPEGImages。其中，文件夹 Annotations 中主要存放 xml 文件，每一个 xml 对应一张图像，并且每一个 xml 中存放的是标注的各个目标的位置和类别信息，命名通常与对应的原始图像一样；而 ImageSets 只需要用到 Main 文件夹，其中放的是一些文本文件，通常为 train.txt、test.txt 等，该文本文件的内容为需要用来训练或测试的图像的名称。

准备好训练数据，就可以进行下一步的工作——训练。

执行 voc_annotation.py 文件生成已标注边界框的图片数据集，格式如下。

```
图片的位置框的4个坐标1个类别ID (xmin,ymin,xmax,ymax,id) ...
```

预训练模型，用于迁移学习中的微调，可以选择 YOLOv3 已训练完成的 COCO 模型权重，代码如下。

```
pretrained_path = 'model_data/yolo_weights.h5'
```

创建模型，需要创建 YOLOv3 的网络模型，模型输入如下。

```
input_shape: 图片尺寸
anchors:9个anchor box
num_classes: 类别数
freeze_body: 冻结模式，1是冻结DarkNet53的层，2是冻结全部，只保留最后3层
weights_path: 预训练模型的权重
```

具体代码如下。

```
def create_model(input_shape, anchors, num_classes, load_pretrained=True, freeze_body=2,
            weights_path='model_data/yolo_weights.h5'):
    '''create the training model'''
    K.clear_session()          # get a new session
    image_input = Input(shape=(None, None, 3))
    h, w = input_shape
    num_anchors = len(anchors)
    y_true = [Input(shape=(h//{0: 32, 1: 16, 2: 8}[l], w//{0: 32, 1: 16, 2: 8}[l], \
        num_anchors//3, num_classes+5)) for l in range(3)]


    #构建YOLOv3的网络yolo_body：通过传入输入Input层image_input、每个尺度的anchor数num_
        anchors//3和类别数num_classes
    model_body = yolo_body(image_input, num_anchors//3, num_classes)
    print('Create YOLOv3 model with {} anchors and {} classes.'.format(num_anchors, num_classes))


    if load_pretrained:
        model_body.load_weights(weights_path, by_name=True, skip_mismatch=True)
       print('Load weights {}.'.format(weights_path))
        if freeze_body in [1, 2]:
            #冻结darknet 53主干网络或冻结除了3个输出层外的所有层
            num = (185, len(model_body.layers)-3)[freeze_body-1]
            for i in range(num): model_body.layers[i].trainable = False
            print('Freeze the first {} layers of total {} layers.'.format(num, len(model_body.layers)))
```

构建模型的损失层 model_loss：内容如下。

```
model_loss = Lambda(yolo_loss, output_shape=(1,), name='yolo_loss',
    arguments={'anchors': anchors, 'num_classes': num_classes, 'ignore_thresh': 0.5})(
```

```
[*model_body.output, *y_true])
```

代码中的 Lambda 是 Keras 的自定义层，输入为 model_body.output 和 y_true，输出 output_shape 是 "(1,)"，即一个损失值。自定义 Lambda 层的名字（name）为 yolo_loss。其参数是锚框列表 anchors、类别数 num_classes 和 IOU 阈值 ignore_thresh。其中，ignore_thresh 用于在物体置信度损失中过滤 IOU 较小的框，yolo_loss 是损失函数的核心逻辑。

最后是构建完整的算法模型，代码如下。

```
model = Model([[model_body.input, *y_true], model_loss)
```

代码中模型的输入层为 model_body 的输入和真值 y_true；模型的输出层为自定义的 model_loss 层，其输出是一个损失值（None,1）。这些逻辑可完成算法模型的构建。

YOLOv3 的基础网络是 Darknet 网络，将 Darknet 网络中底层和中层的特征矩阵，通过卷积操作和多个矩阵的拼接操作，输出 3 个不同尺度的检测图 y1、y2、y3，以检测不同大小的物体。具体如下。

```
def yolo_body(inputs, num_anchors, num_classes):
    """使用Keras搭建YOLOv3与CNN模型"""
    darknet = Model(inputs, darknet_body(inputs))
    x, y1 = make_last_layers(darknet.output, 512, num_anchors*(num_classes+5))
    x = compose(
                DarknetConv2D_BN_Leaky(256, (1, 1)),
                UpSampling2D(2))(x)
    x = Concatenate()([x, darknet.layers[152].output])
    x, y2 = make_last_layers(x, 256, num_anchors*(num_classes+5))
    x = compose(
                DarknetConv2D_BN_Leaky(128, (1, 1)),
                UpSampling2D(2))(x)
    x = Concatenate()([x, darknet.layers[92].output])
    x, y3 = make_last_layers(x, 128, num_anchors*(num_classes+5))
    return Model(inputs, [y1,y2,y3])
```

Darknet 网络的输入是图片数据集 inputs，输出是 darknet_body() 方法的输出。将网络的核心逻辑封装在 darknet_body() 方法中，代码如下。

```
darknet = Model(inputs, darknet_body(inputs))
```

在 darknet_body 中，Darknet 网络含有 5 组重复的 resblock_body 单元，代码如下。

```
def darknet_body(x):
    '''创建具有52个卷积层的Darknet主干网络。'''
    x = DarknetConv2D_BN_Leaky(32, (3, 3))(x)
    x = resblock_body(x, num_filters=64, num_blocks=1)
```

```
x = resblock_body(x, num_filters=128, num_blocks=2)
x = resblock_body(x, num_filters=256, num_blocks=8)
x = resblock_body(x, num_filters=512, num_blocks=8)
x = resblock_body(x, num_filters=1024, num_blocks=4)
return x
```

其中，resblock_body 单元的代码如下。

```
def resblock_body(x, num_filters, num_blocks):
    x = ZeroPadding2D(((1, 0), (1, 0)))(x)
    x = DarknetConv2D_BN_Leaky(num_filters, (3, 3), strides=(2, 2))(x)
    for i in range(num_blocks):
    y = compose(
            DarknetConv2D_BN_Leaky(num_filters//2, (1, 1)),
            DarknetConv2D_BN_Leaky(num_filters, (3,3)))(x)
    x = Add()([x,y])
return x
```

在训练中，模型调用 fit_generator() 方法，按批次创建数据然后输入模型进行训练。其中，数据生成器 wrapper 是 data_generator_wrapper 以验证数据格式，最终调用 data_generator，具体代码如下。

```
def data_generator(annotation_lines, batch_size, input_shape, anchors, num_classes):
    '''data generator for fit_generator'''
    n = len(annotation_lines)
    i = 0
    while True:
        image_data = []
        box_data = []
        for b in range(batch_size):
            if i==0:
                np.random.shuffle(annotation_lines)
            image, box = get_random_data(annotation_lines[i], input_shape, random=True)
            image_data.append(image)
            box_data.append(box)
            i = (i+1) % n
        image_data = np.array(image_data)
        box_data = np.array(box_data)
        y_true = preprocess_true_boxes(box_data, input_shape, anchors, num_classes)
        yield [image_data, *y_true], np.zeros(batch_size)

def data_generator_wrapper(annotation_lines, batch_size, input_shape, anchors, num_classes):
    n = len(annotation_lines)
```

```
    if n==0 or batch_size<=0: return None
    return data_generator(annotation_lines, batch_size, input_shape, anchors, num_classes)
```

执行 Linux 命令，代码如下。

```
python train.py
```

得到训练过程图如图 8-11 所示。

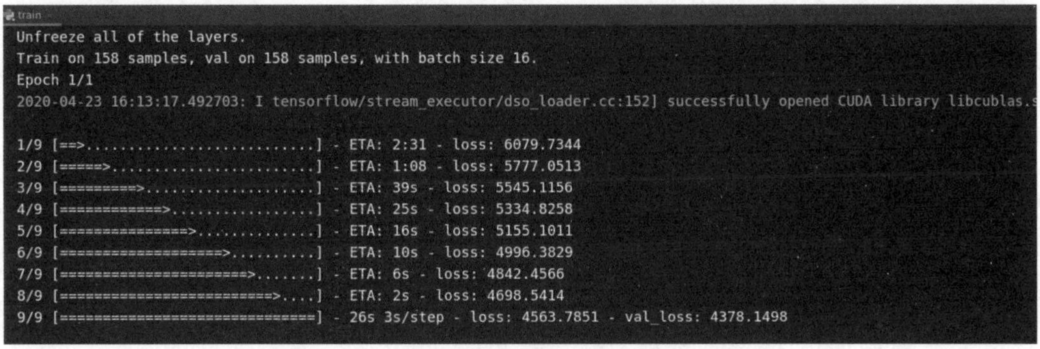

图8-11　训练过程图

预测时，使用已训练完成的 YOLOv3 模型检测图片中的物体。具体代码如下。

```
def detect_image(self, image):
  start = timer()
  if self.model_image_size != (None, None):
    assert self.model_image_size[0]%32 == 0, 'Multiples of 32 required'
    assert self.model_image_size[1]%32 == 0, 'Multiples of 32 required'
    boxed_image = letterbox_image(image, tuple(reversed(self.model_image_size)))
  else:
    new_image_size = (image.width - (image.width % 32),
                      image.height - (image.height % 32))
    boxed_image = letterbox_image(image, new_image_size)
  image_data = np.array(boxed_image, dtype='float32')
  print(image_data.shape)
                image_data /= 255.
  image_data = np.expand_dims(image_data, 0)  # Add batch dimension.

  out_boxes, out_scores, out_classes = self.sess.run(
    [self.boxes, self.scores, self.classes],
    feed_dict={
      self.yolo_model.input: image_data,
      self.input_image_shape: [image.size[1], image.size[0]],
```

```
        })
    print('Found {} boxes for {}'.format(len(out_boxes), 'img'))
    font = ImageFont.truetype(font='font/FiraMono-Medium.otf', size=np.floor(3e-2 * image.size[1] +
                        0.5).astype('int32'))
    thickness = (image.size[0] + image.size[1]) // 300
    for i, c in reversed(list(enumerate(out_classes))):
        predicted_class = self.class_names[c]
        box = out_boxes[i]
        score = out_scores[i]
        label = '{} {:.2f}'.format(predicted_class, score)
        draw = ImageDraw.Draw(image)
        label_size = draw.textsize(label, font)
        top, left, bottom, right = box
        top = max(0, np.floor(top + 0.5).astype('int32'))
        left = max(0, np.floor(left + 0.5).astype('int32'))
        bottom = min(image.size[1], np.floor(bottom + 0.5).astype('int32'))
        right = min(image.size[0], np.floor(right + 0.5).astype('int32'))
        print(label, (left, top), (right, bottom))
        if top - label_size[1] >= 0:
            text_origin = np.array([left, top - label_size[1]])
        else:
            text_origin = np.array([left, top + 1])
        # 对目标画框
        for i in range(thickness):
            draw.rectangle(
                [left + i, top + i, right - i, bottom - i],
                outline=self.colors[c])
        draw.rectangle(
            [tuple(text_origin), tuple(text_origin + label_size)],
            fill=self.colors[c])
        draw.text(text_origin, label, fill=(0, 0, 0), font=font)
        del draw
    end = timer()
    print(end - start)
    return image
def detect_img(yolo):
    while True:
```

```
        img = input('Input image filename:')
        try:
            image = Image.open(img)
        except:
            print('Open Error! Try again!')
            continue
        else:
            r_image = yolo.detect_image(image)
            r_image.show()
    yolo.close_session()
FLAGS = None
```

执行 Linux 命令，代码如下。

```
python test.py
```

得到测试结果如图 8-12 所示。

图8-12　测试结果

8.6 习题

判断题

（1）"两步走"类算法都是先选择候选区域再进行识别。（　　　）

（2）YOLO 算法属于典型的"两步走"类算法。（　　　）

（3）Fast R-CNN 算法中使用 Softmax 替代 SVM 进行分类。（　　）

（4）Mask R-CNN 的损失函数为 $L = L_{cls} + L_{box} + L_{mask}$。（　　）

（5）YOLOv2 算法中的特征图尺寸取决于原图尺寸，但特征图尺寸必须为奇数，以保证中间有一个位置能看到原图中心处的目标。（　　）

第9章
图像语义分割

　　图像分割是计算机视觉研究中的一个经典难题，已经成为图像理解领域关注的一个热点，图像分割是图像分析的第一步，是计算机视觉的基础，是图像理解的重要组成部分，同时也是图像处理中最困难的问题之一。图像分割是指根据灰度、彩色、空间纹理、几何形状等特征把图像划分成若干个互不相交的区域，使得这些特征在同一区域内表现出一致性或相似性，而在不同区域间表现出明显的不同。简单地说就是在一幅图像中把目标从背景中分离出来。对于灰度图像来说，区域内部的像素一般具有灰度相似性，而在区域的边界上一般具有灰度不连续性。关于图像分割技术，由于问题本身的重要性和困难性，从20世纪70年代起，图像分割问题就吸引了很多研究人员为之付出了巨大的努力。虽然到目前为止，还不存在一个通用的完美的图像分割的方法，但是对于图像分割的一般性规律则基本上已经达成共识，产生了相当多的研究成果和方法。

　　本章将详细介绍深度学习技术在图像语义分割方面的技术路线，通过对理论与实践的结合，读者可对图像的语义分割有一个更加深入的认知。

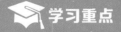
学习重点

◎掌握图像语义分割的目的及意义　　　◎了解传统图像语义分割方法

◎了解基于深度学习的图像语义分割方法

◎掌握深度学习分割模型FCN与U-Net

9.1 图像语义分割概述

扫一扫，看视频

人类感知外部世界的两大途径是听觉和视觉，其中，视觉信息是人类获取自然界信息的主要来源，约占人类获取外界信息总量的 80% 以上。图像以视觉为基础，通过观测系统直接获得客观世界的状态，它直接或间接地作用于人眼，反映的信息与人眼获得的信息一致，这决定了它和客观外界都是人类最主要的信息来源，图像处理也因此成为人们研究的热点之一 [45]。人眼获得的信息是连续的图像，在实际应用中，为了便于计算机等对图像进行处理，人们对连续图像进行了采样和量化等处理，得到了计算机能够识别的数字图像。数字图像具有信息量大、精度高、内容丰富、可进行复杂的非线性处理等优点，成为计算机视觉和图像处理的重要研究对象。数字图像分割就是将数字图像细分为若干个互不重叠的图像子区域的过程，其目的是简化或改变图像的表现形式，使得图像更容易理解和分析 [46-47]。图像语义分割过程示例如图 9-1 所示。

图9-1　图像语义分割过程示例

图像语义分割是图像分析的第一步，是计算机视觉的基础，是图像理解的重要组成部分，同时也是图像处理中最困难的问题之一。目前，数字图像语义分割的应用场景可大致分为自然图像分割、医学图像分割、卫星遥感图像分割 [46] 三大类。

在自然图像的应用场景下，图像分割可应用于汽车自动驾驶、工业自动化、生产过程控制、在线产品检验、图像编码、文档图像处理以及安保行业等。在医学图像应用场景下，图像分割对人们身体中发生病变的器官的三维显示或者对病变位置的确定与分析都起着有效的辅助作用，可作为医生给出临床诊断结果的参考指标，大幅降低了医生的工作强度，节省了工作时间。在卫星遥感图像应用场景下，高分辨率的遥感图像分割数据可以为自然灾害的监测与评估、地图的绘制与更新、森林资源及环境的监测与管理、农产品长势的检测与产量估计、城乡建设与规划、海岸区域的环境监测、考古和旅游资源的开发等提供详细的地面信息。目标房屋、道路的分割在城市建设、土地规划中都扮演着不可或缺的角色。

数字图像语义分割在社会发展的各行各业中都意义重大，各种优秀分割算法不断涌现出来，但至今仍没有找到一个通用的方法，也没有制定出一个判别分割结果好坏的标准[47]。相信在未来的研究中，一定会找到一种能够更好地解决数字图像语义分割问题的办法。

9.2　分割方法

　　根据分割技术的差异，可将图像分割方法划分为传统图像语义分割方法和基于深度学习的图像语义分割方法。传统图像语义分割方法指的是根据灰度、颜色、纹理和形状等特征把图像划分成若干互不交叠的区域，并使这些特征在同一区域内呈现出相似性，在不同区域内呈现出明显的差异性。基于深度学习的图像语义分割方法的主要思路是，使用像素级标注的图像，利用上采样、反卷积等特殊层，将普通卷积网络提取到的特征再还原回原图像尺寸，从而实现一种端到端的学习。

扫一扫，看视频

9.2.1　传统方法

　　多数传统图像分割算法均基于图像灰度值的不连续和相似的性质。传统图像分割算法包括基于阈值的分割方法、基于边缘的分割方法、基于区域的分割方法、基于图论的分割方法、基于能量泛函的分割方法、基于数学形态学的分割方法和运动分割方法等。

1. 基于阈值的分割方法

1）固定阈值分割

固定阈值分割通过固定图像的某个像素值为分割点。

2）直方图双峰法

普鲁伊特（Prewitt）等人于 20 世纪 60 年代中期提出的直方图双峰法（亦称 Mode 法）是典型的全局单阈值分割方法。该方法的基本思想是：假设图像中有明显的目标和背景，则其灰度直方图呈双峰分布，当灰度直方图具有双峰特性时，选取两峰之间的谷对应的灰度级作为阈值。如果背景的灰度值在整个图像中可以合理地看作为恒定，而且所有物体与背景都具有几乎相同的对比度，那么选择一个正确的、固定的全局阈值会有较好的效果。

算法实现步骤：找到第一个峰值和第二个峰值，再找到第一个峰值和第二个峰值之间的谷值，谷值就是那个图像的分割点。

3）迭代阈值图像分割

算法实现步骤如下。

（1）统计图像灰度直方图，求出图像的最大灰度值和最小灰度值，分别记为 $P_{\max}$ 和 $P_{\min}$，令初始阈值 $T_0 = (P_{\max} + P_{\min}) / 2$。

（2）根据阈值 T_K 将图像分割为前景和背景，计算小于 T_0 的所有灰度的均值 Z_1 和大于 T_0 的所有灰度的均值 Z_2。

（3）求出新阈值 $T_{K+1} = (Z_1 + Z_2)/2$。

（4）若 $T_K = T_{K+1}$，则所得即为阈值；否则转到步骤（2），迭代计算。

4）自适应阈值分割 OTSU（最大类间方差法）

有时候物体和背景的对比度在图像中不是处处一样的，普通阈值分割难以起作用。这时候可以根据图像的局部特征采用不同的阈值进行分割。方法是将图像分为几个区域，分别选择阈值，或动态地根据一定的邻域范围选择每点处的阈值，从而进行图像分割。

OTSU 分割法按照图像的灰度特性，将图像分为背景和目标两部分。背景和目标之间的类间方差越大，说明构成图像的两部分的差别越大，部分目标错分为背景或部分背景错分为目标，都会导致两部分差别变小。因此，使类间方差最大的分割意味着错分概率最小。

阈值分割的优点是计算简单、运算效率较高、速度快。全局阈值对于灰度相差很大的不同目标和背景能进行有效的分割。当图像的灰度差异不明显或不同目标的灰度值范围有重叠时，应采用局部阈值或动态阈值分割法。但是这种方法只考虑像素本身的灰度值，一般不考虑空间特征，因而对噪声很敏感。在实际应用中，阈值法通常与其他方法结合使用。

阈值设定易受噪声和光亮度影响。近年来的方法有用最大相关性原则选择阈值的方法、基于图像拓扑稳定状态的方法、Yager 测度极小化方法、灰度共生矩阵方法、方差法、熵法、峰值和谷值分析法等，其中，自适应阈值法、最大熵法、模糊阈值法、类间阈值法是对传统阈值法改进较成功的几种算法。更多的情况下，会综合运用两种或两种以上的方法选择阈值，这也是图像分割发展的一个趋势。

2. 基于边缘的分割方法

所谓边缘，是指图像中两个不同区域的边界线上连续像素点的集合，是图像局部特征不连续性的反映，体现了灰度、颜色、纹理等图像特性的突变。通常情况下，基于边缘的分割方法是指基于灰度值的边缘检测，它是建立在边缘灰度值会呈现出阶跃型或屋顶型变化这一观测基础上的方法。

阶跃型边缘两边像素点的灰度值存在着明显的差异，而屋顶型边缘则位于灰度值上升或下降的转折处。正是基于这一特性，可以使用微分算子进行边缘检测，即使用一阶导数的极值与二阶导数的过零点来确定边缘，具体实现时可以使用图像与模板进行卷积来完成。

常用灰度的一阶或者二阶微分算子进行边缘检测。常用的微分算子有一次微分（Sobel 算子、Robert 算子等）、二次微分（拉普拉斯算子等）和模板操作（Prewit 算子、Kirsch 算子等）。

基于边缘的分割方法的难点在于边缘检测时抗噪性和检测精度之间的矛盾。若提高检测精度，则噪声产生的伪边缘会导致不合理的轮廓；若提高抗噪性，则会产生轮廓漏检和位置偏差。为此，人们提出各种多尺度边缘检测方法，根据实际问题设计多尺度边缘信息的结合方案，以较好地兼顾抗噪性和检测精度。

3. 基于区域的分割方法

基于区域的分割方法是将图像按照相似性准则分成不同的区域，主要包括种子区域生长法、区域分裂合并法和分水岭图像分割法等几种类型。这里重点介绍分水岭图像分割法。

分水岭图像分割法是一种基于拓扑理论的数学形态学的分割方法，其基本思想是把图像看作测地学上的拓扑地貌，图像中每一点像素的灰度值表示该点的海拔高度，每一个局部极小值及其影响区域称为集水盆，而集水盆的边界则形成分水岭。该算法的实现可以模拟成洪水淹没的过程，图像的最低点首先被淹没，然后水逐渐淹没整个山谷。当水位到达一定高度的时候将会溢出，这时在水溢出的地方修建堤坝，重复这个过程直到整个图像上的点全部被淹没，所建立的一系列堤坝就成为分开各个盆地的分水岭。分水岭算法对微弱的边缘有着良好的响应，但图像中的噪声会使分水岭算法产生过分割的现象。为了达到更好的分割效果，常常将分水岭算法应用到梯度图像上，而不是图像本身。

基于区域的分割方法往往会造成图像的过度分割，而单纯的基于边缘的检测方法有时不能提供较好的区域结构，为此可将基于区域的方法和边缘检测的方法结合起来，发挥各自的优势以获得更好的分割效果。

以下代码展示了使用 Python+OpenCV 实现图像固定阈值分割的过程。

【案例 9.1】　OpenCV 图像固定阈值分割代码。

```
# 导入OpenCV库
import cv2
# 读取图像，imread()函数中，第一个参数指图像路径，第二个参数"0"指将图像灰度化
image=cv2.imread("xxx.png",0)
# 固定图像分割阈值为110，灰度值大于110的被设置为白色，小于110的被设置为黑色
ret,image=cv2.threshold(image,110,255,cv2.THRESH_BINARY)
# 显示图像
cv2.imshow('gray-map', image)
cv2.waitKey(0)
cv2.destroyAllWindows()
```

图 9-2 所示为原图和经过固定阈值分割法分割后的结果图。

（a）原图　　　　　　　　　　　（b）结果图

图9-2　固定阈值分割法示例图

传统图像分割方法还包括基于图论的分割方法、基于能量泛函的分割方法、基于数学形态学的分割方法、运动分割方法等，它们曾在图像分割领域展现出良好的性能。随着图像种类及场景复杂度的增加，传统图像分割算法依旧面临着严峻的挑战。近几年，人们开始把目光投向兴起的深度学习以寻求更精确的算法来应对种类繁多、场景复杂的图像分割任务。随着卷积神经网络的问世，涌现出了一批优秀的图像分割算法，深度学习在图像分割方面表现出了其卓越的性能。

9.2.2　深度学习图像分割方法

传统的图像处理技术主要包括特征提取和分类器两部分，特征提取算法的设计复杂性与应用局限性、稳定性以及特定的特征提取算法与特定的分类器相结合的多样性限制着图像处理技术的发展。神经网络的出现使端到端的图像处理成为可能，当网络的隐藏层发展到多层时便称为深度学习，但同时需要用逐层初始化技术解决深层次网络训练难度大的问题，之后深度学习便成为时代的主角。卷积神经网络便是深度学习与图像处理技术相结合所产生的经典模型，实现该模型的网络实例在特定的图像问题处理上都卓有成效。

神经网络能和图像领域相结合并呈现巨大的发展前景是有生物学依据的。人类视觉信息处理机制是 19 世纪生物学界的重大发现之一，它证明了大脑可视皮层是分级存在的。人的视觉系统是一个反复抽象和迭代的过程，而卷积神经网络就模拟了这个过程。首先，每一个卷积层便是将具体信息做抽象的过程，而多个卷积层串联操作便是将上一层的抽象结果再做抽象处理的过程，称为迭代。在这个抽象迭代的过程中，不断抽取大脑可感知的高维度特征。如当一幅图像经过视网膜进入视野时，大脑首先会将光线像素等信息抽象为图像边缘信息，然后再抽象为目标物体的某一部位，最后抽象为物体轮廓，形成对整个目标的感知。

随着深度学习的发展，在分割任务中出现了许多优秀的网络。根据实际分割应用任务的不同，可以大致将分割分为 3 个研究方向：语义分割、实例分割、全景分割。这 3 种分割在某种意义上是具有一定联系的。

（1）语义分割：像素级别的语义分割，对图像中的每个像素都划分出对应的类别，即实现像素级别的分类。

（2）实例分割：类的具体对象即为实例，实例分割不但要进行像素级别的分类，还需要在具体的类别基础上区分不同的实例。

（3）全景分割：语义分割和实例分割的泛化，但引入了新的算法挑战。与语义分割不同的是，全景分割需要区分单个目标实例，这对完全卷积网络提出了挑战；与实例分割不同的是，在全景分割目标分割必须是非重叠的，这对独立于操作每个目标的基于区域的方法提出了挑战。

本章着重探讨数字图像的语义分割。最具代表性的基于深度学习的图像语义分割算法包括全卷积神经网络（FCN）、DeepLab、U-Net 等。感兴趣的读者可继续深入了解实例分割模型 Mask-RCNN。

本章的剩余部分会先讲解语义分割模型 FCN、U-Net 的理论知识，再通过实例代码加深读者对这两个算法的认知理解。

9.3　实战：自然图像分割模型 FCN

传统的基于卷积神经网络的分割方法的做法是：为了对一个像素分类，使用该像素周围的一个图像块作为卷积神经网络的输入用于训练和预测。这种方法有几个缺点：一是存储开销很大，例如对每个像素使用的图像块的大小为 15×15，则所需的存储空间为原来图像的 225 倍；二是计算效率低下，相邻的像素块基本上是重复的，针对每个像素块逐个计算卷积，这种计算也有很大程度上的重复；三是像素块的大小限制了感知区域的大小，通常像素块的大小比整幅图像的大小小很多，只能提取一些局部的特征，从而导致分类的性能受到限制。

扫一扫，看视频

针对以上问题，乔纳森（Jonathan）等人于 2015 年提出了全卷积网络（FCN）[48] 结构。FCN 可以对图像进行像素级的分类，从而解决了语义级别的图像分割问题。与经典的卷积神经网络在卷积层之后使用全连接层得到固定长度的特征向量进行分类（全连接层 +Softmax 输出）不同，全卷积网络可以接受任意尺寸的输入图像，采用反卷积层对最后一个卷积层的特征图进行上采样，使它恢复到与输入图像相同的尺寸，从而可以对每个像素都产生一个预测，同时保留原始输入图像中的空间信息，最后在上采样的特征图上进行逐像素分类，完成最终的图像分割。FCN 的网络结构如图 9-3 所示，FCN 模型分割实例如图 9-4 所示。

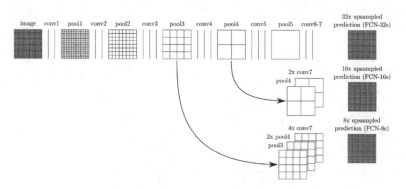

图9-3　FCN网络结构

图9-4　FCN模型分割实例

如图 9-3 所示，对原图进行第一次卷积、池化（conv1、pool1）后图像缩小为原图的 1/2；对图像进行第二次卷积、池化（conv2、pool2）后图像缩小为原图的 1/4；对图像进行第三次卷积、池化（conv3、pool3）后图像缩小为原图的 1/8，此时保留 pool3 的特征图；对图像进行第四次卷积、池化（conv4、pool4）后图像缩小为原图的 1/16，此时保留 pool4 的特征图；对图像进行第五次卷积、池化（conv5、pool5）后图像缩小为原图的 1/32，然后把原来 CNN 操作过程中的全连接变成卷积操作的 conv6、conv7，图像特征图的大小依然为原图的 1/32，此时图像不再叫特征图，而是叫热度图。

其实直接使用前两种结构就已经可以得到结果了，这个上采样是通过反卷积（deconvolution）实现的，对第五层的输出（32 倍放大）反卷积到原图大小。但是这时得到的结果还不够精确，一些细节无法恢复。于是将第四层的输出和第三层的输出也依次反卷积，分别需要 16 倍和 8 倍上采样，结果就更精细一些。这种做法的好处是兼顾了图像的局部和全局信息。

FCN 具体代码及注释如下。

【案例 9.2】 FCN 图像分割代码实现。

```
#encoding=utf-8
from tensorflow.keras.applications import vgg16
from tensorflow.keras.models import Model, Sequential
from tensorflow.keras.layers import Conv2D, Conv2DTranspose,
Input, Cropping2D, add, Dropout, Reshape, Activation
from tensorflow.keras.callbacks import ModelCheckpoint, TensorBoard
import math
import numpy as np
import cv2
import glob
import itertools
import random
# FCN32 模型
def FCN32(nClasses, input_height, input_width):
    assert input_height % 32 == 0
    assert input_width % 32 == 0
    img_input = Input(shape=(input_height, input_width, 3))
    model = vgg16.VGG16(include_top=False, weights='imagenet', input_tensor=img_input)
    assert isinstance(model, Model)
    o = Conv2D( filters=4096, kernel_size=(7,7),
                padding="same", activation="relu", name="fc6") ( model.output)
    o = Dropout(rate=0.5)(o)
    o = Conv2D( filters=4096, kernel_size=(1,1),
                padding="same", activation="relu", name="fc7")(o)
    o = Dropout(rate=0.5)(o)
```

```python
    o = Conv2D(filters=nClasses, kernel_size=(1, 1), padding="same", activation="relu",
               kernel_initializer="he_normal", name="score_fr")(o)
    o = Conv2DTranspose(filters=nClasses, kernel_size=(32, 32), strides=(32, 32),
                        padding="valid", activation=None,name="score2")(o)
    o = Reshape((-1, nClasses))(o)
    o = Activation("softmax")(o)
    fcn = Model(inputs=img_input, outputs=o)
    # mymodel.summary()
    return fcn
# 图像处理函数
def getImageArr(im):
    img = im.astype(np.float32)
    img[:, :, 0] -= 103.939
    img[:, :, 1] -= 116.779
    img[:, :, 2] -= 123.68
    return img
def getSegmentationArr(seg, nClasses, input_height, input_width):
    seg_labels = np.zeros((input_height, input_width, nClasses))
    for c in range(nClasses):
        seg_labels[:, :, c] = (seg == c).astype(int)
    seg_labels = np.reshape(seg_labels, (-1, nClasses))
    return seg_labels
# 数据迭代器
def imageSegmentationGenerator(images_path, segs_path, batch_size, n_classes, input_height,
                              input_width):
    assert images_path[-1] == '/'
    assert segs_path[-1] == '/'
    images = sorted(glob.glob(images_path + "*.jpg") + glob.glob(images_path + "*.png") + glob.
                    glob(images_path + "*.jpeg"))
    segmentations = sorted(glob.glob(segs_path + "*.jpg") + glob.glob(segs_path + "*.png") + glob.
                           glob(segs_path + "*.jpeg"))
    zipped = itertools.cycle(zip(images, segmentations))
    while True:
        X = []
        Y = []
        for _ in range(batch_size):
            im, seg = zipped.__next__()
            im = cv2.imread(im, 1)
            seg = cv2.imread(seg, 0)
            assert im.shape[:2] == seg.shape[:2]
```

```
        assert im.shape[0] >= input_height and im.shape[1] >= input_width
        xx = random.randint(0, im.shape[0] - input_height)
        yy = random.randint(0, im.shape[1] - input_width)
        im = im[xx:xx + input_height, yy:yy + input_width]
        seg = seg[xx:xx + input_height, yy:yy + input_width]
        X.append(getImageArr(im))
        Y.append(getSegmentationArr( seg,n_classes,input_height,input_width))
    yield np.array(X), np.array(Y)
# 训练模型
train_images_path = "data/dataset1/images_prepped_train/"
train_segs_path = "data/dataset1/annotations_prepped_train/"
train_batch_size = 8, n_classes = 11, epochs = 500
input_height = 320
input_width = 320
val_images_path = "data/dataset1/images_prepped_test/"
val_segs_path = "data/dataset1/annotations_prepped_test/"
val_batch_size = 8
m = FCN32(n_classes, input_height=input_height, input_width=input_width)
m.compile(loss='categorical_crossentropy',optimizer="adadelta",metrics=['acc'])
G = imageSegmentationGenerator(train_images_path, train_segs_path, train_batch_size, n_classes=n_
                    classes, input_height=input_height, input_width=input_width)
G_test = imageSegmentationGenerator(val_images_path, val_segs_path, val_batch_size, n_classes=n_
                    classes, input_height=input_height, input_width=input_width)
checkpoint = ModelCheckpoint(filepath="model.h5",monitor='acc', mode='auto', save_best_
                    only='True')
m.fit_generator(generator=G,steps_per_epoch=math.ceil(367. / train_batch_size),epochs=epochs, callba
                cks=[checkpoint],verbose=1,validation_data=G_test,validation_steps=8,shuffle=True)
# 模型预测
n_classes = 11
input_height = 320
input_width = 320
colors = [ (random.randint(0, 255), random.randint(0, 255),
random.randint(0, 255)) for _ in range(n_classes)]
def label2color(colors, n_classes, seg):
  seg_color = np.zeros((seg.shape[0], seg.shape[1], 3))
  for c in range(n_classes):
    seg_color[:, :, 0] += ((seg == c) * (colors[c][0])).astype('uint8')
    seg_color[:, :, 1] += ((seg == c) * (colors[c][1])).astype('uint8')
    seg_color[:, :, 2] += ((seg == c) * (colors[c][2])).astype('uint8')
  seg_color = seg_color.astype(np.uint8)
```

```
    return seg_color
m.load_weights("model1.h5")
im = cv2.imread("./data/dataset1/images_prepped_test/0016E5_08159.png", 1)
im=cv2.resize(im,(input_height,input_width))
pr = m.predict(np.expand_dims(getImageArr(im), 0))[0]
pr = pr.reshape((input_height, input_width, n_classes)).argmax(axis=2)
pre=label2color(colors, n_classes, pr)
cv2.imwrite("FCN.png",pre)
```

9.4 实战：医学图像分割模型 U-Net

图像分割在影像学诊断中大有用处。自动分割能帮助医生确认病变肿瘤的大小，定量评价治疗前后的效果。除此之外，器官和病灶的识别与甄别也是影像科医生的一项日常工作。CT和磁共振的数据都是三维数据，这意味着对器官和病灶的分割需要逐层进行。如果都是手动分割，会给医生带来繁重的工作量。实际上，已经有很多学者提出了许多医学影像的分割方法，但由于医学影像复杂，分割目标多变，仍有很多自动分割问题等待解决。

对于医学影像分割，有一个好消息和一个坏消息：好消息是对于医学影像而言，往往不需要进行多分类，只需要进行病灶或器官的区分即可；坏消息是医学影像所需的分割精度较高，同时稳定性也需要很高，但医学影像往往信噪比相对较低，即使是医生也需要长期的专业训练，而一致性也往往会受到医生经验、疲劳程度和耐心程度的限制。

全卷积神经网络（FCN）作为分割的代表性工作得到了广泛关注，其核心思想在于将在ImageNet 数据集上已经训练好的网络中深层网络的全连接层改为全卷积层，从而保存分割的位置信息，但是由于最终的分割结果只利用了深层特征映射（特征图），因此分割结果不够精确。

于 2015 年提出的 U-Net[49] 首先将跨越连接的思想应用于分割问题，并将其运用在细胞图像的分割和肝脏 CT 图像的分割上，得到了当时最为精确的结果。其特点在于利用底层信息补充高层信息，使得分割的精确度大大提升。

图 9-5 所示为 U-Net 的网络结构，它将浅层网络中的输出和深层网络中的输出合并在一起，使得网络在最终输出的时候能够同时考虑浅层信息和深层信息的贡献。和 FCN 这种对不同层的池化结果进行上采样的思路不同，U-Net 的合并操作有效地避免了 FCN 中语义信息和分割细节此消彼长的情况。浅层的输出保存了空域细节信息，深层的输出则保存了相对抽象的语义信息，二者合二为一提升了分割效果。图 9-6 所示为 U-Net 模型分割实例。

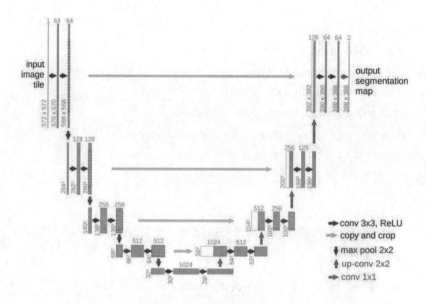

图9-5　U-Net网络结构

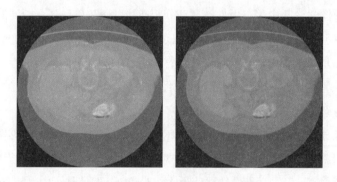

图9-6　U-Net模型分割实例

　　通俗来讲，U-Net 也是卷积神经网络的一种变形，因其结构形似字母 U 而得名。整个神经网络主要由两部分组成：收缩路径（contracting path）和扩展路径（expanding path）。收缩路径主要用来捕捉图片中的上下文信息（context information），而与之相对称的扩展路径则是为了对图片中需要分割出来的部分进行精准定位（localization）。U-Net 诞生的一个主要前提是，很多时候深度学习的结构需要大量的样本和计算资源，但是 U-Net 基于 FCN 进行改进，并且利用数据增强（data augmentation）可以对一些比较少样本的数据进行训练，特别是医学方面相关的数据（医学数据比一般我们所看到的图片及其他文本数据的获取成本更大，不论是时间成本还是资源的消耗），所以 U-Net 的出现对于深度学习用于较少样本的医学影像是很有帮助的。

　　U-Net 不是简单地像 FCN 那样对图片进行编码和解码。为了能精准地定位，U-Net 在扩张路径的上采样（upsampling）中会融合收缩路径中的浅层特征图，以最大限度地保留前面下采样（downsampling）过程中的一些重要特征信息。为了使网络能更高效地运行，网络结构中没有使用全连接层（fully connected layers），这样可以在很大程度上减少需要训练的参数。U-Net 的特殊模型结构可以很好地保留图片中的细节信息。

在 U-Net 的收缩路径上，每两个 3×3 的无边缘填充的卷积层（unpadded convolutional layers）后会跟一个 2×2 的最大池化层（Maxpooling Layer，步长为 2），并且每个卷积层后面会采用 ReLU 激活函数。除此之外，每一次下采样都会增加一倍的通道数。

在扩展路径的上采样中，每一步都会有一个 2×2 的反卷积层（激活函数也是 ReLU）和两个 3×3 的卷积层，与此同时，每一步的上采样都会融合来自相对应收缩路径的浅层特征图（经裁剪以保持相同的形状）。

在网络的最后一层是一个 1×1 的卷积层，通过这一操作可以将 64 通道的特征向量转换为所需要的分类结果的数量。最终，U-Net 的整个网络一共有 23 层卷积层。U-Net 的一个重要优点是其基本可以对任意形状大小的图片进行卷积操作，特别是任意大的图片。

以下为 U-Net 模型的具体代码及解析。

【案例 9.3】 U-Net 图像分割代码实现。

```python
# 导入所需的各种Python库
import os
# 数学计算库
import numpy as np
import pandas as pd
# 图像操作库
import cv2
# 图像可视化库
import matplotlib.pyplot as plt
# 用于数据集的划分
from sklearn.model_selection import train_test_split
# 从Keras框架导入搭建模型所需的各种库
# 模型
from tensorflow.keras.models import Model
# 隐藏层各种组件
from tensorflow.keras.layers import *
# 模型优化器
from tensorflow.keras.optimizers import Adam
# 正则化
from tensorflow.keras.regularizers import l2
# 数据增强
from tensorflow.keras.preprocessing.image import ImageDataGenerator
import tensorflow.keras.backend as K
from tensorflow.keras.callbacks import LearningRateScheduler, ModelCheckpoint
# 训练图像路径
IMAGE_LIB = '../input/2d_images/'
# 图像标签路径
MASK_LIB = '../input/2d_masks/'
```

```
# 图像大小
IMG_HEIGHT, IMG_WIDTH = 512, 512
# 数据增强种子数
SEED=42
# 找到训练图片路径下所有图像
all_images = [x for x in sorted(os.listdir(IMAGE_LIB)) if x[-4:] == '.tif']
# 声明空数组，后续用于存放训练图片
x_data = np.empty((len(all_images), IMG_HEIGHT, IMG_WIDTH), dtype='float32')
# 读取图片，存入之前所声明的空数组
for i, name in enumerate(all_images):
  im = cv2.imread(IMAGE_LIB +
      name, cv2.IMREAD_UNCHANGED).astype("int16").astype('float32')
  im = cv2.resize(im, dsize=(IMG_WIDTH,
      IMG_HEIGHT), interpolation=cv2.INTER_LANCZOS4)
  im = (im - np.min(im)) / (np.max(im) - np.min(im))
x_data[i] = im
# 声明空数组，后续用于存放训练标签
y_data = np.empty((len(all_images), IMG_HEIGHT, IMG_WIDTH), dtype='float32')
# 读取图片，存入之前所声明的空数组
for i, name in enumerate(all_images):
  im = cv2.imread(MASK_LIB + name, cv2.IMREAD_UNCHANGED).astype('float32')/255.
  im = cv2.resize(im, dsize=(IMG_WIDTH,
      IMG_HEIGHT), interpolation=cv2.INTER_NEAREST)
  y_data[i] = im
# 可视化读取的训练图片及其对应的标签
fig, ax = plt.subplots(1,2, figsize = (8,4))
ax[0].imshow(x_data[0], cmap='gray')
ax[1].imshow(y_data[0], cmap='gray')
plt.show()
# 给训练数据及对应的标签数组增加维度
x_data = x_data[:,:,:,np.newaxis]
y_data = y_data[:,:,:,np.newaxis]
# 划分训练验证数据集
x_train, x_val, y_train, y_val = train_test_split(x_data, y_data, test_size = 0.5)
# 定义评价函数
def dice_coef(y_true, y_pred):
  y_true_f = K.flatten(y_true)
  y_pred_f = K.flatten(y_pred)
  intersection = K.sum(y_true_f * y_pred_f)
  return (2. * intersection + K.epsilon()) / (K.sum(y_true_f) + K.sum(y_pred_f) + K.epsilon())
```

```
# 定义U-Net网络模型
input_layer = Input(shape=x_train.shape[1:])
c1 = Conv2D(filters=8, kernel_size=(3,3), activation='relu', padding='same')(input_layer)
l = MaxPool2D(strides=(2,2))(c1)
c2 = Conv2D(filters=16, kernel_size=(3,3), activation='relu', padding='same')(l)
l = MaxPool2D(strides=(2,2))(c2)
c3 = Conv2D(filters=32, kernel_size=(3,3), activation='relu', padding='same')(l)
l = MaxPool2D(strides=(2,2))(c3)
c4 = Conv2D(filters=32, kernel_size=(1,1), activation='relu', padding='same')(l)
l = concatenate([UpSampling2D(size=(2,2))(c4), c3], axis=-1)
l = Conv2D(filters=32, kernel_size=(2,2), activation='relu', padding='same')(l)
l = concatenate([UpSampling2D(size=(2,2))(l), c2], axis=-1)
l = Conv2D(filters=24, kernel_size=(2,2), activation='relu', padding='same')(l)
l = concatenate([UpSampling2D(size=(2,2))(l), c1], axis=-1)
l = Conv2D(filters=16, kernel_size=(2,2), activation='relu', padding='same')(l)
l = Conv2D(filters=64, kernel_size=(1,1), activation='relu')(l)
l = Dropout(0.5)(l)
output_layer = Conv2D(filters=1, kernel_size=(1,1), activation='sigmoid')(l)
model = Model(input_layer, output_layer)
# 打印模型结构
model.summary()
# 数据增强函数
def my_generator(x_train, y_train, batch_size):
    data_generator = ImageDataGenerator(
        width_shift_range=0.1,
        height_shift_range=0.1,
        rotation_range=10,
        zoom_range=0.1).flow(x_train, x_train, batch_size, seed=SEED)
    mask_generator = ImageDataGenerator(
        width_shift_range=0.1,
        height_shift_range=0.1,
        rotation_range=10,
        zoom_range=0.1).flow(y_train, y_train, batch_size, seed=SEED)
    while True:
        x_batch, _ = data_generator.next()
        y_batch, _ = mask_generator.next()
        yield x_batch, y_batch
# 可视化进行数据增强后的训练数据
image_batch, mask_batch = next(my_generator(x_train, y_train, 8))
fix, ax = plt.subplots(8,2, figsize=(8,20))
```

```
for i in range(8):
    ax[i,0].imshow(image_batch[i,:,:,0])
    ax[i,1].imshow(mask_batch[i,:,:,0])
plt.show()
# 编译模型
model.compile(optimizer=Adam(2e-4), loss='binary_crossentropy', metrics=[dice_coef])
# 定义回调函数
weight_saver = ModelCheckpoint('data.h5', monitor='val_dice_coef',
                save_best_only=True,save_weights_only=True)
# 定义学习率变化函数
annealer = LearningRateScheduler(lambda x: 1e-3 * 0.8 ** x)
# 训练模型
hist = model.fit_generator(my_generator(x_train, y_train, 8),steps_per_epoch = 200,
                        validation_data = (x_val, y_val),epochs=10, verbose=2,
                        callbacks = [weight_saver, annealer])
# 可视化评价函数和损失函数在训练过程中的变化趋势
plt.plot(hist.history['loss'], color='b')
plt.plot(hist.history['val_loss'], color='r')
plt.show()
plt.plot(hist.history['dice_coef'], color='b')
plt.plot(hist.history['val_dice_coef'], color='r')
plt.show()
# 加载模型
model.load_weights('data.h5')
# 预测，并可视化预测结果
plt.imshow(model.predict(x_train[0].reshape(1,IMG_HEIGHT,
IMG_WIDTH, 1))[0,:,:,0], cmap='gray')
```

9.5　习题

简答题

（1）阈值图像分割方法属于哪一类图像分割方法？

（2）全卷积神经网络（FCN）可以通过什么提高图像分割精度？

（3）全卷积神经网络适用于哪类场景的图像分割？

（4）图像分割模型 U-Net 融合浅层特征的方式是什么？

（5）U-Net 模型适用于哪一类场景的图像分割？

第10章
循环神经网络

在前面的章节中讲到了卷积神经网络的网络结构，并介绍了如何使用卷积神经网络解决图像识别问题。本章将介绍另一种常用的神经网络——循环神经网络(Recurrent Neural Network, RNN)以及循环神经网络中的一些变种，其中最具有代表性的为长短期记忆网络(Long Short-Time Memory, LSTM)。本章也将介绍循环神经网络在股票预测上的应用和在时序分析问题中的应用，并给出具体的TensorFlow程序来解决一些经典的问题。

 学习重点

◎掌握循环神经网络的基本原理　　◎掌握长短期记忆网络（LSTM）

◎了解LSTM中门结构的作用　　　　◎了解循环神经网络的变种

◎掌握循环神经网络在TensorFlow中基础子类的搭建

◎了解初始化和优化RNN

10.1　循环神经网络概述

　　循环神经网络（Recurrent Neural Network，RNN）是一类用于处理序列数据的神经网络。就像卷积神经网络是专门用来处理网格化数据 x（一个图像）的神经网络一样，循环神经网络是专门用于处理序列 $x^{(1)}$，$x^{(2)}$，…，$x^{(T)}$ 的神经网络。循环神经网络可以很容易地扩展到更长的序列，大多数循环神经网络也能处理可变长度的序列。循环神经网络源自 1982 年由约翰·霍普菲尔德（John Hopfield）提出的霍普菲尔德网络 [50]。霍普菲尔德网络因为实现难度大，在当时并没有被合适地应用。该网络结构也于 1986 年后被全连接神经网络以及一些传统的机器学习算法所取代。然而，传统的机器学习算法非常依赖于人工提取的特征，使得基于传统机器学习的图像识别、语音识别以及自然语言处理等问题存在特征提取的瓶颈。而基于全连接神经网络的方法也存在参数太多、无法利用数据中时间序列信息的问题。随着更加有效的循环神经网络结构被不断提出，循环神经网络挖掘数据中的时序信息以及语义信息的深度表达能力被充分利用，并在语音识别、语言模型、机器翻译以及时序分析等方面取得了突破。

　　循环神经网络的主要用途是处理和预测序列数据。在之前介绍的全连接神经网络或卷积神经网络模型中，网络结构都是从输入层到隐藏层再到输出层，层与层之间是全连接或部分连接的，但每层之间的节点是无连接的。考虑这样的一个问题，如果要预测一个句子的下一个单词是什么，一般需要用到当前单词以及前面已经学习过的单词，因为句子中的前后单词并不是相互独立的，而是之间存在一定联系的。循环神经网络的来源就是为了刻画一个序列当前的输出与之前信息关系的。从网络结构上，循环神经网络会记忆之前的信息，并利用之前的信息影响以后的信息。也就是说，循环神经网络的隐藏层之间的节点是有连接的，隐藏层的输入不仅包括输入层的输出，还包括上一时刻的状态。

　　计算图是一种形式化计算结构的方式，如那些涉及将输入和参数映射到输出和损失的计算，对展开循环计算得到的重复结构进行解释，这些重复的结构通常对应一个事件链。例如，在动态展开图中的一个经典算法为

$$s^{(t)} = f(s^{(t-1)}; \theta) \tag{10-1}$$

式中，$s^{(t)}$ 称为系统的状态。

　　s 在时刻 t 的定义需要参考 $t-1$ 时同样的定义，因此，式（10-1）是循环的。对有限时间 t，$t-1$ 次应用这个定义可以展开这个图。例如，设 $t=3$，对式（10-1）展开，可以得到

$$s^{(3)} = f(s^{(2)}; \theta) = f(f(s^{(1)}; \theta); \theta) \tag{10-2}$$

式（10-1）和式（10-2）的展开计算图如图 10-1 所示。

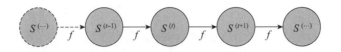

图10-1　经典动态系统的展开计算图

图 10-1 中，每个节点表示在某个 t 时刻的状态，并且函数 f 将 t 时刻的状态映射到 $t+1$ 时刻的状态。所有时间步都使用相同的参数（用于参数化 f 的相同 θ 值）。循环神经网络可以通过许多不同的方式建立。就像几乎所有函数都可以被认为是前馈网络一样，本质上任何涉及循环的函数都可以视为一个循环神经网络。很多循环神经网络使用式（10-3）或者类似的公式定义隐藏单元的值。为了表明状态是网络的隐藏单元，使用 h 来代表其状态：

$$h^{(t)} = f(h^{(t-1)}, x^{(t)}; \theta) \tag{10-3}$$

如图 10-2 所示，典型的 RNN 会增加额外的架构特性，如读取状态信息 h 进行预测的输出层。当训练循环神经网络根据过去预测未来时，网络通常要学会使用 $h^{(t)}$ 作为过去序列（直到 t）与任务相关反面的有损摘要。此摘要一般而言是有损的，因为其映射任意长度的序列（$x^{(t)}, x^{(t-1)}, x^{(t-2)}, \cdots, x^{(2)}, x^{(1)}$）到固定长度的向量 $h^{(t)}$。根据不同的训练准则，摘要可能选择性地精确保留过去序列的某些方面。例如，如果在统计语言建模中使用的 RNN 通常给定前一个词预测下一个词，那么可能没有必要存储时刻 t 前输入序列中的所有信息，而仅仅存储足够预测句子其余部分的信息即可。

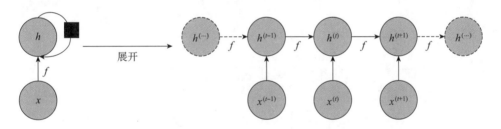

图10-2　典型RNN架构

10.2　理论基础

循环神经网络的主要用途是处理和预测序列数据。在之前介绍的全连接神经网络或卷积神经网络模型中，网络结构都是从输入层到隐藏层再到输出层，层与层之间是全连接或者部分连接的，但每层之间的节点是没有进行连接的。如果预测句子中的下一个词是什么，一般需要用到当前词以及以前的词，因为句子中前后词之间并不是相互独立的。比如，当前词是"很"，前一个词是"大海"，那么下一个词很大概率是"蓝"。循环神

扫一扫，看视频

经网络的目的就是刻画一个序列当前的输出与之前信息之间的关系。从网络结构上，循环神经网络会记住以前的信息，并利用之前的信息影响后面节点的输出。也就是说，循环神经网络隐藏层之间的节点是有连接的，隐藏层的输入不仅包括输入层的输出，还包括上一层隐藏层的输出。

图 10-3 展示了一个经典的循环神经网络，对于循环神经网络，一个非常重要的概念就是时刻。循环神经网络会对每一个时刻的输入结合当前模型状态给出一个输出。从图 10-3 可以看出，循环神经网络的主体结构 A 的输入除了来自当前输入层 x_t，还有一个循环的边来提供上一时刻的输出状态。在每一个时刻，循环神经网络的模块 A 会读取 t 时刻的输入 x_t，并输出一个值 h_t。同时，A 的状态也会从当前时刻传递到下一时刻。因此，循环神经网络可以被看成同一个神经网络进行无限复制的结果。但是由于优化的考虑，事实上无法做到真正意义上的循环，所以，现实中一般会将循环体展开，于是可以得到图 10-4 所展示的结构。

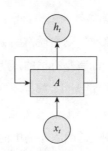

图10-3　循环神经网络经典结构

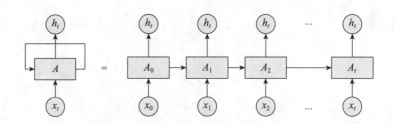

图10-4　循环神经网络按时间展开结构

在图 10-4 中可以更加清楚地看到循环神经网络在每一个时刻会有一个输入 x_t，然后根据循环神经网络当前的状态 A_t 提供一个输出 h_t。而循环神经网络当前的状态 A_t 是根据上一时刻的状态 A_{t-1} 和当前的输入 x_t 共同决定的。从循环神经网络的结构特征可以很容易看出，它主要是解决时间序列问题的。对于一个序列数据，可以将这个序列上不同时刻的数据依次传入循环神经网络的输入层中，而输出可以是对序列中下一个时刻的预测，也可以是对当前时刻信息状态的处理结果。目前，循环神经网络已经被广泛应用在语音识别、语言模型、机器翻译等时序问题上，并且取得了巨大成功 [51]。

图 10-5 展示了一个使用最简单的循环体结构的循环神经网络，在这个循环体中只使用了一个类似于全连接层的神经网络结构。下面将通过图 10-5 中所展示的神经网络来介绍循环神经网络前向传播的完整流程。

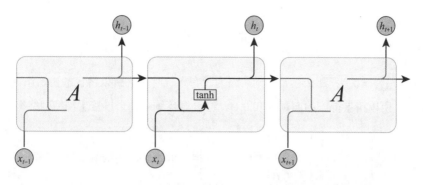

图10-5 使用最简单的循环体结构的循环神经网络

在神经网络中传输数据时都是通过向量来表示的，在循环神经网络中也是如此，该向量在循环神经网络中也被称为网络隐藏层的大小，假设其大小为 h。从图 10-5 可以看出，循环体中的输入由两部分构成，一部分是当前时刻的输入，另一部分是上一时刻的状态。假设输入的向量维度为 x，那么循环体中全连接层神经网络的输入大小为 $h+x$，也就是将上一时刻的状态与当前时刻的输入拼接为一个大的向量作为循环体中的输入。输出层的节点个数为 h，则循环体中的参数个数为 $(h+x) \times h + x$ 个。循环体中的输出不仅提供给下一时刻作为状态，同时也会作为当前时刻的输出。为了将当前时刻的状态转化为最终输出，循环神经网络还需要另外一个全连接神经网络来完成这个过程。为了让读者对循环神经网络的前向传播有一个更加直观的认识，图 10-6 展示了一个循环神经网络前向传播的计算过程。假设状态的维度为 2，输入、输出的维度为 1，且循环体中全连接层的权重为

$$w_{\mathrm{rnn}} = \begin{bmatrix} 0.1 & 0.2 \\ 0.3 & 0.4 \\ 0.5 & 0.6 \end{bmatrix} \tag{10-4}$$

偏置项的大小为 $b_{\mathrm{rnn}} = [0.1, -0.1]$；用于输出的全连接层权重为

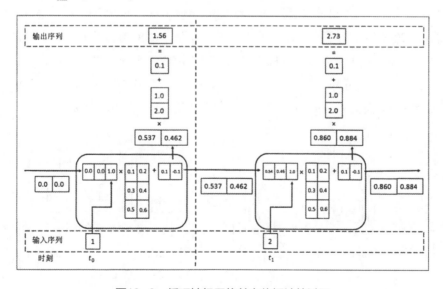

图10-6 循环神经网络前向传播计算过程

$$w_{output} = \begin{bmatrix} 1.0 \\ 2.0 \end{bmatrix} \qquad (10\text{-}5)$$

偏置项大小为 $b_{output} = 0.1$。那么在 t_0 时刻，因为没有上一时刻，所以将状态初始化为 [0,0]，而当前的输入为 1，所以拼接得到的向量为 [0,0,1]，通过循环体中的全连接层神经网络得到的结果为

$$\tanh\left([0,0,1] \times \begin{bmatrix} 0.1 & 0.2 \\ 0.3 & 0.4 \\ 0.5 & 0.6 \end{bmatrix} + [0.1,-0.1]\right) = \tanh([0.6,0.5]) = [0.537,0.462] \qquad (10\text{-}6)$$

该结果将作为下一时刻的输入状态，同时循环神经网络也会使用该状态生成输出结果。将该向量作为输入提供给输出的全连接神经网络，可以得到 t_0 时刻的最终输出为

$$[0.537,0.462] \times \begin{bmatrix} 1.0 \\ 2.0 \end{bmatrix} + 0.1 = 1.56 \qquad (10\text{-}7)$$

使用 t_0 时刻的状态可以类似地推导得出 t_1 时刻的状态 [0.86,0.884]，而 t_1 时刻的输出为 2.73。以此类推，就可以得到后面的值。在得到循环神经网络的前向传播之后，可以和其他神经网络类似定义损失函数。循环神经网络唯一的区别在于因为它每一步都有一个输出，所以总的损失为每一个时刻损失函数的总和。

与其他神经网络相同的是，定义完损失函数，再经过优化框架优化之后就可以自动完成模型训练的过程了。在这里需要指出的是，理论上循环神经网络可以支持任意长度的序列，但在实际中，如果序列过长，则会导致优化时出现梯度消散问题（vanishing gradient problem）[52]，所以实际中一般会规定一个最大长度，当序列长度超过规定长度之后会对序列进行截断。

1. RNN的结构

RNN 是最先在自然语言处理（Natural Language Processing，NLP）领域中被成功应用的。例如，2003 年，约书亚·本吉奥把 RNN 用于优化传统的"N 元统计模型（N-gram model）"[53]。针对不同的业务场景，RNN 有很多不同的拓扑结构。从输入、输出长度是否固定来区分，RNN 可以被分为 5 类：一对一（one to one）、一对多（one to many）、多对一（many to one）、多对多（many to many，同步）和多对多（异步），如图 10-7 所示。

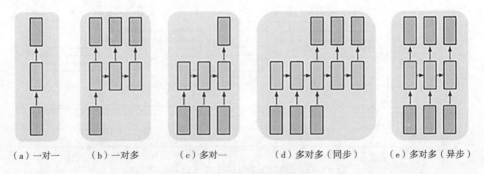

（a）一对一　　（b）一对多　　（c）多对一　　（d）多对多（同步）　　（e）多对多（异步）

图10-7　RNN的拓扑结构

2. BPTT

BPTT（back-propagation through time）是常用的训练 RNN 的方法，其本质仍是 BP 算法，只不过 RNN 处理的是时间序列数据，需要基于时间反向传播，所以被称为随时间反向传播。BPTT 的中心思想与 BP 算法相同,沿着需要优化的参数负梯度方向不断寻找更优的点直至收敛。综上所述，BPTT 的本质仍是 BP 算法，BP 算法的本质是梯度下降算法，那么求各个参数的梯度便成为 BPTT 的核心。

计算循环神经网络的梯度是非常容易的。可以简单地将 BP 神经网络中推广的反向传播与循环神经网络中的计算展开图结合在一起，而不需要其他特殊算法。由反向传播算法计算得到的梯度 [54,55]，再结合一些基于梯度的技术就可以训练 RNN。

循环神经网络对于序列输入 $\{x^{(t-1)}, x^{(t)}, x^{(t+1)},\cdots, x^{(n)}\}$，会有序列输出 $\{o^{(t-1)},o^{(t)},o^{(t+1)},\cdots,o^{(n)}\}$。最后的损失函数是把各个时间点 y_i 的单个损失值加起来。根据导数的性质（和的导数等于导数的和），可以化解成对每个损失值求导，最后加起来。因此问题归结于对于单个时间点关于 U、V、W 的偏导数。

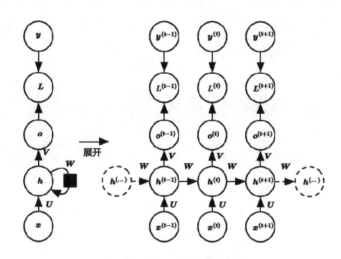

图10-8　计算循环网络

图 10-8 所示是一个标准的 RNN 计算循环网络。其中的箭头代表做一次变换，也就是说，箭头连接带有权值，并且权重是共享的，即图中参数 W 的值全是相同的，U 和 V 也是一样的。在右侧的展开结构中可以观察到，在标准的 RNN 结构中，隐层的神经元也是带有权值的，也就是说，随着序列的不断推进，前面的隐层将会影响后面的隐层。以时间节点 t 为例，$x^{(t)}$ 为输入样本，$h^{(t)}$ 为隐层信息，$o^{(t)}$ 为输出样本，L 为损失函数，可以发现损失值也是随着序列的推动而不断积累的。

为了很好地对 BPTT 进行了解，下面举例说明如何通过 BPTT 计算上述 RNN 公式的梯度。在图 10-8 中,可以明显地看到以 t 为索引的节点序列 $x^{(t)}$、$h^{(t)}$、$o^{(t)}$ 和 $L^{(t)}$。对于一个节点 N，需要根据节点 $N+1$ 的梯度，递归地计算 $\nabla_N L$。从紧接最终损失的节点开始递归，有

$$\frac{\partial L}{\partial L^{(t)}} = 1 \qquad (10\text{-}8)$$

从序列的末尾开始反向进行计算。在最后的时间步 T，$h^{(T)}$ 有 $o^{(T)}$ 作为后续节点，因此这个梯度很简单，为

$$\nabla_{h^{(T)}}L = V^T \nabla_{o^{(T)}}L \qquad (10\text{-}9)$$

然后，从时刻 $t=T-1$ 到 $t=1$ 进行反向迭代，通过时间反向传播梯度，$h^{(t)}(t<T)$ 同时具有 $o^{(t)}$ 和 $h^{(t+1)}$ 两个后续节点。因此，它的梯度为

$$\nabla_{h^{(t)}}L = \left(\frac{\partial h^{(t+1)}}{\partial h^{(t)}}\right)^T (\nabla_{h^{(t+1)}}L) + \left(\frac{\partial o^t}{\partial h^{(t)}}\right)^T (\nabla_{o^t}L)$$
$$= W^T(\nabla_{h^{(t+1)}}L)\mathrm{diag}(1-(h^{(t+1)})^2) + V^T(\nabla_{o^t}L) \qquad (10\text{-}10)$$

式中，$\mathrm{diag}(1-(h^{(t+1)})^2)$ 表示包含元素 $1-(h^{(t+1)})^2$ 的对角矩阵。这是关于时刻 $t+1$ 与隐藏单元 i 关联的双曲正切的雅克比矩阵。

在获取计算图内部节点的梯度后，就可以得到关于参数节点的梯度。参数 U、V、W 的值是共享的，与 BP 算法不同的是，其中 W 和 U 两个参数的寻优过程需要追溯之前的历史数据，参数 V 相对简单，只需要关注当前即可。

10.3　长短期记忆网络

RNN 在面对相对复杂的问题时，也存在一定的缺陷，其原因主要是激活函数所带来的问题。通常来讲，在神经网络中，激活函数最多存在六层，因为循环神经网络的反向误差会随着层数的增加而增加，传递的误差值则越来越小。在 RNN 中，误差传递不仅仅存在于层与层之间，也存在于每一层的样本序列间，所以 RNN 无法学习太长的序列特征。于是，神经网络学科中演化了许多 RNN 网络的变体，使得模型能够学习更长的序列特征。下面一起来看看 RNN 的各种变种以及内部的原理和结构。

10.3.1　长短期记忆网络简介

循环神经网络的关键点就是使用历史信息来帮助当前的决策，但是有用的信息间隔大小、长短不一，会限制循环神经网络的性能，而长短期记忆网络（Long Short-Term Memory，LSTM）[56] 可以解决这一问题。循环神经网络被成功应用的关键就在于 LSTM，在很多任务中 LSTM 的效果比传统循环神经网络表现得更好，其结构同样非常复杂。

LSTM 是 RNN 中一种特殊的类型，可以学习长期依赖信息。LSTM 通过刻意的设计来避免长期依赖问题，其结构如图 10-9 所示。

在图 10-9 中，每一条黑线代表整个向量的传输方向，从一个节点的输出到其他节点的输入。圆形的方框代表运算操作（如向量）；中间的方框代表学习到的神经网络层；合在一起的线代表向量的连接；分开的线代表内容被复制，然后分发到不同的位置。在标准的 RNN 中，这个重要的结构模块只有一个非常简单的结构。例如一个 tanh 层，LSTM 同样是这样的结构，但重复的模块拥有一个不同的结构，不用于单一的神经网络。这里是有 4 个不同的结构，它们以一种非常特殊的方式进行交互。

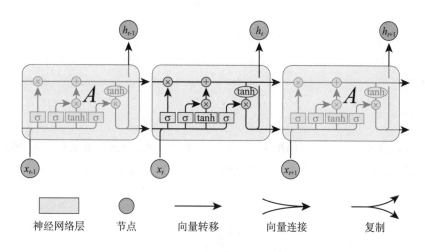

图10-9　LSTM的结构

这种结构的核心思想是引入一个叫作细胞状态的连接，这个细胞状态用来存放想要记忆的东西（对应于 RNN 中的 h，只不过里面不再只存放上一次的状态，而是通过网络学习存放那些有用的状态）。LSTM 靠一些"门"结构让信息有选择地影响神经网络中每个时刻的状态。所谓门结构，就是一个使用 Sigmoid 神经网络的操作和一个按位做乘法的操作合在一起。该结构之所以叫作"门"，是因为使用 Sigmoid 作为激活函数的全连接神经网络会输出一个 0~1 之间的数值，描述当前输入有多少信息量可以通过这个结构，该结构相当于一扇门，当门打开时（Sigmoid 神经网络层输出为 1 时），全部信息都可以通过；当门关上时（Sigmoid 神经网络层输出为 0 时），任何信息都无法通过。下面将介绍每一个"门"是如何工作的。

◎ 遗忘门：决定什么时候把以前的状态忘记。

◎ 输入门：决定什么时候加入新的状态。

◎ 输出门：决定什么时候把状态和输入放在一起输出。

1. 遗忘门

LSTM 中的第一步是决定会从细胞状态中丢弃什么信息。这个决定通过一个遗忘门来完成（见图 10-10）。该门会读取上一时刻的隐藏状态 h_{t-1} 和 x_t，输出一个 0~1 的数值给每个在细胞状态 C_{t-1} 中的数字。1 代表完全保留，0 代表完全舍弃。

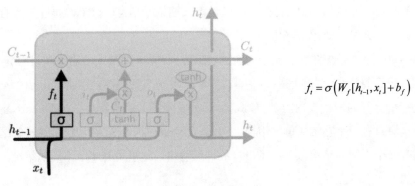

$$f_t = \sigma\left(W_f[h_{t-1}, x_t] + b_f\right)$$

图10-10　遗忘门

在语言模型例子中，假设细胞状态会包含当前主语的信息，于是根据这个状态便可以选择正确的代词，当我们遇到新的主语时，应该把新的主语记录下来，并在记忆中进行更新，希望忘记旧的主语。

2. 输入门

输入门可以分成两个部分，如图 10-11 所示。第一，通过 Sigmoid 层找到那些需要更新的细胞状态；第二，通过 tanh 层创建一个新的细胞状态向量 C_t 加入状态中。

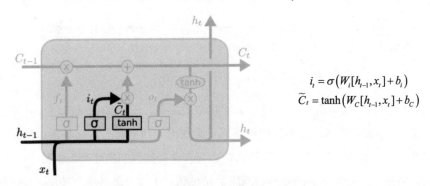

$$i_t = \sigma\left(W_i[h_{t-1}, x_t] + b_i\right)$$
$$\widetilde{C}_t = \tanh\left(W_C[h_{t-1}, x_t] + b_C\right)$$

图10-11　输入门

遗忘门找到需要忘记的信息 f_t 之后，将它与旧的状态相乘，丢弃掉需要丢弃的信息，再将结果加上 $i_t \times C_t$ 使细胞状态获得新的信息，这样就完成了细胞状态的更新，如图 10-12 所示。

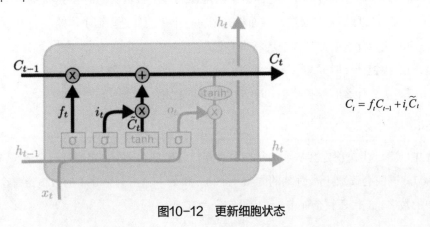

$$C_t = f_t C_{t-1} + i_t \widetilde{C}_t$$

图10-12　更新细胞状态

3. 输出门

最后，需要确定输出什么值，这个输出将会基于细胞状态。首先，运行一个 Sigmoid 层来确定细胞状态中的哪个部分将输出。接着，把细胞状态通过 tanh 层进行处理（得到一个 –1~1 之间的值），并将它和 Sigmoid 层的输出相乘，将确定输出的哪个部分输出出去（见图 10-13）。

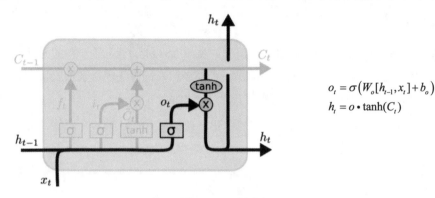

$$o_t = \sigma\left(W_o[h_{t-1}, x_t] + b_o\right)$$
$$h_t = o \cdot \tanh(C_t)$$

图10-13　输出门

LSTM 每个门结构的具体公式为

$$z = \tanh(W_z[h_{t-1}, x_t]) \qquad （输入值）$$
$$i = \mathrm{Sigmoid}(W_i[h_{t-1}, x_t]) \qquad （输入门）$$
$$f = \mathrm{Sigmoid}(W_f[h_{t-1}, x_t]) \qquad （遗忘门）$$
$$o = \mathrm{Sigmoid}(W_o[h_{t-1}, x_t]) \qquad （输出门）$$
$$C_t = fC_{t-1} + iz \qquad （细胞更新状态）$$
$$h_t = o \cdot \tanh(C_t) \qquad （输出）$$

式中，W_z、W_i、W_f、W_o 分别为各个门结构中的初始化权重。操作如图 10-14 所示。

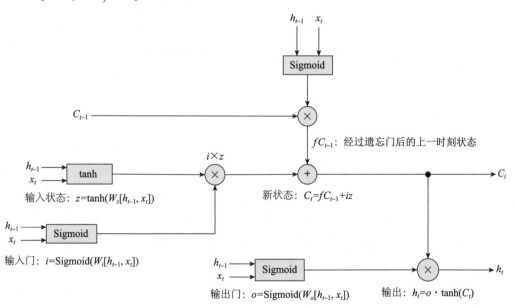

图10-14　LSTM细节单元图（输入：C_{t-1}、h_{t-1}、x_t，输出：C_t、h_t）

10.3.2 循环神经网络的变种

前面几小节完整地介绍了使用 LSTM 结构的循环神经网络，但是每一种网络模型的由来其实都是对应一种特殊的应用场景。本节将介绍循环神经网络里的一些变种。

1. 门控循环单元（GRU）

门控循环单元（Gated Recurrent Unit，GRU）是与 LSTM 功能几乎一样的另外一种常用的网络结构，它将遗忘门与输入门结合成一个单一的更新门，同时还混合了细胞状态、隐藏状态以及一些其他的改动。最终的模型比标准的 LSTM 更简单。

GRU 的结构如图 10-15 所示，虽然有时候 GRU 被视为 LSTM 的一个变体，不过两者的差别还是比较大的，所以在这里单独讨论一下。

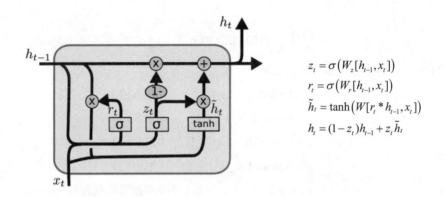

$$z_t = \sigma\left(W_z[h_{t-1}, x_t]\right)$$
$$r_t = \sigma\left(W_r[h_{t-1}, x_t]\right)$$
$$\tilde{h}_t = \tanh\left(W[r_t * h_{t-1}, x_t]\right)$$
$$h_t = (1 - z_t)h_{t-1} + z_t\tilde{h}_t$$

图10-15 GRU结构

GRU 不像 LSTM 有三个控制门，它只有两个门结构，分别称为重置门（reset gate）和更新门（update gate）。重置门控制着是否重置，也就是说多大程度上忘记以前的状态；更新门则表示多大程度上要用候选信息来更新当前的隐藏层。GRU 的基本原理：首先，用 x_t 和 h_{t-1} 生成两个门，然后用重置门乘以上一时刻的状态，看看是否要重置或者重置多大程度；然后，和新输入的 x 拼接，经过网络应用 tanh 函数进行激活，形成候选信息的隐含变量 h_t；最后，将上一时刻的 h 和候选信息的 h 做一个线性组合，二者的权重和为 1，候选信息的权重就是更新门的输出，表示需要更新信息的大小。

需要注意的是，h 只是一个变量，因此在每个时刻，包括最后的线性组合，h 都是在使用以前的自身信息和当前的备选答案来更新自己。举例来说，在自然语言处理中，每次要把一部分的词向量挑选出来，与新加入的词向量混合，然后再放回原来的句子中，这里的重置门控制的就是要挑选出来的，并混合新的词向量放入句子中的比例，而更新门控制的则是使用多大的比例混合新的词向量与挑选出来的词向量。同理，也可以这样来理解 LSTM：LSTM 遗忘门的功能与重置门相似，而输入门与更新门相似，不同之处在于 LSTM 还控制了当前状态的输出，也就是输出门的功能，这是 GRU 所没有的。

相对于 LSTM 来说，GRU 参数少，比较容易训练，结构相对简单一些。对于图 10-15 中展示的 GRU 来说，如果重置门与更新门的大小都为 1，那么就成为一个简单的 RNN。实际上，有测试表明，GRU 与 LSTM 在性能和准确度上几乎没什么差别，只是在具体的某些业务上会有略微的差别。

2. 双向循环神经网络（Bi-RNN）与深度循环神经网络（DeepRNN）

循环神经网络最擅长的是对连续数据进行处理，既然是连续数据，那么不仅可以学习它正向传播的规律，还可以学习它反向传播的规律。这样将正向与反向网络的结合，就会比单向的循环网络具有更高的拟合度，这种网络被称为双向循环神经网络（Bi-RNN，双向 RNN）[57]。双向 RNN 是一个简单的循环神经网络，由两个 RNN 上下叠加在一起组成。其输出也是由两个 RNN 的隐藏层共同决定的。双向 RNN 结构如图 10-16 所示。

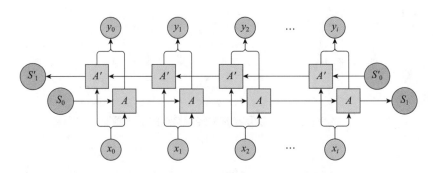

图10-16　双向RNN结构

双向 RNN 的处理过程与单向 RNN 非常类似，就是在正向传播的基础上再进行一次反向传播，而且都连接着输出层。但是双向 RNN 会比单向 RNN 多一个隐藏层，6 个独特的权重（$W_1 \sim W_6$）在每一个时刻被重复利用，6 个权重分别对应着输入到前向和后向的隐藏层（W_1，W_3），隐藏层到隐藏层自己（W_2，W_5），前向传播和后向传播的隐藏层到输出层（W_4，W_6）。图 10-17 所示为一个沿时间展开的双向循环神经网络。

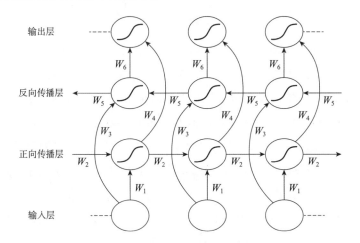

图10-17　沿时间展开的双向循环神经网络

深度循环神经网络（DeepRNN）是循环神经网络的另外一种变体。[59]为了增强模型的表达能力，可以将每一个时刻上的循环体重复多次，与卷积神经网络类似，每一层的循环体的参数是一致的，而不同层中的参数可以是不同的，如图10-18所示。

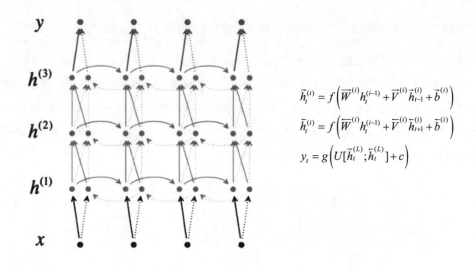

$$\vec{h}_t^{(i)} = f\left(\overrightarrow{W}^{(i)} h_t^{(i-1)} + \overrightarrow{V}^{(i)} \vec{h}_{t-1}^{(i)} + \vec{b}^{(i)}\right)$$

$$\overleftarrow{h}_t^{(i)} = f\left(\overleftarrow{W}^{(i)} h_t^{(i-1)} + \overleftarrow{V}^{(i)} \overleftarrow{h}_{t+1}^{(i)} + \overleftarrow{b}^{(i)}\right)$$

$$y_t = g\left(U[\vec{h}_t^{(L)}; \overleftarrow{h}_t^{(L)}] + c\right)$$

图10-18　深层循环神经网络结构示意图

10.4　实战：股票预测

在了解了RNN原理基础之后，本节开始讲解在TensorFlow 2.0中如何构建RNN结构。

10.4.1　TensorFlow 2.0中的cell类

在TensorFlow 1.0中，对于多层循环神经网络模型来说，需要先搭建模型的基础子类，如BasicRNNCell、BasicLSTMCell、LSTMCell、GRUCell。通过这些子类模型，再搭建出多层循环神经网络，如MultiRNNCell、MultiLSTMCell、MultiGRUCell，相对来说这种方法比较烦琐。

而在TensorFlow 2.0以上的版本中，取消了TensorFlow 1.0中的一些函数，废弃了大量重复的API接口，将Keras作为搭建网络的主力接口，也添加了很多新的特性，极大地加强了可用性，有效地减少了代码量。在TensorFlow 2.0以上的版本中，对于多层循环神经网路的搭建，只需要设置参数return_sequences即可。只有一层时，一般为"return_sequences=False"；对于多层网络模型的搭建，在第一层必须加上"return_sequences=True"，这样才能转化为步长为3的输入变量，最后一层一般为"return_sequences=False"。

10.4.2　通过cell类构建RNN

在 TensorFlow 2.0 以上的版本中，取消了大量的 API 接口，将 Keras 作为搭建网络的主力接口，也添加了很多新的特性。其中也有几种现成的构建网络模式，是封装好的函数，直接调用即可，具体介绍如下。

1. RNN的构建

tf.keras.layers.RNN() 函数承担了 TensorFlow 1.0 中 static_rnn 和 dynamic_rnn 的双重功能，其中的主要逻辑分别集中在初始化函数 _init_ 、build 和 cell 中（_call_ 也存在一些逻辑，但是只针对某些特殊的情况）。

```python
def build(self, input_shape):
    step_input_shape = get_step_input_shape(input_shape)
    if not self.cell.built:
        self.cell.build(step_input_shape)
    self._set_state_spec(state_size)
    if self.stateful():
        self.reset_states()
    self.built = True
```

call 的核心是调用 keras 后端方法 keras.backend.rnn（K.rnn）。

```python
def _process_Inputs(inputs, initial_state, ...):
    if initial_state is not None:
        pass
    elif self.stateful:
        initial_state = self.states
    else:
        get_initial_state_fn = getattr(self.cell, 'get_initial_state', None)
        if get_initial_state_fn:
            initial_state = get_initial_state_fn()
        else:
            initial_state = zero_state
    return inputs, initial_state, ...

def call(self, inputs, ...):
    inputs, initial_state, ... = self._process_inputs(inputs, initial_state, ...)
    def step(inputs, states):
        output, new_states = self.cell.call(inputs, states)
    last_output, outputs, states = K.rnn(step, inputs, initial_state, ...)
    if self.stateful:
```

```
            updates = [assign_op(old, new) for old, new in zip(self.states, states)]
            self.add_update(updates)
        if self.return_sequences:
            output = outputs
        else:
            output = last_output


        if self.return_state:
            return to_list(output) + states
        return output
```

K.rnn 对 RNN 是否展开（unroll）和是否需要 mask 有不同的逻辑，这里只列出不展开 mask 的逻辑。实现方法与 TensorFlow 1.0 版本中的方法大致相同。

```
def rnn(step_function, inputs, initial_states, ...):
    # 转换成time major
    inputs = swap_batch_timestep(inputs)
    mask = swap_batch_timestep(mask)
    time_steps_t = inputs[0].shape[0]

    input_ta = TensorArray(inputs)
    output_ta = TensorArray(shape=inputs[0].shape)
    mask_ta = TensorArray(mask)
    states = tuple(initial_states)
    prev_output = 0
    time = 0
    while time < time_steps_t:
        current_input = input_ta[time]
        mask_t = mask_ta[time]
        output, new_states = step_function(current_input, states)
        mask_output = 0 if zero_output_for_mask else prev_output
        new_output = where(mask, output, mask_output)
        new_states = where(mask, new_states, states)
        output_ta.append(new_output)
        prev_output, states = new_output, new_states
        time += 1
    return output_ta[-1], output_ta, states
```

2. 双向RNN的构建

对于时间序列数据，例如文本数据，通常 RNN 模型不仅可以从头到尾处理序列，而且可以向后处理序列，因此效果更好。例如，在做完形填空时，要填写句子中的下一个单词，通常需要理解单词周围上下文的句子。

在 TensorFlow 2.0 中，双向 RNN 也不再实现为函数，而是实现为一个 Layer 对象的包装器，为 Layer 对象提供一定的额外功能，由于 Bidirectional 也是间接地继承自 Layer 类，因此其大部分逻辑也蕴含在 call 方法中。

初始化状态的 Bidirectional 主要需要传入一个 Layer 类对象 layer。但在实际中，这个类的对象还是需要 RNN 或者其他的基础子类对象。可选的三个字段如下。

merge_mode: 指定正向和反向 RNN 的输出如何组合，可以有以下几种选择，即求和 sum、逐点元素相乘 mul、直接相连 concat、求均值 ave 或者由两个输出组成一个列表形式。

weights: 指定两个 RNN 的初始化权重。

backward_layer: 允许用户直接传入反向 RNN，如果 backward_layer 为 None（默认情况），双向 RNN 在初始化时会先根据 layer 对象的 config 重构一个 RNN，再使用相同的配置参数来构建相应的反向 RNN。Bidirectional 会强制让两个 RNN 成员对被 mask 掉的部分输出为 0。

Bidirectional 的 build 实际上就是调用两个 RNN 成员的 build。相应地，call 方法也是调用两个 RNN 成员的 call，然后根据指定的 merge_mode 组合输出。

10.4.3　股票预测

本小节将使用 SH000001 股票从 1990 年 12 月到 2015 年 12 月的样本股票的数据信息作为输入。本数据信息的元素维度为 10 个，即 10 个影响股票价格的信息数据，分别为股票序号、股票号、时间、开盘价、闭盘价、最低价、最高价等；样本的标签为股票第二天的最高价。

```
import numpy as np
import pandas as pd
import matplotlib.pyplot as plt
from sklearn.preprocessing import MinMaxScaler
import tensorflow as tf
import tensorflow.keras
from tensorflow.keras.preprocessing.sequence import pad_sequences
from tensorflow.keras.models import Sequential
from tensorflow.keras.layers import Dense, Dropout, Embedding, LSTM
from tensorflow.keras.layers import SpatialDropout1D, SimpleRNN, GRU, Flatten
f=open('./stock_dataset_2.csv')      # 读取股票数据集
df=pd.read_csv(f)                    # 用pandas打开csv格式的股票数据，返回一个DataFrame
```

使用 pandas 来读取数据，股票数据集如图 10-19 所示。

	index_code	date	open	close	low	high	volume	money	change	label
0	sh000001	1990/12/20	104.30	104.39	99.98	104.39	197000.0	8.500000e+04	0.044109	109.13
1	sh000001	1990/12/21	109.07	109.13	103.73	109.13	28000.0	1.610000e+04	0.045407	114.55
2	sh000001	1990/12/24	113.57	114.55	109.13	114.55	32000.0	3.110000e+04	0.049666	120.25
3	sh000001	1990/12/25	120.09	120.25	114.55	120.25	15000.0	6.500000e+03	0.049760	125.27
4	sh000001	1990/12/26	125.27	125.27	120.25	125.27	100000.0	5.370000e+04	0.041746	125.28
...	...	...	...	...	...	...	...	...	...	...
6104	sh000001	2015/12/4	3558.15	3524.99	3510.41	3568.97	251736411.0	3.200000e+11	-0.016690	3543.95
6105	sh000001	2015/12/7	3529.81	3536.93	3506.62	3543.95	208302579.0	2.810000e+11	0.003387	3518.65
6106	sh000001	2015/12/8	3518.65	3470.07	3466.79	3518.65	224367310.0	2.980000e+11	-0.018903	3495.70
6107	sh000001	2015/12/9	3462.58	3472.44	3454.88	3495.70	195698845.0	2.680000e+11	0.000683	3503.65
6108	sh000001	2015/12/10	3469.81	3455.50	3446.27	3503.65	200427517.0	2.790000e+11	-0.004878	3455.55

6109 rows × 10 columns

图10-19　股票数据集

```
data=df.iloc[:,2:10].values #读取股票的iloc第3列到第10列，.values返回一个numpy.ndarray
scaler = MinMaxScaler(feature_range=(0, 1))
scaled = scaler.fit_transform(data)
print(scaled)
```

取数据的第3列到第10列作为训练数据，第10列数据为股票第二天的最高价。并且对数据集进行归一化处理。在获取数据之后需要对其进行数据划分，划分数据训练集，将数据前5800条数据作为训练集，同时将数据的最后一列作为标签。代码如下：

```
def get_train_data(time_step=20,train_begin=0,train_end=5800):
    data_train=data[train_begin:train_end]
    y_ = data_train[time_step:train_end, 7]
    normalized_train_data = data_train                          # 标准化
    train_x,train_y=[ ],[ ]                                     # 训练集x和y
    for i in range(len(normalized_train_data)-time_step):       # 将时序数据转化为有监督数据
        x=normalized_train_data[i:i+time_step,:7]
        y=normalized_train_data[i+time_step:i+1+time_step,7]
        train_x.append(x.tolist())
        train_y.append(y.tolist())
    mean, std = np.mean(train_y, axis=0), np.std(train_y, axis=0)
    train_x,train_y,mean,std = np.array(train_x), np.array(train_y),np.array(mean), np.array(std)
    train_x=(train_x-np.mean(train_x,axis=0))/np.std(train_x,axis=0)   # 标准化
    train_y=(train_y-np.mean(train_y,axis=0))/np.std(train_y,axis=0)   # 标准化
    return train_x,train_y,mean,std, y_
```

获得训练集的数据及其标签和 batch_size。

```
print("data.shape:", data.shape)
train_x, train_y, _, _,_ = get_train_data(20,2000, 5800)              # 长度为 20
test_x, test_y, test_mean, test_std, test_y_ = get_train_data(20, 5800, len(data))
print("train_x.shape:", train_x.shape)
print("train_y.shape:", train_y.shape)
print("test_x.shape:", test_x.shape)
print("test_y.shape:", test_y.shape)
print("test_mean.shape:", test_mean.shape)
print("test_std.shape:", test_std.shape)
print("test_std.shape:", test_y_.shape)
```

定义 LSTM 网络模型。代码如下：

```
model = Sequential()                                      # 使用 keras 中的序贯模型，并初始化
# RNN 层，在输入后的线性转换步骤通过 dropout 添加随机失活，在循环阶段的线性转换步骤也添
   加随机失活，失活概率都为 0.2
model.add(LSTM(128, input_shape=(20, 7), dropout=0.2,
             recurrent_dropout=0.2, return_sequences=True))
# 设置神经元的个数为 128，输入数据形状为 (20,7)
model.add(LSTM(64, dropout=0.2, recurrent_dropout=0.2, return_sequences=True))
model.add(LSTM(1, dropout=0.2, recurrent_dropout=0.2, return_sequences=False))
model.add(Dense(1))


# 定义损失函数为交叉熵，优化方法为 Adam，模型评价标准为分类正确率
model.compile(loss='mse', optimizer='Adam', metrics=['accuracy'])
print(model.summary())                    # 查看模型概要
```

定义的 3 层 LSTM 网络结构如图 10-20 所示。模型训练的代码如下：

```
history = model.fit(x=train_x, y=train_y,        # 指定训练数据
                batch_size=500,                  # batch 的大小为 500
                epochs=500,                      # 迭代 500 轮
                validation_data=(test_x,test_y))
```

```
Model: "sequential_5"

Layer (type)                    Output Shape                Param #
=================================================================
lstm_10 (LSTM)                  (None, 20, 128)             69632

lstm_11 (LSTM)                  (None, 20, 64)              49408

lstm_12 (LSTM)                  (None, 1)                   264

dense_2 (Dense)                 (None, 1)                   2
=================================================================
Total params: 119,306
Trainable params: 119,306
Non-trainable params: 0


None
```

图10-20　LSTM网络结构示意图

本实验的循环神经网络模型采用 RMSE 作为模型的评价标准，其参数优化也是在 RMSE 的基础上进行的。RMSE 为均方根误差，故股票预测的损失函数等也都是在 RMSE 的基础上进行迭代优化的。本实验主要比较训练误差损失 train_loss、验证集误差损失 val_loss 和预测集误差损失 pre_loss。很显然，loss 值越低，说明模型拟合的效果越好。

本实验将最后 180 条数据作为模型的测试数据，对其进行测试来验证模型。由于数据在初始阶段进行了归一化处理，所以在预测阶段需要对其数值进行还原。代码如下：

```python
x, y, x_mean, y_std, y_label= get_train_data(20,5800, 6000)
print(x.shape)
print(x)
print(x_mean.shape)
print(y_std.shape)
print(y_label.shape)
result = model.predict(x, batch_size=1)        # x = np.expand_dims(x, 1)
print(result.shape)
print(result)
result=np.array(result)*y_std+x_mean          # 将标准化的数据还原至真实数据值，并且计算测试集偏差
print(result.shape)


# 将标准化的数据还原至真实数据值，并且计算测试集偏差
# result=np.array(result)*test_std[13]+test_mean[13]
# print(result)


result = np.squeeze(result)
print(y_std, x_mean)
print(y_label)
print(result)
```

测试集预测对比如图 10-21 所示。

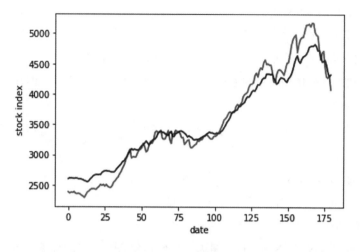

图10-21　测试集预测对比

10.5 习题

1. 判断题

（1）循环神经网络的反向误差会随着层数的增加而增加。（　　）

（2）GRU 模型将遗忘门与输入门结合成单一的门结构。（　　）

（3）动态 RNN 的输出结果有两个，一个是结果，另一个是输入到下一层的隐藏状态。（　　）

（4）RNN 的 dropout 的使用方式和 CNN 的使用方式相同。（　　）

（5）单变量的时间序列预测，可以输入序列的长度为 3，即使用 $t-3$、$t-2$、$t-1$ 的序列预测 t 时刻的值。（　　）

2. 选择题

（1）LSTM 中存在哪几个门结构？（　　）

    A. 输入门　　　　　　　　B. 输出门　　　　　　　　C. 遗忘门　　　　　　　　D. 忘记门

（2）在 LSTM 的遗忘门中如何进行细胞状态的更新？（　　）

    A. 将需要忘记的信息与旧的状态进行乘积

    B. 直接将旧的信息替换成新的信息

    C. 找到需要忘记的信息与旧的状态进行相乘，加上当前层输入信息与新的细胞状态的乘积

D. 当前层的输入信息与新的细胞状态的乘积

（3）下列关于双向 RNN 说法正确的是（　　　）。

A. 双向 RNN 是由两个 RNN 堆叠在一起的，输出也是由两个 RNN 共同决定的

B. 双向 RNN 需要保存两个方向的权重矩阵，所需要的内存是 RNN 的两倍

C. 双向 RNN 的结构与单向 RNN 的结构相似，都连着输出层，但是会比单向 RNN 多出两个隐藏层

D. 双向 RNN 中存在着6个独特的权值，分别对应着输入层到隐藏层、隐藏层到隐藏层、隐藏层到输出层

（4）下面关于 GRU 模型的说法错误的是（　　　）。

A. GRU 将遗忘门与输入门结合成单一的门

B. GRU 的两个门结构分别是重置门与更新门

C. 上一时刻隐藏状态和候选信息做一个线性组合，二者的权重大小分别为 0.5，权重之和为 1

D. 候选信息的权重就是更新门的输出，表示需要更新信息的大小

第11章
自然语言处理

自然语言处理（Natural Language Processing，NLP）是人工智能和语言学领域的分支学科[60]。NLP是信息时代最重要的技术之一。理解复杂的语言也是人工智能发展的重要组成部分。

NLP的应用无处不在，应用领域包括网络搜索、广告、电子邮件、客户服务、语言翻译、发布报告等[61]。NLP应用背后有大量的基础任务和机器学习模型。

本章将详细介绍自然语言处理的基本内容，让读者对涉及的重要事件和技术名词有一个初步了解，然后再开展后续章节的学习。

 学习重点

◎了解NLP的研究内容
◎掌握NLP的常用技术

11.1 自然语言处理概述

扫一扫，看视频

自然语言的概念是什么呢？自然语言区别于机器语言，是指人类社会发展过程中自然产生的一些语言，汉语、英语、法语等任何一门人类所使用的语言都统称为自然语言。

语言包括语音和文本两个部分，是人类思想的一种载体，人类思考、交流思想、表达情感最自然、最方便的方式，就是通过语言来完成。自然语言处理（Natural Language Processing，NLP）是研究用机器来处理、理解以及运用人类语言，进而实现人机之间的有效通信。目前我们利用网络、手机通信电话、邮件等方式进行沟通交流时，都或多或少涉及自然语言处理领域的内容。比如，目前市面上的智能手机可以帮我们自动屏蔽掉部分垃圾短信，那么它是如何做到的呢？

自然语言处理，从微观上来讲，就是从自然语言到机器语言内部的一种映射。从宏观上讲，是指机器能够执行人类所期望的语言功能，包括问答系统、对话系统，比如，回答人提出的问题，从某些材料文档中获得摘要，进行不同语言的互译等。因此，NLP 作为 AI 技术领域中重要的分支，随着其技术应用范围的不断扩大，在数据领域占有越来越重要的地位。

在自然语言处理中，采用的大多数方法都是通过机器学习中大规模数据驱动来完成的，这样就需要大量数据。在 NLP 中，把这些数据称为语料。语料库如图 11-1 所示。

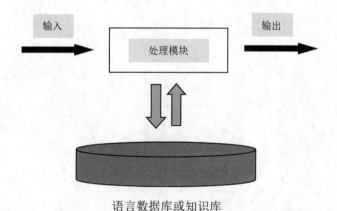

图11-1 语料库

图11-1 中，一个自然语言处理系统要完成这样一件事情：给定一个输入项，可以是语言数据、声音数据、文本数据，需要在处理模块进行处理，然后产生一个输出项。如果是分类，那么要通过相应的文档产生一个分类；如果是翻译，那么要通过给定的文档翻译成其他语种。在整个处理模块中，需要调用大规模的语言数据库或知识库来支撑这样一项工作，知识库里面包含用于参数训练的数据以及知识库获取的一些最基本的数据。

语料库是指存放语言材料的仓库（语言数据库）。如清华大学于 1998 年建立了 1 亿个汉字的语料库，着重研究汉语分词问题。

简单了解了 NLP 基本概述之后，接着再来了解 NLP 主要的研究内容。NLP 的研究内容非常广泛，从不同层面可以分为很多类，这里只是从应用的角度进行分析，大概将 NLP 分为以下几个方面。

11.1.1　机器翻译

简单来说，机器翻译就是把一种语言翻译成另外一种语言，这里采用的例子都是从中文翻译成英文。如图 11-2 所示，上面的句子用 Source 标记，即源语言；下面的句子用 Target 标记，即目标语言。机器翻译的任务就是把源语言的句子翻译成目标语言的句子。

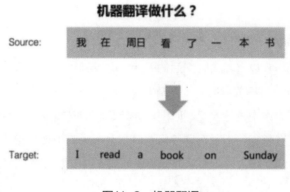

图11-2　机器翻译

跨语种翻译目前已较为成熟。机器翻译因其效率高、成本低满足了全球各国多语言信息快速翻译的需求。机器翻译属于自然语言处理的一个分支，无须人类帮助即能由一种自然语言自动生成另一种自然语言。目前，人工智能企业推出的谷歌翻译、百度翻译、搜狗翻译等翻译平台逐渐凭借其翻译过程的高效性和准确性占据了翻译行业的主导地位。

11.1.2　信息检索

信息检索（Information Retrieval，IR）是指将信息按一定的方式加以组织，并通过信息查找满足用户的信息需求的过程和技术。伴随着互联网及网络信息环境的迅速发展，以网络信息资源为主要组织对象的信息检索系统：Web 搜索引擎应运而生，成为信息化社会重要的基础设施。Web 搜索引擎不局限于传统信息检索，更为人们提供了访问海量网络信息的高效且便捷的渠道，从而深刻地改变了人们的认知过程和信息获取方式。

信息检索是应用非常广泛的工具，人们几乎每天都会使用谷歌、百度等搜索引擎获取信息。

11.1.3　自动文摘

自动文摘是指在给定的文本中，聚焦到最核心的部分，自动生成摘要。如网页上有大量信息存在，对于一个网页中的文本内容，可以通过计算机自动提取其摘要。

抽取式的提取文档摘要的方法基于一个假设，一篇文档的核心思想可以用文档中的某一句或几句话来概括。那么摘要的任务就变成了找到文档中最重要的几句话，也就是一个排序问题。

（1）基于图排序：将文档的每句话作为节点，句子之间的相似度作为边权值构建图模型，用 PageRank 算法进行求解，得到每个句子的得分。代表算法有 TextRank 和 LexRank。

（2）基于特征排序：有以下几种特征。①句子长度。找出最理想的长度，依照每个句子距离这个长度的远近来打分。②句子位置。根据句子在全文中的位置给出分数（比如每段的第一句是核心句的比例大概是 70%）。③句子是否包含标题词。根据句子中包含标题词的多少来打分。④句子关键词打分。文本进行预处理之后，按照词频统计出排名前 10 的关键词，通过比较句子中包含关键词的情况以及关键词分布的情况来打分。代表算法是 TextTeaser。

11.1.4　问答系统

问答系统可以接受用户以自然语言表达的问题，并返回以自然语言表达的回答，以满足用户的知识需求。在回答用户的问题时，要正确理解用户所提出的问题，抽取其中关键的信息，在已有的语料库或者知识库中进行检索、匹配，并将获取的答案反馈给用户。

回答一个问题需要有依据，人类在回答问题时，会去大脑中搜索相关的内容，然后给出答案；而机器要想实现自动问答，也需要从外部获取知识（或依据）。就好比学生上学时学习知识并把知识存在大脑中；考试时看到考题后会回忆学习过的相关知识，从而给出答案。机器没有学习知识的过程，需要将知识做成结构化或非结构化的数据供其访问，作为其回答问题的依据。根据知识来源的不同，问答系统可以分为 3 种：基于知识库的问答、基于文档的问答和答案选择。

11.1.5　信息过滤

如今有大量的信息充斥在网上，有很多是有用的，也有很多是没有用的，如垃圾邮件。自然语言处理通过分析邮件中的文本内容，能够相对准确地判断邮件是否为垃圾邮件。目前，贝叶斯（Bayesian）垃圾邮件过滤是备受关注的技术之一，它通过学习大量的垃圾邮件和非垃圾邮件，收集邮件中的特征词生成垃圾词库和非垃圾词库，然后根据这些词库的统计频数计算一封邮件属于垃圾邮件的概率，以此来进行判定。

简单地讲，信息过滤可以认为是满足用户信息需求的信息选择过程。在内容安全领域，信息过滤可以提供信息的有效流动，消除或者减少信息过量、信息混乱、信息滥用造成的危害。但其仍然处于较为初级的研究阶段，为用户剔除不合适的信息是当前内容安全领域信息过滤的主要任务之一。

11.1.6　信息抽取

信息抽取是指从自然语言文本中抽取出特定的事件或事实信息，有助于对海量内容进行自动分类、提取和重构。抽取的信息包括命名实体识别、关系抽取、事件抽取等，如图 11-3 所示。

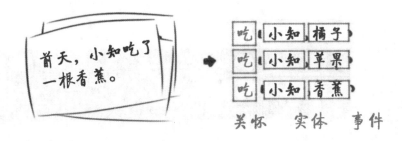

图11-3　信息抽取

例如，可以从新闻中抽取时间、地点、关键人物，如图 11-4 所示。

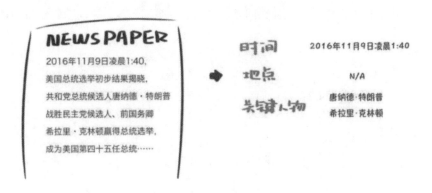

图11-4　新闻信息抽取

与自动摘要相比，信息抽取更有目的性，并能将找到的信息以一定的框架展示。自动摘要输出的则是完整的自然语言句子，需要考虑语言的连贯和语法，甚至是逻辑。

11.1.7　文本分类

作为 NLP 领域最经典的使用场景之一，文本分类积累了许多实现方法。这里根据是否使用深度学习方法，将文本分类分为以下两个大类。

（1）基于传统机器学习的文本分类，如 TF-IDF 文本分类。

（2）基于深度学习的文本分类，如 Facebook 开源的 FastText 文本分类、Text-CNN 文本分类等。

文本分类本质上就是分类问题。情感分析作为一种常见的自然语言处理方法的应用，可以让我们从大量数据中识别和吸收相关信息，还可以理解更深层次的含义。比如，企业分析消费者对产品的反馈信息，或者检测在线评论中的差评信息等。

11.1.8　语音识别

语音识别也被称为自动语音识别（Automatic Speech Recognition，ASR），其目标是将人类语音中的词汇内容转换为计算机可以读取的信息，如按键、二进制编码或者字符序列。语音识别与说话人识别及说话人确认不同，后者尝试识别或确认的是发出语音的说话人而非其中所包含的词汇内容。

11.2 常用技术

扫一扫，看视频

11.2.1 分词

分词是指将连续的文本分割成语义合理的若干词汇序列。它是所有 NLP 任务中底层的技术。不论解决什么问题，分词永远是第一步。分词示例如图 11-5 所示。

图11-5 分词示例

11.2.2 停用词过滤

停用词是指在文本中大量存在，但却对语义分析没有帮助的词。停用词过滤示例如图 11-6 所示。

图11-6 停用词过滤示例

11.2.3 词干提取

词干提取是指从单词的各种前缀 / 后缀变化、时态变化等中还原词干，常用于英文文本处理。例如，对如下文本进行词干提取的示例如图 11-7 所示。

The boy plays a toy.

Just play the next game.

We want him with us even if he is not playing.

You played a few as well.

plays	1			
play	1	词干提取	play	4
playing	1			
played	1			

图11-7　词干提取示例

文本中的 plays、playing、played 都应该还原为 play。

11.2.4　词形还原

词形还原是指对同一单词的不同形式进行识别，将单词还原为标准形式，常用于英文文本处理。

例如，对如下文本进行词形还原的示例如图 11-8 所示。

I am a boy.

You are a girl.

This is a book.

am		
are	词形还原	be
is		

图11-8　词形还原示例

文本中的 am、is、are 的标准形式为 be。

注意

词干提取与词形还原的相同点是，二者都是对同一单词的不同格式进行处理。其不同点是，词干提取会去掉单词的后缀；词形还原则是以词元为依据，根据语义进行分析，获取单词的标准形式，如图11-9所示。

图11-9　词干提取与词形还原对比

11.2.5 命名实体识别

命名实体识别（Name Entity Recognition, NER），也称为实体识别、实体分块和实体提取，是信息提取的一个子任务，旨在将文本中的命名实体定位并分类为预先定义的类别，主要包括人名、地名、机构名、专有名词等。例如，识别"2016 年 6 月 20 日，骑士队在奥克兰击败勇士队获得 NBA 冠军"这句中的地名（奥克兰）、时间（2016 年 6 月 20 日）、球队（骑士队、勇士队）和机构（NBA）。

命名实体识别系统通常包含两个部分：实体边界识别和实体分类。其中，实体边界识别判断一个字符串是否是一个实体，而实体分类将识别出的实体划分到预先给定的不同类别中。命名实体识别是一项极具实用价值的技术，目前中英文上通用命名实体识别（人名、地名、机构名）的 F1 值都能达到 90% 以上。命名实体识别的主要难点在于表达不规律且缺乏训练语料的开放域命名实体类别（如电影名、歌曲名）等。

11.2.6 序列标注

序列标注（sequence tagging）是一个比较简单的 NLP 任务，但也可以称作是最基础的任务。序列标注的涵盖范围非常广泛，可用于解决一系列对字符进行分类的问题，如分词、词性标注、命名实体识别、关系抽取等。只要在做序列标注时给定特定的标签集合，就可以进行序列标注。

以中文分词任务来说明序列标注的过程。假设现在输入句子"跟着 TFBOYS 学左手右手一个慢动作"，任务是正确地把这个句子进行分词。首先，把句子看作一系列单字组成的线性输入序列，即"跟 着 TFBOYS 学 左 手 右 手 一 个 慢 动 作"。序列标注的任务就是给每个汉字打上一个标签，对于分词任务来说，可以定义标签集合（jieba 分词中的标签集合也是这样的），如图 11-10 所示。

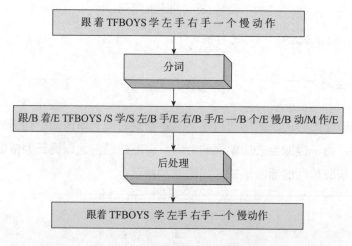

图11-10 序列标注之中文分词

其中，标签集合 LabelSet={B,M,E,S}，B（Begin）代表这个汉字是词汇的开始字符，M（Middle）代表这个汉字是词汇的中间字符，E（End）代表这个汉字是词汇的结束字符，而 S（Single）代表单字词。有了这四个标签就可以对中文进行分词了。这时可以看到，中文分词转换为对汉字的序列标注问题。假设已经训练好了序列标注模型，那么分别给每个汉字打上标签集合中的某个标签，就算分词结束了。因为这种形式不方便人来查看，所以可以增加一个后处理步骤，即把 B 开头，后面跟着 M 的汉字拼接在一起，直到碰见 E 标签为止，这样就等于分出了一个单词，而打上 S 标签的汉字就可以看作一个单字词。于是该例就通过序列标注被分词成如下形式：{ 跟着 TFBOYS 学 左手 右手 一个 慢动作 }。在这里可以采用双向 LSTM 来处理该类问题，双向会关注上下文的信息。在 NLP 中最直观的处理问题的方式就是要把问题转换为序列标注问题，思考问题的思维方式也就转换为序列标注思维，这个思维很重要，决定了是否能处理好 NLP 的问题。

11.2.7　词向量与词嵌入

不管是机器学习还是深度学习，本质上都是对数字的学习。词嵌入是指将单词映射到向量空间里，并用向量来表示[62]。

1. 离散表示（one-hot representation）

传统的基于规则或基于统计的自然语义处理方法将单词看作一个原子符号，称为离散表示。离散表示把每个词表示为一个长向量，这个向量的维度是词表大小，向量中只有一个维度的值为 1，其余维度的值为 0，这个维度就代表了当前的词。例如，苹果 [0,0,0,1,0,0,0,0,0,...]，离散表示相当于给每个词分配一个 id，这就导致这种表示方式不能展示词与词之间的关系。另外，离散表示将会导致特征空间非常大，但这也带来一个好处，就是在高维空间中，很多应用任务线性可分。

2. 分布式表示（distribution representation）

词嵌入是指将词转化成一种分布式表示，又称为词向量分布式表示，它将词表示成一个定长的、连续的稠密向量。

分布式表示的优点如下。

（1）词之间存在相似关系。

分布式表示使词之间存在"距离"的概念，这对很多自然语言处理的任务非常有帮助。

（2）包含更多信息。

分布式表示使词向量能够包含更多信息，并且每一维都有特定的含义。采用离散表示特征时，可以对特征向量进行删减，词向量则不能。

11.3 实战：动手写 Word2Vec

11.3.1 Word2Vec简介

2013 年，谷歌开源了一款用于词向量计算的工具——Word2Vec，引起了工业界和学术界的关注。首先，Word2Vec 可以在百万数量级的词典和上亿的数据集上进行高效的训练；其次，该工具得到的训练结果——词向量可以很好地度量词与词之间的相似性。

Word2Vec 主要分为 CBOW（Continuous Bag of Words）和 Skip-Gram 两种模式，如图 11-11 所示。其中，CBOW 是从原始语句推测目标字词；而 Skip-Gram 正好相反，是从目标字词推测出原始语句。CBOW 对小型数据库比较合适，而 Skip-Gram 在大型语料中表现得更好。

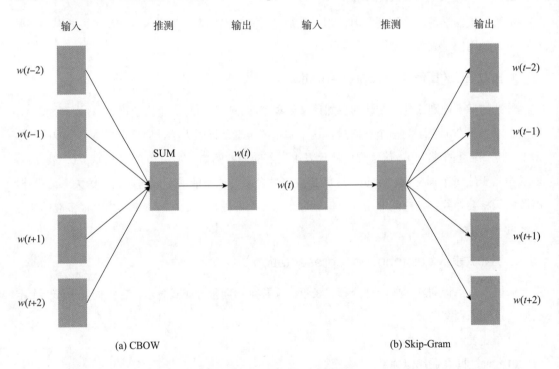

图11-11 Word2Vec模型

1. CBOW模型

CBOW 模型如图 11-12 所示，算法步骤如下。

（1）输入层：上下文单词的 one-hot 编码，假设单词向量空间维度为 V，上下文单词个数为 C。

（2）将所有 one-hot 编码单词分别乘以共享的输入权重矩阵 W，其维度为 $V\times N$，其中 N 为自己设定的数。

（3）将所得的向量相加求平均作为隐藏层向量，维度为 $1 \times N$。

（4）隐藏层向量乘以输出权重矩阵 W' 得到维度为 $1 \times V$ 的向量，使用 Softmax 激活函数处理得到 V 维概率分布，其中每个维度对应单词向量空间的一个单词。

（5）将概率最大的索引所指示的单词作为预测出的中间词与真实中间词的 one-hot 编码做比较，误差越小越好。

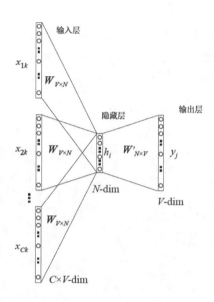

图11-12 CBOW模型

2. Skip-Gram模型

Skip-Gram 模型如图 11-13 所示。

图11-13 Skip-Gram模型

◎ skip_window：代表从当前 input word 的一侧（左边或右边）选取词的数量。

◎ num_skips：代表从整个窗口中选取多少个不同的词作为 output word。

原理：神经网络基于这些训练数据将会输出一个概率分布，这个概率代表着词典中每个词是 output word 的可能性，即词典中每个词有多大可能性跟 input word 同时出现。模型将会从每对单词出现的次数中习得统计结果。

11.3.2　Word2Vec模型

1. 读取停用词

停用词是指在信息检索中，为节省存储空间和提高搜索效率，在处理自然语言数据（或文本）之前或之后自动过滤掉的某些字或词。停用词是人工输入而非自动化生成的，生成后的停用词会形成一个停用词表。但是，并没有一个明确的停用词表能够适用于所有工具，甚至有一些工具是明确避免使用停用词来支持短语搜索的。

```
# 读取停用词
stop_words=[]
with open("data\stop_words.txt","r",encoding="utf-8") as f_stopwords:
  for line in f_stopwords:
    # 去掉停用词中的回车、换行符、空格
    line=line.replace("\r","").replace("\n","").strip()
    # print(line)
    stop_words.append(line)
# 打印停用词的长度
print(len(stop_words))
# 去掉重复后停用词的长度
stop_words=set(stop_words)
print(len(stop_words))
print(len(stop_words))
```

2. 数据集介绍

本实验使用的数据集是武侠小说《笑傲江湖》的文本，原始数据如图 11-14 所示。

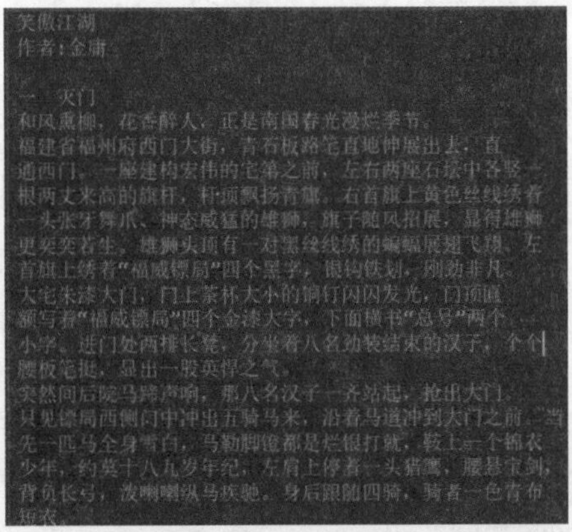
笑傲江湖
作者:金庸

一　灭门
和风熏柳，花香醉人，正是南国春光漫烂季节。
福建省福州府西门大街，青石板路笔直地伸展出去，直通西门。一座建构宏伟的宅第之前，左右两座石坛中各竖一根两丈来高的旗杆，杆顶飘扬青旗。右首旗上黄色丝线绣着一头张牙舞爪、神态威猛的雄狮，旗子随风招展，显得雄狮更奕奕若生。雄狮头顶有一对黑丝线绣的蝙蝠展翅飞翔。左首旗上绣着"福威镖局"四个黑字，银钩铁划，刚劲非凡。
大宅朱漆大门，门上茶杯大小的铜钉闪闪发光，门顶匾额写着"福威镖局"四个金漆大字，下面横书"总号"两个小字。进门处两排长凳，分坐着八名劲装结束的汉子，个个腰板笔挺，显出一股英悍之气。
突然间后院马蹄声响，那八名汉子一齐站起，抢出大门。只见镖局西侧门中冲出五骑马来，沿着马道冲到大门之前。当先一匹马全身雪白，马勒脚镫都是烂银打就，鞍上一个锦衣少年，约莫十八九岁年纪，左肩上停着一头猎鹰，腰悬宝剑，背负长弓，泼喇喇纵马疾驰。身后跟随四骑，骑者一色青布短衣。

图11-14　数据集

3. 文本预处理

首先生成停用词列表，然后对原始文本进行预处理。通过调用 jieba 工具，对文档进行分词处理，代码如下。

```
raw_word_list=[]                                   # 分完词存储列表
rules=u"([\u4e00-\u9fa5]+)"
pattern=re.compile(rules)
f_writer=open("../data/Seg_The_Smiling_Proud_Wanderer.txt", "w", encoding="utf-8")
# 读取数据集
with open("data/The_Smiling_Proud_Wanderer.txt", "r", encoding="utf-8") as f_reader:
    lines = f_reader.readlines()
    for line in lines:
        # 去掉文本中的回车、换行符、空格
        line = line.replace("\r", "").replace("\n", "").strip()
        if line == "" or line is None:
            continue
        # jieba分词处理
        line = " ".join(jieba.cut(line))
        seg_list = pattern.findall(line)
        # 去掉停用词的列表
        word_list = []
        for word in seg_list:
            if word not in stop_words:
                word_list.append(word)
        if len(word_list) > 0:
            raw_word_list.extend(word_list)
            line = " ".join(word_list)
            # line=" ".join(seg_list)
            f_writer.write(line + "\n")
            f_writer.flush()
f_writer.close()
print(len(raw_word_list))
print(len(set(raw_word_list)))
vocabulary_size=len(set(raw_word_list))
```

分词结果保存在 \data\ Seg_The_Smiling_Proud_Wanderer.txt 文件中，结果展示如图 11-15 所示。

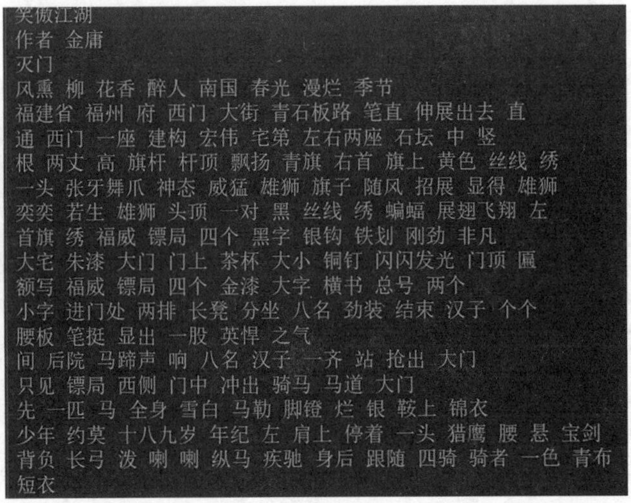
笑傲江湖
作者 金庸
灭门
风熏 柳 花香 醉人 南国 春光 漫烂 季节
福建省 福州 府 西门 大街 青石板路 笔直 伸展出去 直
通 西门 一座 建构 宏伟 宅第 左右两座 石坛 中 竖
根 两丈 高 旗杆 杆顶 飘扬 青旗 右首 旗上 黄色 丝线 绣
一头 张牙舞爪 神态 威猛 雄狮 旗子 随风 招展 显得 雄狮
奕奕 若生 雄狮 头顶 一对 黑 丝线 绣 蝙蝠 展翅飞翔 左
首旗 绣 福威 镖局 四个 黑字 银钩 铁划 刚劲 非凡
大宅 朱漆 大门 门上 茶杯 大小 铜钉 闪闪发光 门顶 匾
额写 福威 镖局 四个 金漆 大字 横书 总号 两个
小字 进门处 两排 长凳 分坐 八名 劲装 结束 汉子 个个
腰板 笔挺 显出 一股 英悍 之气
间 后院 马蹄声 响 八名 汉子 一齐 站 抢出 大门
只见 镖局 西侧 门中 冲出 骑马 马道 大门
先 一匹 马 全身 雪白 马勒 脚镫 烂 银 鞍上 锦衣
少年 约莫 十八九岁 年纪 左 肩上 停着 一头 猎鹰 腰 悬 宝剑
背负 长弓 泼 喇 喇 纵马 疾驰 身后 跟随 四骑 骑者 一色 青布
短衣

图11-15 分词结果

4. 分词定义Word2Vec模型

文本编码通过汉字找到相应的编码，再通过编码找到相应的汉字，将单词及其上下文交给 Skip-Gram 方法进行具体训练，代码如下。

```
# 文本编码通过汉字找到相应的编码，再通过编码找到相应的汉字
vocabulary_size = len(set(raw_word_list))
words = raw_word_list
# count存放每个词在文本出现的次数
count =[['UNK', '-1']]
count.extend(collections.Counter(words).most_common(vocabulary_size-1))
print("count",len(count))
dictionary = dict()

# 词的整形编码
for word, _ in count:
    dictionary[word]=len(dictionary)
data=list()
unk_count = 0
for word in words:
    if word in dictionary:
      index = dictionary[word]
    else:
      index = 0
      unk_count=unk_count+1
    data.append(index)
```

```
count[0][1]=unk_count
# 根据编码找到相应的词
reverse_dictionary = dict(zip(dictionary.values(),dictionary.keys()))
del words
print(reverse_dictionary[1000])
print(data[:200])


# 模型搭建
"""
批量数据生成，在训练之前需要一批一批送入数据
"""
data_index = 0
def generate_batch(batch_size, num_skips, skip_window):
    global data_index
    # 声明全局变量
    batch = np.ndarray(shape=(batch_size), dtype=np.int32)
    labels = np.ndarray(shape=(batch_size, 1), dtype=np.int32)
    span = 2 * skip_window + 1

    # 对某个单词创建相关样本时使用到的单词数量
    buffer = collections.deque(maxlen=span)
    for _ in range(span):
      buffer.append(data[data_index])
      data_index = (data_index + 1) % len(data)
    for i in range(batch_size // num_skips):
      target = skip_window
      targets_to_avoid = [skip_window]
      for j in range(num_skips):
          while target in targets_to_avoid:
              target = random.randint(0, span - 1)
          targets_to_avoid.append(target)
          batch[i * num_skips + j] = buffer[skip_window]
          labels[i * num_skips + j] = buffer[target]
      buffer.append(data[data_index])
      data_index = (data_index + 1) % len(data)
    return batch,labels
batch, labels = generate_batch(batch_size=128 , num_skips=4 , skip_window=2)


for i in range(10):
```

```
        print(batch[i], reverse_dictionary[batch[i]], "-->", labels[i, 0], reverse_dictionary[labels[i, 0]])


#skip-gram model
batch_size = 128  #batch_size为batch大小
embedding_size = 300
skip_window = 2        # skip_window为单词最远可以联系的距离
num_skips = 4          # num_skips为对每个单词生成样本数
valid_window = 100
num_sample = 64
learning_rate = 0.01
# 校验集
valid_word = ['令狐冲', '左冷禅', '林平之', '岳不群', '桃根仙']
valid_example = [dictionary[li] for li in valid_word]
# 定义skip-gram网络结构
data_index = 0


# 为skip-gram模型生成训练批次
def next_batch(batch_size, num_skips, skip_window):
    global data_index
    assert batch_size % num_skips == 0
    assert num_skips <= 2 * skip_window
    batch = np.ndarray(shape=(batch_size), dtype=np.int32)
    labels = np.ndarray(shape=(batch_size, 1), dtype=np.int32)
    # 得到窗口长度( 当前单词左边和右边 + 当前单词)
    span = 2 * skip_window + 1
    buffer = collections.deque(maxlen=span)
    if data_index + span > len(data):
      data_index = 0
    buffer.extend(data[data_index:data_index + span])
    data_index += span
    for i in range(batch_size // num_skips):
      context_words = [w for w in range(span) if w != skip_window]
      words_to_use = random.sample(context_words, num_skips)
      for j, context_word in enumerate(words_to_use):
          batch[i * num_skips + j] = buffer[skip_window]
          labels[i * num_skips + j, 0] = buffer[context_word]
      if data_index == len(data):
          buffer.extend(data[0:span])
          data_index = span
```

```
        else:
            buffer.append(data[data_index])
            data_index += 1

    # 回溯一点，以避免在批处理结束时跳过单词
    data_index = (data_index + len(data) - span) % len(data)
    return batch, labels
# 确保在CPU上分配以下操作和变量
# (某些操作在GPU上不兼容)
with tf.device('/cpu:0'):
    # 创建嵌入变量(每一行代表一个词嵌入向量)embedding vector).
    embedding = tf.Variable(tf.random.normal([vocabulary_size, embedding_size]))
    # 构造NCE损失的变量
    nce_weights = tf.Variable(tf.random.normal([vocabulary_size, embedding_size]))
    nce_biases = tf.Variable(tf.zeros([vocabulary_size]))


def get_embedding(x):
    with tf.device('/cpu:0'):
        # 对于X中的每一个样本查找对应的嵌入向量
        x_embed = tf.nn.embedding_lookup(embedding, x)
        return x_embed


def nce_loss(x_embed, y):
    with tf.device('/cpu:0'):
        # 计算批处理的平均NCE损失
        y = tf.cast(y, tf.int64)
        loss = tf.reduce_mean(
            tf.nn.nce_loss(weights=nce_weights,
                           biases=nce_biases,
                           labels=y,
                           inputs=x_embed,
                           num_sampled=num_sample,
                           num_classes=vocabulary_size))
        return loss

# 评估
def evaluate(x_embed):
    with tf.device('/cpu:0'):
        # 计算输入数据嵌入与每个嵌入向量之间的余弦相似度
```

```
        x_embed = tf.cast(x_embed, tf.float32)
        x_embed_norm = x_embed / tf.sqrt(tf.reduce_sum(tf.square(x_embed)))
        embedding_norm = embedding / tf.sqrt(tf.reduce_sum(tf.square(embedding), 1,
                            keepdims=True), tf.float32)
        cosine_sim_op = tf.matmul(x_embed_norm, embedding_norm, transpose_b=True)
        return cosine_sim_op
# 定义优化器
optimizer = tf.optimizers.SGD(learning_rate)


# 优化过程
def run_optimization(x, y):
    with tf.device('/cpu:0'):
        # 将计算封装在GradientTape中以实现自动微分
        with tf.GradientTape() as g:
            emb = get_embedding(x)
            loss = nce_loss(emb, y)
        # 计算梯度
        gradients = g.gradient(loss, [embedding, nce_weights, nce_biases])

        # 按gradients更新 W 和 b
        optimizer.apply_gradients(zip(gradients, [embedding, nce_weights, nce_biases]))
```

5. 开始训练模型

训练代码如下。

```
# 用于测试的单词
x_test = np.array(valid_example)
num_steps = 200000
avg_loss=0
# 针对给定步骤数进行训练
for step in range(num_steps):
    batch_inputs, batch_labels = generate_batch(batch_size, num_skips, skip_window)
    run_optimization(batch_inputs, batch_labels)
    loss = nce_loss(get_embedding(batch_inputs), batch_labels)
    avg_loss = avg_loss + loss

    if step % 5000 == 0:
        if step > 0:
            avg_loss = avg_loss / 5000
```

```
        loss = nce_loss(get_embedding(batch_inputs), batch_labels)
        print("step: %i, loss: %f" % (step, loss))
        # print("平均损失在", num_steps, "中为:", avg_loss)

    # 计算验证集合的相似度
    if step % 10000 == 0:
        sim = evaluate(get_embedding(x_test)).numpy()
        for i in range(len(valid_word)):
            val_word = reverse_dictionary[valid_example[i]]
            top_k = 10
            nearest = (-sim[i, :]).argsort()[1:top_k+1]
            sim_str = "与" + val_word + "最近的前10词是"
            for k in range(top_k):
                close_word = reverse_dictionary[nearest[k]]
                sim_str = "%s %s," % (sim_str, close_word)
            print(sim_str)
```

最终得到的结果如图 11-16 所示。

```
与令狐冲最近的前10词是 岳不群，盈盈，林平之，岳灵珊，仪琳，心想，倒，向问天，便是，任我行，
与左冷禅最近的前10词是 令狐冲，岳不群，盈盈，林平之，岳灵珊，倒，向问天，仪琳，便是，心想，
与林平之最近的前10词是 令狐冲，岳灵珊，岳不群，盈盈，仪琳，心想，师父，任我行，倒，弟子，
与岳不群最近的前10词是 令狐冲，盈盈，岳灵珊，林平之，仪琳，师父，便是，心想，向问天，弟子，
与桃根仙最近的前10词是 令狐冲，岳不群，盈盈，倒，仪琳，弟子，说话，便是，心想，岳灵珊，
```

图11-16 文本词向量相似度计算结果图

6. 词向量可视化

另外，将 \data\Seg_The_Smiling_Proud_Wanderer.txt 中分词结果通过以下代码可实现词向量可视化。

```
import pandas as pd
from gensim.models import Word2Vec
from gensim.models.word2vec import LineSentence
from sklearn.manifold import TSNE
import matplotlib.pyplot as plt
import logging
from matplotlib.font_manager import FontProperties

pd.options.mode.chained_assignment = None
font = FontProperties(fname=r"c:/windows/fonts/simsun.ttc", size=14)          # 字体格式及大小
```

```
logging.basicConfig(format='%(asctime)s : %(levelname)s : %(message)s', level=logging.INFO)
new_vec = open('../data/Seg_The_Smiling_Proud_Wanderer.txt', 'r', encoding='utf-8')

# 训练生成词向量模型
model = Word2Vec(LineSentence(new_vec), sg=0, size=200, window=10, min_count=40, workers=6)
print('模型训练完成')

def tsne_plot(model):
    "Creates and TSNE model and plots it"
    labels = []
    tokens = []
    for word in model.wv.vocab:
        tokens.append(model[word])
        labels.append(word)

    tsne_model = TSNE(perplexity=40, n_components=2, init='pca', n_iter=1000, random_state=20)
    new_values = tsne_model.fit_transform(tokens)
    x = []
    y = []
    for value in new_values:
        x.append(value[0])
        y.append(value[1])

    plt.figure(figsize=(16, 16))
    for i in range(len(x)):
        plt.scatter(x[i], y[i])
        plt.annotate(labels[i],
                     fontproperties=font,
                     xy=(x[i], y[i]),
                     xytext=(5, 2),
                     textcoords='offset points',
                     ha='right',
                     va='bottom')
    plt.show()
tsne_plot(model)
```

可视化结果如图 11-17 所示。

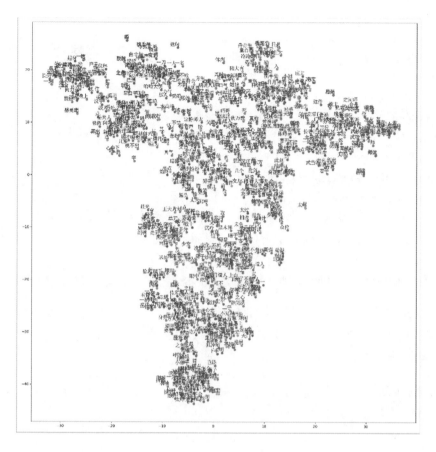

图11-17　词向量结果

11.4　实战：基于 LSTM 的评论情感分析

　　11.3 节中通过 Word2Vec 模型得到了神经网络的输入数据——词向量，这是 NLP 中最基本的一个环节。现在，让我们通过基于 LSTM 的评论情感分析实战来熟悉从构建词向量到构建神经网络的整个流程。NLP 数据的一个独特之处是它是时间序列数据，每个单词的出现都依赖于它的前一个单词和后一个单词。由于这种依赖的存在，我们使用循环神经网络来处理这种时间序列数据[63-64]。

11.4.1　数据预处理

　　首先，加载我们所需要的依赖库。这里主要使用的依赖库是 TensorFlow 2.x、Pandas、

NumPy、jieba 以及 gensim。

```
import multiprocessing
import pandas as pd
import numpy as np
import jieba
import yaml
from gensim.corpora import Dictionary
from gensim.models import Word2Vec
from tensorflow.keras import Sequential
from tensorflow.keras.layers import Embedding, LSTM, Dropout, Dense, Activation
from tensorflow.keras.models import model_from_yaml
from tensorflow.keras.preprocessing import sequence
from sklearn.model_selection import train_test_split
```

然后，我们需要加载本次实验所需的数据集，数据集是以 excel 格式进行存储的，因此需要用 pd.read_excel() 函数读入数据。然后将正负类文本保存在一个列表中，相应类标签也同样合并保存于 y 中。

```
vocab_dim = 100
n_exposures = 10
window_size = 7
cpu_count = multiprocessing.cpu_count()
n_iterations = 10
max_len = 10
input_length = 100
batch_size = 32
n_epoch = 4

# 加载文件
def loadfile():
    neg = pd.read_excel('../data/neg.xls', sheet_name=0, header=None, index=None)
    pos = pd.read_excel('../data/pos.xls', sheet_name=0, header=None, index=None)

    combined = np.concatenate((pos[0], neg[0]))
    y = np.concatenate((np.ones(len(pos), dtype=int), np.zeros(len(neg), dtype=int)))
    return combined, y
```

在上一步的基础上对句子进行分词，取消换行，并在此基础上创建词典。分词时调用 jieba 工具，该工具可用于中文分词。

```
# 对句子进行分词，并取消换行
```

```python
def tokenizer(text):
    text = [jieba.lcut(document.replace('\n', '')) for document in text]
    return text


# 创建词语字典，并返回每个词语的索引、词向量以及每个句子所对应的词语索引
def word2vec_train(combined):
    model = Word2Vec(size=vocab_dim,
                     min_count=n_exposures,
                     window=window_size,
                     workers=cpu_count,
                     iter=n_iterations)
    model.build_vocab(combined)
    model.train(combined, total_examples=model.corpus_count, epochs=model.epochs)
    model.save('../lstm_data/Word2vec_model.pkl')
    index_dict, word_vectors, combined = create_dictionaries(model=model, combined=combined)
    return index_dict, word_vectors, combined


# 创建词语字典，并返回每个词语的索引、词向量以及每个句子所对应的词语索引
def create_dictionaries(model=None,
                        combined=None):
    maxlen = 100
    if (combined is not None) and model is not None:
        gensim_dict = Dictionary()
        gensim_dict.doc2bow(model.wv.vocab.keys(), allow_update=True)
        w2indx = {v: k+1 for k, v in gensim_dict.items()}        # 所有词频数超过 10 的词语的索引
        w2vec = {word: model.wv.__getitem__(word) for word in w2indx.keys()}
        # 所有词频数超过 10 的词语的词向量
        def parse_dataset(combined):
            data = []
            for sentence in combined:
                new_txt = []
                for word in sentence:
                    try:
                        new_txt.append(w2indx[word])
                    except:
                        new_txt.append(0)
                data.append(new_txt)
            return data
        combined=parse_dataset(combined)
        combined=sequence.pad_sequences(combined, maxlen=maxlen)
```

```
            return w2indx, w2vec, combined
        else:
            print('No data provide')


def get_data(index_dict, word_vectors, combined, y):
    n_symbols = len(index_dict) + 1
    # 所有单词的索引数，词频小于10的词语索引为0，所以加1
    embedding_weights = np.zeros((n_symbols, vocab_dim))        # 索引为0的词语，词向量全为0
    for word, index in index_dict.items():            # 从索引为1的词语开始，对每个词语对应其词向量
        embedding_weights[index, :] = word_vectors[word]


    x_train, x_test, y_train, y_test = train_test_split(combined, y, test_size=0.2)
    print(x_train, x_test, y_train, y_test)


    return n_symbols, embedding_weights, x_train, y_train, x_test, y_test
```

11.4.2　模型搭建

现在，我们开始构建LSTM网络模型。注意，本次实验是基于tf.keras来搭建LSTM网络结构。

```
# 定义网络结构
def train_lstm(n_symbols, embedding_weights, x_train, y_train, x_test, y_test):


    print('Defining a simple Keras Model')
    model = Sequential() # or Graph or whatever
    model.add(Embedding(output_dim=vocab_dim,
                input_dim=n_symbols,
                mask_zero=True,
                weights=[embedding_weights],
                input_length=input_length))
    model.add(LSTM(activation="sigmoid", units=50, recurrent_activation="hard_sigmoid"))


    model.add(Dropout(0.5))
    model.add(Dense(1))
    model.add(Activation('sigmoid'))


    print('Compiling the Model...')
    model.compile(loss='binary_crossentropy',
                optimizer='adam', metrics=['accuracy'])
    print("Train...")
```

```
model.fit(x_train, y_train, batch_size=batch_size, epochs=n_epoch, verbose=1, validation_data=(x_test, y_test))

print("Evaluate...")

score = model.evaluate(x_test, y_test,
                       batch_size=batch_size)
yaml_string = model.to_yaml()
with open('../lstm_data/lstm.yml', 'w') as outfile:
    outfile.write(yaml.dump(yaml_string, default_flow_style=True))
model.save_weights('../lstm_data/lstm.h5')
print('Test score:', score)
```

11.4.3 训练

选择合适的超参数来训练神经网络是至关重要的。训练损失值与选择的优化器（Adam、Adadelta、SGD 等），学习率和网络架构都有很大的关系。特别是在 RNN 和 LSTM 中，单元数量和词向量的大小都是重要因素。

◎ 学习率：RNN 最难的一点就是它的训练非常困难，因为时间步骤很长。那么，学习率就变得非常重要。如果将学习率设置得很大，那么学习曲线就会波动很大；如果将学习率设置得很小，那么训练过程就会非常缓慢。根据经验，将学习率默认设置为 0.001 比较好。如果训练过程非常缓慢，那么你可以适当地增大这个值；如果训练过程非常不稳定，那么你可以适当地减小这个值。

◎ 优化器：优化器在研究中没有一个一致的选择，但是 Adam 优化器的使用比较广泛。

◎ LSTM 单元的数量：这个值在很大程度上取决于输入文本的平均长度。更多的单元数量可以帮助模型存储更多的文本信息，当然模型的训练时间就会增加很多，并且计算成本会非常高。

◎ 词向量维度：词向量的维度一般设置为 50 ～ 300。维度越多意味着可以存储的单词信息越多，但是需要付出的计算成本也越高。

以下就是训练模型代码。

```
tf_train_steps = tf.placeholder tf.int32, shape = (batch_size)      # 16 * 1
def train():
    print('Loading Data...')
    combined, y = loadfile()
    print(len(combined), len(y))
    print('Tokenising...')
    combined = tokenizer(combined)
```

```python
    print('Training a Word2vec model...')
    index_dict, word_vectors, combined = word2vec_train(combined)
    print('Setting up Arrays for Keras Embedding Layer...')
    n_symbols, embedding_weights, x_train, y_train, x_test, y_test = get_data(index_dict, word_
            vectors,combined,y)
    print(x_train.shape, y_train.shape)
    train_lstm(n_symbols, embedding_weights, x_train, y_train, x_test, y_test)


def input_transform(string):
    words = jieba.lcut(string)
    words = np.array(words).reshape(1,-1)
    model = Word2Vec.load('../lstm_data/Word2vec_model.pkl')
    _, _, combined = create_dictionaries(model, words)
    return combined


#执行结果
def lstm_predict(string):
    print('loading model...')
    with open('../lstm_data/lstm.yml', 'r') as f:
        yaml_string = yaml.load(f, Loader=yaml.FullLoader)
    model = model_from_yaml(yaml_string)

    print('loading weights...')
    model.load_weights('../lstm_data/lstm.h5')
    model.compile(loss='binary_crossentropy',
                    optimizer='adam', metrics=['accuracy'])
    data = input_transform(string)
    data.reshape(1, -1)

    result = model.predict_classes(data)
    print('Final result:', result)
    if result[0][0] == 1:
      print(string, ' positive')
    else:
      print(string, ' negative')
```

　　我们需要将一个批处理的评论和标签输入模型，然后不断对这一组训练数据进行循环训练。训练过程信息及运行时间如图 11-18 所示。

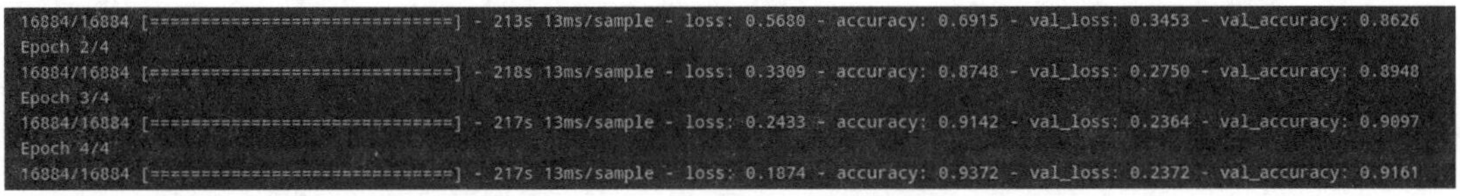

```
16884/16884 [==============================] - 213s 13ms/sample - loss: 0.5680 - accuracy: 0.6915 - val_loss: 0.3453 - val_accuracy: 0.8626
Epoch 2/4
16884/16884 [==============================] - 218s 13ms/sample - loss: 0.3309 - accuracy: 0.8748 - val_loss: 0.2750 - val_accuracy: 0.8948
Epoch 3/4
16884/16884 [==============================] - 217s 13ms/sample - loss: 0.2433 - accuracy: 0.9142 - val_loss: 0.2364 - val_accuracy: 0.9097
Epoch 4/4
16884/16884 [==============================] - 217s 13ms/sample - loss: 0.1874 - accuracy: 0.9372 - val_loss: 0.2372 - val_accuracy: 0.9161
```

图11-18　训练过程信息及运行时间

从测试结果中可以看出，我们对这一组训练数据进行了 4 次循环训练，其准确率达到了
93.72%。

11.4.4　测试结果

最后就可以进行模型测试。

```
if __name__ == '__main__':
    train()
    string ='外卖有点馊味，质量有问题，不想再吃了'
    lstm_predict(string)
```

模型批量测试结果如图 11-19 所示。从图 11-19 中可以看出，将"外卖有点馊味，质量有问题，
不想再吃了"识别为负类是正确的。

外卖有点馊味，质量有问题，不想再吃了　negative

图11-19　模型批量测试结果

11.5　习题

1. 判断题

（1）最早的词向量离散表示编码方式是将每个词都映射到一个较短的词向量，然后构成词
向量空间。（　　）

（2）NER 数据集的标注方式包括 BIO 编码和 BIOSE 编码。（　　）

（3）FastText 在文本分类中不需要预训练好的词向量。（　　）

2. 选择题

（1）Word2Vec 词向量工具的两种模型包括（　　）。

    A．Skip-Gram　　　　　B．CBOW　　　　　C．N-Gram　　　D．One-Hot

（2）命名实体识别从学术角度上包含的三大类分别是（　　　）。

    A. 实体类　　　　　　　B. 时间类　　　　　　C. 数字类　　　D. 组织机构名类

（3）FastText 模型中的两个重要的优化模型是（　　　）。

    A．Hierarchical Softmax　　　　　　B．N-Gram

    C．Softmax　　　　　　　　　　　　D．CBOW

第12章
生成对抗网络

近年来，生成对抗网络（GAN）作为深度学习中的热门网络之一，已经成为人工智能学界中的一个重要研究方向。GAN正在被广泛应用，包括图像、视觉、语音、语言和信息安全等领域，且具有巨大的前景。

本章将讲解GAN的原理，介绍GAN的变体以及GAN在不同领域的应用，最后对DCGAN进行实战演练，分析了DCGAN代码以供读者学习。

 学习重点

◎掌握GAN理论　　　　　　　　◎了解几种常见GAN算法
◎了解GAN应用领域

12.1 生成对抗网络概述

扫一扫，看视频

生成对抗网络（Generative Adversarial Networks，GAN[64]）是伊恩·古德费洛（Ian Goodfellow）等人在 2014 年提出的一种生成式模型。其基本思想源自博弈论的二人零和博弈（即若二人的利益之和为零，一方所得正是另一方的损失），由 GAN 模型生成器（generator）和判别器（discriminator）两部分构成。在 GAN 中，生成器和判别器进行博弈，生成器不断生成接近真实数据的假数据去欺骗判别器，而判别器则要尽可能判别出数据是真实数据还是生成器生成的数据，尽可能不被欺骗，两者目标相反，不断对抗，最终达到纳什均衡。

生成对抗网络模型结构如图 12-1 所示。

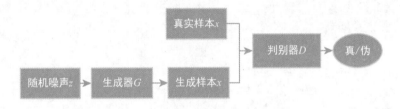

图12-1　生成对抗网络模型结构

GAN 的目标函数为

$$\min_G \max_D V(D,G) = E_{x \sim p_{\text{data}}(x)}[\log D(x)] + E_{z \sim p_z(z)}[\log(1 - D(G(z)))] \qquad (12\text{-}1)$$

式中，x 采样于真实数据分布 $p_{\text{data}}(x)$；z 采样于先验分布 $p_z(Z)$；$G(z)$ 为输出生成的数据。式（12-1）的含义：判别器 D 希望尽可能区分真实样本和生成器 G 生成的样本，因此希望 $D(x)$ 尽可能大、$D(G(z))$ 尽可能小，即 $V(D,G)$ 尽可能大。生成器 G 希望生成的样本尽可能骗过 D，希望 $D(G(z))$ 尽可能大，即 $V(D,G)$ 尽可能小。两个模型相互对抗，最终达到全局最优。

G 不断修正，最终产生的分布与目标数据一致，如图 12-2 所示。

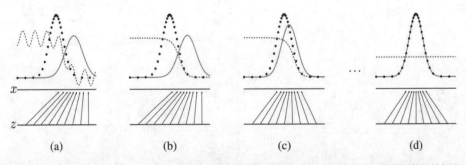

注：z 表示噪声；点线表示判别器 D 的输出；黑色圆点表示真实数据分布；实线表示生成器 G 的虚假数据的概率分布。

图12-2　生成器 G 的不断修正

GAN 的优势：GAN 有很强的建模能力，为创建无监督学习模型提供了强有力的算法框架，同时，GAN 通过自身不断对抗博弈，经过足够的数据训练，能够学到很好的规律。

GAN 的劣势：GAN 生成过程过于自由，训练过程的稳定性和收敛性难以保证，容易发生模式崩塌，原始 GAN 存在梯度消失、训练困难和不收敛等问题。

12.2 GAN 结构的变体

因为 GAN 存在不稳定、不收敛等问题，因此学术研究人员对 GAN 进行了进一步的研究，提出一些 GAN 结构的变体，下面进行介绍。

扫一扫，看视频

12.2.1 DCGAN

DCGAN[65] 是由亚利克·拉德福德（Alec Radford）在论文 "Unsupervised Representation Learning with Deep Convolutional Generative Adversarial Networks" 中提出的，其全称是 Deep Convolutional Generative Adversarial Networks，即深度卷积生成对抗网络。它在 GAN 的基础上增加了深度卷积网络结构，用于生成图像样本。

DCGAN 中 D、G 的含义以及损失函数都和原始 GAN 一致，但它在 D 和 G 中采用了较为特殊的结构，以便对图片进行有效建模。

对于判别器 D，它的输入是一张图像，输出是这张图像为真实图像的概率。在 DCGAN 中，判别器 D 的结构是一个卷积神经网络，输入的图像经过若干层卷积得到一个卷积特征，将得到的特征送入 Logistic 函数，输出可以看作概率。

对于生成器 G，它的网络结构如图 12-3 所示。

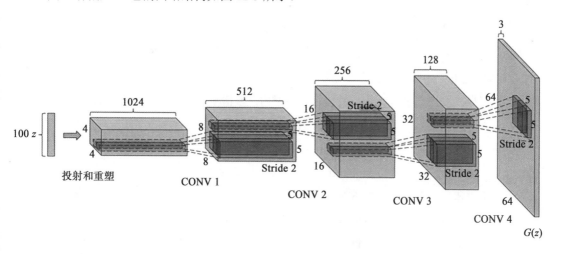

图12-3 DCGAN的生成器 G 网络结构

G 的输入是一个 100 维的噪声向量 z。G 网络的第一层实际上是一个全连接层，将 100 维的向量变成 $4\times4\times1024$ 维的向量，从第二层开始，使用转置卷积做上采样，逐渐减少通道数，最后得到的输出为 $64\times64\times3$，即输出一个三通道的宽和高都为 64 的图像。

此外，G、D 还有以下一些实现细节。

（1）不采用任何池化层（pooling layer），在判别器 D 中，用带有步长（stride）的卷积来代替池化层。

（2）在 G、D 中均使用批量规一化帮助模型收敛。

（3）在 G 中，激活函数除了最后一层外都使用 ReLU 函数，而最后一层使用 Tanh 函数。使用 Tanh 函数的原因在于最后一层要输出图像，而图像的像素值是有一个取值范围的，如 0~255。ReLU 函数的输出可能会很大，而 Tanh 函数的输出范围是 –1~1，只要将 Tanh 函数的输出加 1 再乘以 127.5，就可以得到 0~255 的像素值。

（4）在 D 中，激活函数都使用 Leaky ReLU 作为激活函数。

12.2.2　WGAN

DCGAN 依靠对判别器和生成器的架构进行实验枚举，最终找到一组较好的网络架构设置，但是 GAN 训练困难、生成器和判别器的损耗无法指示训练进程、生成样本缺乏多样性等根本问题并没有彻底解决。令人拍案叫绝的是 WGAN[66] 做到了，该文献的作者用两篇论文来推导相关公式和定理。

WGAN 的主要思想是将生成样本分布 P_g 和原始样本分布 P_r 结合，充当所有可能的联合分布的集合，然后从中得到真实样本和生成样本，计算出二者之间的距离和距离的期望值。通过训练，将两个分布集合拉到一起，即生成样本的质量越来越高。

WGAN 的优点如下。

（1）它根源性地解决了 GAN 训练不稳定的问题，不再需要小心平衡生成器和判别器的训练程度。

（2）基本上可以解决 collapse mode 的问题，能够确保生成样本的多样性。

（3）训练过程中有像交叉熵、准确率这样的数值来指示训练进程，该数值越小，代表 GAN 训练得越好，生成器产生的图像质量越高。

（4）获得以上优点不需要精心设计的网络架构，最简单的多层全连接网络就可以做到。

WGAN 的作者从理论上分析了原始 GAN 的问题所在，有针对性地给出改进要点。与原始 GAN 相比，改进后的 WGAN 的算法实现流程只有如下 4 处改动。

（1）判别器最后一层去掉 Sigmoid。

（2）生成器和判别器的损耗不取对数。

（3）每次更新判别器的参数之后将其绝对值截断到不超过一个固定常数 C。

（4）不使用基于动量的优化算法（包括 Momentum 和 Adam），推荐使用 RMProp 和 SGD。

12.2.3　LSGAN

具有与 WGAN 同样效果的 GAN 还有 LSGAN[67]。

LSGAN 不同于 WGAN，它使用另一种方法来构建度量距离。LSGAN 使用了更加平滑且非饱和的损失函数——最小二乘损失函数，代替原来的 Sigmoid 交叉熵。这是 L2 正则独有的特性，在数据偏离目标时会有一个与其偏离距离成正比惩罚再将其拉回来，从而使数据的偏离不会越来越远。

其目标函数是一个平方误差函数，网络中判别器 D 网络的目标是分辨两类样本，假设对生成样本和真实样本分别编码为 a、b，那么采用平方误差判别器 D 的目标函数为

$$\min_D L(D) = E_{x \sim p_x}(D(x)-b)^2 + E_{z \sim p_z}(D(G(z))-a)^2 \tag{12-2}$$

生成器的目标函数将 a 换成 c，这个代表 D 将 G 生成的样本当作真实样本，其目标函数为

$$\min_G L(G) = E_{z \sim p_z}(D(G(z))-c)^2 \tag{12-3}$$

12.2.4　SRGAN

SRGAN[68] 属于 GAN 理论在超分辨率重建（SR）方面的应用。

SR（Super-Resolution，超分辨率）技术是指从观测到的低分辨率图像重建出相应的高分辨率图像，在监控设备、卫星图像和医学影像等领域都有重要的应用价值。SR 技术分为两类：一类是从多张低分辨率图像中重建出高分辨率图像；另一类是从单张低分辨率图像中重建出高分辨率图像。

SRGAN 的主要思想是使重建的高分辨率图像和真实图像的高分辨率图像，不管是在低层次的像素值还是高层次的抽象特征以及整体概念和风格上都十分接近。其中，对整体概念和风格的评估可以使用判别器，以判断一幅高分辨率图像是由算法生成的还是真实的图像。

输入图片自身内容方面的损失值与来自对抗神经网络的损失值一起组成了最终的损失值。而在自身内容方面，基于像素点的平方差是一部分，另一部分是基于特征空间的平方差。基于特征空间特征的提取使用了 VGG 网络。

12.2.5　AEGAN

AEGAN 是 GAN 和 AE（自编码）的结合。AE 的基本原理是将高维特征压缩到低维特征，而在特征重建过程中只能模拟输入的单个个体样本来输出结果。

AEGAN 通过 GAN 可以利用噪声生成模拟数据的特点，使用自解码完成特征到图像的反向映射，从而实现一个既可以将数据映射到低维空间，又可以将低维还原模拟分布数据的网络。

　　AEGAN 模型结构如图 12-4 所示。

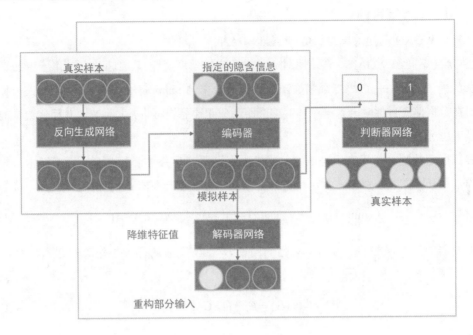

图12-4　AEGAN模型结构

12.2.6　CGAN

　　由前面的介绍可知，原始 GAN 的优势是可以生成接近真实数据的假数据，但这种建模的缺点是生成样本过于自由，面对较大的图片和较复杂的情形时，GAN 的方式就不太可控了。为了解决 GAN 太过自由这个问题，可以给 GAN 加一些约束，于是便有了 CGAN（Conditional Generative Adversarial Nets）。

　　CGAN 在生成器 D 和判别器 G 中均引入条件变量 y，使用额外信息 y 对模型增加条件，可以指导数据生成过程。这些条件变量 y 可以基于多种信息，例如类别标签。如果条件变量 y 是类别标签，CGAN 是原始 GAN 的一大改进，后续的很多衍生 GAN 都是在此基础上进行改进的。

　　CGAN 的目标函数是带有条件概率的极小极大博弈，其表达式为

$$\min_G \max_D V(D,G) = E_{x \sim p_{\text{data}}(x)}[\log D(x \mid y)] + E_{z \sim p_z(z)}[\log(1 - D(G(z \mid y)))] \qquad (12\text{-}4)$$

　　生成器 D 和判别器 G 都增加了额外信息 y 为条件，y 可以是任何信息。通过将额外信息 y 输送到判别模型和生成模型作为输入层的一部分，从而实现 CGAN。在生成模型中，先验输入噪声 $P(z)$ 和额外信息 y 联合组成了联合隐层表征。

　　CGAN 的模型结构如图 12-5 所示。

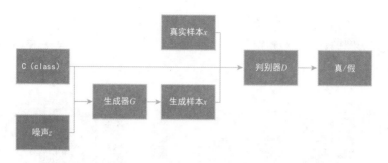

图12-5　CGAN的模型结构

12.3　GAN 应用

扫一扫，看视频

GAN 在短短几年内取得了令人瞩目的进展，应用领域也很广泛。下面介绍 GAN 在图像领域、非图像领域和医疗领域的一些应用。

12.3.1　图像领域应用

1. 创建动漫角色

大家都知道，游戏开发和动画制作的成本是很高的，还需要雇用许多专业人士来完成相对常规的任务；而使用 GAN 则可以自动生成动漫角色并为其上色。

2. 姿势引导人物形象生成

通过姿势的附加输入，可以将图像转换为不同的姿势，如图 12-6 所示。图中，右上角的图是基础姿势图像，右下角的图是使用 GAN 生成的图像。

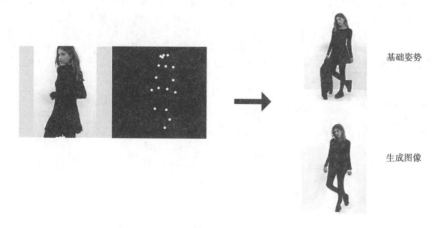

基础姿势

生成图像

图12-6　将图像转换为不同的姿势

图 12-7 所示为姿势引导人物图像生成，其中，优化结果（Refined results）列为生成的图像。

该设计由二级图像发生器和判别器组成，生成器使用元数据（姿势）和原始图像重建图像，判别器使用原始图像作为 CGAN 设计标签输入的一部分。

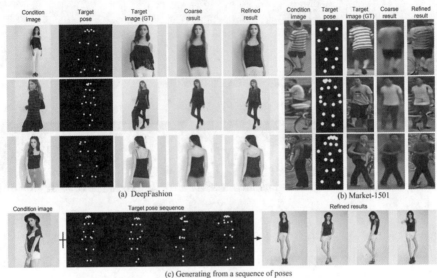

图12-7 姿势引导图像生成

3. 风格转换

在风格转换方面比较出名的是 Cycle GAN 算法，其构建了 G 和 F 两个网络从一个域到另一个域以及反向的图像。它使用判别器 D 来批判生成图像，使生成的图像越来越好。Cycle GAN 效果图如图 12-8 所示。

图12-8 Cycle GAN效果图

4. 超分辨率

从低分辨率图像创建超分辨率图像时，SRGAN 使用 GAN 和感知损失生成细节丰富的图像。

感知损失重点关注中间特征层的误差，而不是输出结果的逐像素误差，避免了生成的高分辨率图像缺乏纹理细节信息的问题。

SRGAN 效果图如图 12-9 所示。

图12-9　SRGAN效果图

5. 生成高质量图像

在生成高质量图像方面比较出名的有 Progressive GAN 和 StyleGAN。

Progressive GAN 通过一种渐进式的结构实现了从低分辨率到高分辨率的过渡，从而能平滑地训练出高清模型。

Progressive GAN 是逐级直接生成图片，特征无法控制，相互关联。于是在 Progressive GAN 的基础上，StyleGAN 做了进一步的改进与提升，可以生成更高质量的图片。

StyleGAN 改进的生成器模型如图 12-10 所示。

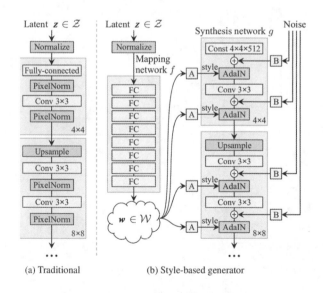

图12-10　StyleGAN改进的生成器模型

6. 文本到图像

文本到图像是域转移 GAN 的早期应用之一，如 StackGAN，输入一个句子就可以生成多个符合描述的图像，效果如图 12-11 所示。

图12-11　StackGAN效果图

7. 目标检测

GAN 在超分辨率方面的应用使 GAN 可以针对小目标问题生成小目标的高分辨率图像，从而提高目标检测精度。

8. 图像修复

几十年前，修复图像一直是一个重要的课题，GAN 也可以应用到其中。GAN 可以很好地修复图像并用创建的"内容"填充缺失的部分。

可以看到，图 12-12 使用的上下文编码器的修复效果很逼真。

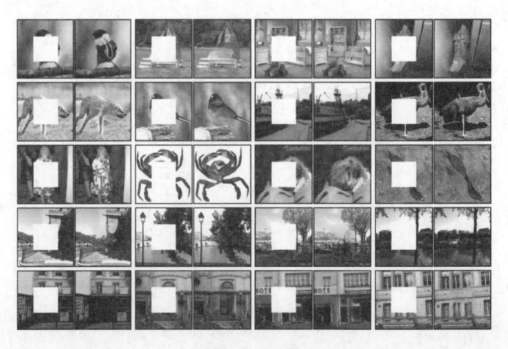

图12-12　图像修复

9. 跨域关系

DiscoGAN 是很有名的跨域关系 GAN。DiscoGAN 基于 GAN 的网络框架来学习发现跨域关系（cross-domain relation），把寻找这种关系变成用一种风格的图片生成另一种风格的图片。例如，它能够成功地将样式（或图案）从一个域（手提包）传输到另一个域（鞋子），如图 12-13 所示。

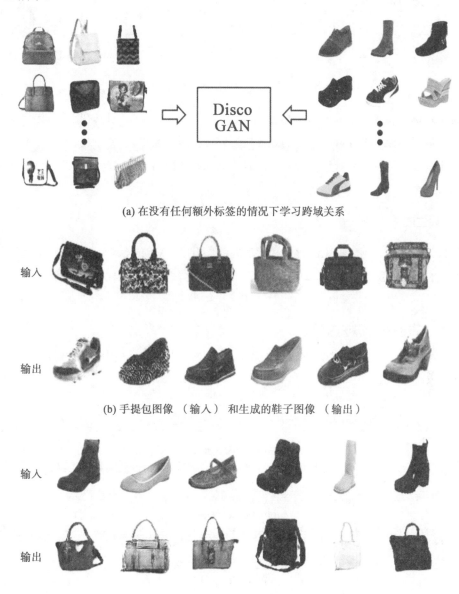

(a) 在没有任何额外标签的情况下学习跨域关系

(b) 手提包图像 （输入） 和生成的鞋子图像 （输出）

(c) 鞋子图像 （输入） 和生成的手提包图像 （输出）

图12-13 DiscoGAN效果图

10. 图像联合分布学习

大部分 GAN 都是学习单一域的数据分布，Coupled GAN 则是一种部分权重共享的网络，使用无监督的方法学习多个域图像的联合分布。Coupled GAN 的联合分布图模型如图 12-14 所示。

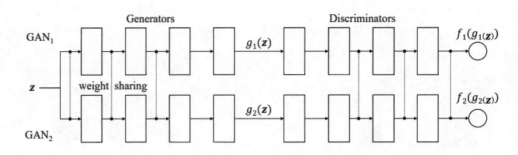

图12-14　Coupled GAN的联合分布图模型

Coupled GAN 使用两个 GAN 网络，生成器前半部分权重共享，目的在于编码两个域高层，共有信息；后半部分不进行共享，目的是各自编码各自域的数据。判别器前半部分不共享，后半部分用于提取高层特征，共享二者权重。对于训练好的网络，输入一个随机噪声，可以输出两张不同域的图片。

11. 视频生成

通常来说，视频由相对静止的背景和运动的前景组成。Video GAN 使用了一个两阶段的生成器，3D CNN 生成器用来生成运动的前景，2D CNN 生成器用来生成静止的背景。

12.3.2　非图像领域应用

GAN 也可以应用到非图像领域，如作曲、语音和语言。MidiNet 模型的作曲效果如图 12-15 所示。

(a) MidiNet 模型 1

(b) MidiNet 模型 2

(c) MidiNet 模型 3

图12-15　MidiNet模型的作曲效果

12.3.3　医疗（异常检测）领域应用

GAN 还可以扩展到其他行业，如 AnoGAN 可用于医学中的肿瘤检测，其结构和应用如图 12-16 和图 12-17 所示。

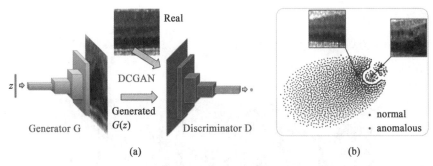

图12-16　AnoGAN的结构

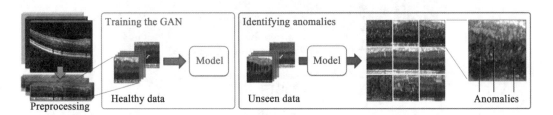

图12-17　AnoGAN的应用

12.4 实战：用 DCGAN 生成图像

实验说明：该代码实现的应用比较简单，利用 TensorFlow 2.x 框架搭建 DCGAN 模型，并使用手写字体数据集 MNIST 对模型进行训练，最终实现生成手写数字图片的效果。运行该代码需要的环境如下。

```
Python3.5+
TensorFlow2.2.0
Matplotlib2.2.0
```

1. 导入需要的Python库

首先导入需要的 Python 库，TensorFlow 用于构建模型并训练，Matplotlib 用于可视化。在导入 TensorFlow 之前，这里打印了其版本，由于以下代码均为 TensorFlow 2.x 的代码，若运行 TensorFlow 的版本小于 2.0，则后面的代码将不能正常运行。

```
import tensorflow as tf
print(tf.__version__)
from tensorflow.keras import layers
import matplotlib.pyplot as plt
```

2. 准备数据

本实验使用的训练数据是 MNIST 数据集，数据集包含 0 ～ 9 共 10 个数字。MNIST 手写数字部分图片如图 12-18 所示。

图12-18　MNIST手写数字数据集

TensorFlow 中的 tf.keras.datasets 模块自带一些数据集，可以通过代码自动下载数据集。若下载速度较慢，可自行到网上下载 MNIST 数据集文件"mnist.npz"，并将其置于"~/.keras/datasets"目录下。这样，代码就不会一直卡在下载数据集的那一步，而是会自动调用已经下载好的数据集。

这里进行的图像生成只取用了训练集，数据集获取后，接着对数据做预处理，先通过 reshape 给数据集增加一个通道的维度，再将原本取值在 [0,255] 的数据归一化到 [−1,1]。接着通过 TensorFlow 中的 tf.data.Dataset 将数据分成若干个批次，并打乱其顺序。

```
# 准备数据
(train_images, train_labels), (_, _) = tf.keras.datasets.mnist.load_data()

train_images = train_images.reshape(train_images.shape[0], 28, 28, 1).astype('float32')
train_images = (train_images - 127.5) / 127.5              # 将图像归一化到[−1, 1]


BUFFER_SIZE = 60000
BATCH_SIZE = 256


# 将数据集分成若干批次（ batch ），并打乱数据（ shuffle ）
train_dataset = tf.data.Dataset.from_tensor_slices(train_images).shuffle(BUFFER_SIZE).batch(BATCH_
    SIZE)
```

3. 构建生成器

使用 TensorFlow 2.x 的序贯式模型构建生成器。生成器输入的噪声维度是 100 维，所以这里输入的大小为 100，第一层全连接层的节点数为 $7 \times 7 \times 256$，该层使用了 Batch Normalization 批量标准化层，并使用了 LeakyReLU 作为激活函数。接着使用 Reshape 层，将全连接层一维排列的输出变换形状作为新的输入。再用两个转置卷积层，得到最终的输出图像。这里值得注意的是，前面的转置卷积层均使用了 Batch Normalization 层和 ReLU 激活函数，但是最后一个层，却没有使用 Batch Normalization，并且激活函数也替换成了 Tanh 函数。这样的设置有利于缓解模型训练崩溃的现象。

```python
def make_generator_model():
    model = tf.keras.Sequential()                                  # 构造器创建一个序贯式模型
    model.add(layers.Dense(7*7*256, use_bias=False, input_shape=(100,)))    # 添加第一层
    model.add(layers.BatchNormalization())                         # 加入批量标准化层
    model.add(layers.LeakyReLU())                                  # 使用LeakyReLU激活函数

    model.add(layers.Reshape((7, 7, 256)))        # 将全连接层一维排列的输出变换形状作为新的输入

    # 第一个转置卷积层
    model.add(layers.Conv2DTranspose(128, (5, 5), strides=(1, 1), padding='same', use_bias=False))
    model.add(layers.BatchNormalization())
    model.add(layers.LeakyReLU())

    # 第二个转置卷积层
    model.add(layers.Conv2DTranspose(64, (5, 5), strides=(2, 2), padding='same', use_bias=False))
    model.add(layers.BatchNormalization())
    model.add(layers.LeakyReLU())

    # 最后一个转置卷积层，没有使用Batch Normalization层
    model.add(layers.Conv2DTranspose(1, (5, 5), strides=(2, 2), padding='same', use_bias=False, activation='tanh'))
    return model
```

将一个 100 维的噪声数据输入生成器，得到输出图片后，将其展示出来。

```python
generator = make_generator_model()
noise = tf.random.normal([1, 100])
generated_image = generator(noise, training=False)
plt.imshow(generated_image[0, :, :, 0], cmap='gray')
```

4. 构建判别器

依然用序贯式模型构建判别器。判别器为常见的卷积神经网络，激活函数均采用 LeakyReLU 函数。

```python
def make_discriminator_model():
    model = tf.keras.Sequential()
    model.add(layers.Conv2D(64, (5, 5), strides=(2, 2), padding='same', input_shape=[28, 28, 1]))
```

```
model.add(layers.LeakyReLU())
model.add(layers.Dropout(0.3))
model.add(layers.Conv2D(128, (5, 5), strides=(2, 2), padding='same'))
model.add(layers.LeakyReLU())
model.add(layers.Dropout(0.3))
model.add(layers.Flatten())
model.add(layers.Dense(1))

return model
```

调用判别器模型，将之前生成的假数据输入网络，并输出判别结果。

```
discriminator = make_discriminator_model()
decision = discriminator(generated_image)
print(decision)
```

5. 定义损失函数

```
cross_entropy = tf.keras.losses.BinaryCrossentropy(from_logits=True)
# 对数损失函数，针对二分类问题，当from_logits为True时，表示预测结果不是概率分布，而是确
  切的类别值；当from-logits为False时，表示预测结果是概率分布

def discriminator_loss(real_output, fake_output):
    real_loss = cross_entropy(tf.ones_like(real_output), real_output)      # 数据为真时的对比
    fake_loss = cross_entropy(tf.zeros_like(fake_output), fake_output)      # 数据为假时的对比
    total_loss = real_loss + fake_loss                                     # 总损失
    return total_loss


def generator_loss(fake_output):
    return cross_entropy(tf.ones_like(fake_output), fake_output)
```

6. 训练模型

训练模型的过程中，判别器和生成器的参数交互更新，直到模型收敛。

```
def train_step(images):
    noise = tf.random.normal([BATCH_SIZE, noise_dim])          # 生成噪声数据作为"生成器"的输入
    with tf.GradientTape() as gen_tape, tf.GradientTape() as disc_tape:          # 梯度记录器
        generated_images = generator(noise, training=True)
        real_output = discriminator(images, training=True)
        fake_output = discriminator(generated_images, training=True)
```

```
        gen_loss = generator_loss(fake_output)                    # 生成器的损失
        disc_loss = discriminator_loss(real_output, fake_output)  # 判别器的损失

    #计算生成器和判别器的梯度
    gradients_of_generator = gen_tape.gradient(gen_loss, generator.trainable_variables)
    gradients_of_discriminator = disc_tape.gradient(disc_loss, discriminator.trainable_variables)

    #更新生成器和判别器中的模型参数
    generator_optimizer.apply_gradients(zip(gradients_of_generator, generator.trainable_variables))
    discriminator_optimizer.apply_gradients(zip(gradients_of_discriminator, discriminator.trainable_variables))

    return gen_loss, disc_loss
```

7. 批量保存生成的图像，方便查看模型效果

```
def generate_and_save_images(model, epoch, test_input):
    predictions = model(test_input, training=False)               # 只做预测

    fig = plt.figure(figsize=(4,4))
    for i in range(predictions.shape[0]):
        plt.subplot(4, 4, i+1)
        plt.imshow(predictions[i, :, :, 0] * 127.5 + 127.5, cmap='gray')
        plt.axis('off')
    plt.savefig('./output/image_at_epoch_{:04d}.png'.format(epoch))
    plt.show()
```

12.5　习题

简答题

（1）对最原始的 GAN 的基本原理和目标函数的参数意义进行阐述。

（2）对三个变体的 GAN 网络结构及其原理进行叙述。

（3）列出三个近些年 GAN 的应用案例，并举例说出相应的网络模型。

第13章
强化学习

　　2016年，谷歌DeepMind团队开发的AlphaGo围棋程序与围棋世界冠军李世石进行了围棋人机大战，最终AlphaGo以4：1的总比分获胜。2019年，DeepMind团队开发的AI程序AlphaStar与《星际争霸2》的职业选手进行比赛，最终总成绩定格在10：1。人们在惊叹计算机技术居然可以在如此复杂的决策问题上超过人类顶级职业选手的同时，也将视线聚焦到机器学习，特别是强化学习上，因为以上机器人程序的核心算法都用到了强化学习算法。如今，强化学习算法已经在游戏开发、机器人研发等领域开花结果，各大科技公司更是将强化学习技术作为其重点发展的技术之一。

　　本章将详细介绍强化学习的基本理论，让读者对涉及的基本理论与算法有一个初步了解，便于后续深入研究。

学习重点

◎掌握强化学习的特点与组成要素　　◎掌握马尔可夫决策过程与动态规划

◎了解基于值函数的学习方法　　◎了解蒙特卡洛算法与时序差分算法

13.1　强化学习问题

扫一扫，看视频

　　强化学习是机器学习的一个重要分支，几十年来强化学习算法一直在默默地不断进步，主要用于解决连续性决策问题。那么，什么是强化学习呢？想象一下，当学生认真写作业并且都写对时，老师会给学生发 1 朵小红花，当学生累计收到 10 朵小红花时，老师会奖励学生一支笔。为了获得这支笔，学生会认真对待作业，以获得更多的小红花，这个过程就是典型的强化学习[69]。强化学习（Reinforcement Learning，RL）就是智能体（学生）和环境（老师）之间通过交互，并根据交互过程中所获得的反馈信息（小红花）进行学习，以求获得整个交互过程中最大化的累计奖赏（笔）。具体来说，强化学习就是由环境提供的反馈信号来评价智能体产生动作的好坏，而不是直接告诉系统如何产生正确的动作。换句话说，就是智能体仅能得到行动带来的反馈或是评价结果，通过不断尝试，记住好的结果与坏的结果对应的行为，下一次面对同样的动作选择时，采用相应的行为获得好的结果，通过这种方式，让智能体在行动—反馈的环境中获取知识，改进行动方案，以适应环境、获取奖励，学习到达到目标的方法。

13.1.1　强化学习的特点

　　强化学习区别于其他机器学习的主要特点有以下四点。

　　（1）强化学习是一种无监督学习。在没有任何标签的情况下，强化学习系统通过尝试做出一些行动并得到不同的结果，然后通过对结果好与坏的反馈来调整之前的行动，不断改进策略输出，让智能体能够学习到在什么样的情况下选择什么样的行为可以得到最好的结果。

　　强化学习与其他无监督学习的区别在于，无监督学习侧重对目标问题进行类型划分或者聚类，而强化学习侧重在探索与行为之间做权衡，找到达到目标的最佳方法。例如，在向用户推荐新闻文章的任务中，无监督学习会找到用户先前已经阅读过的文章并向他们推荐类似的文章，而强化学习先向用户推荐少量的文章，并不断获得来自用户的反馈，最后构建用户可能喜欢的文章的"知识图"。那么，监督学习与强化学习的区别是什么呢？监督学习与强化学习的区别就好比老师教学生做题，老师直接告诉学生怎么做是监督学习；老师仅评判学生的回答正确与否，学生根据老师的反馈来调整做题方法的过程是强化学习。

　　（2）强化学习的结果反馈具有时间延迟性，有时候可能走了很多步以后才知道之前某一步的选择是好还是坏，就好比下围棋，前一步的落子可能会影响后面的局势走向。相比之下，监督学习的反馈是即时的，比如利用神经网络进行物体识别时，神经网络做出类别判定以后，系统随即给出判定结果。

　　（3）强化学习处理的是不断变化的序列数据，并且每个状态输入都是由之前的行动和状态迁移得到的。而监督学习的输入是独立分布的，比如每次给神经网络输入待分类的图片，其图片本身是相互独立的。

（4）智能体的当前行动会影响其后续的行动。智能体选择的下一状态不仅和当前的状态有关，也和当前采取的动作有关。

13.1.2　强化学习的组成部分

强化学习模型的核心主要包括智能体（agent）、奖励（reward）、状态（state）和环境（environment）四个部分[70]，如图 13-1 所示。强化学习中的几个重要组成部分都基于一个假设，即强化学习解决的都是像投资理财的收益、迷宫里的奶酪、超级玛丽的蘑菇等，可以被描述成最大化累计奖励目标的问题。

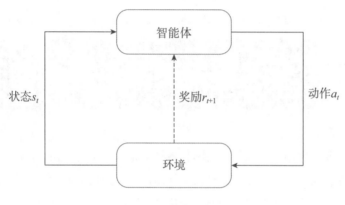

图13-1　强化学习模型

1. 智能体

智能体是强化学习的核心，主要包括策略（policy）、价值函数（valuefunction）和模型（model）三个部分。其中，策略可以理解为行动规则（策略在数学上可以理解为智能体会构建一个从状态到动作的映射函数），让智能体执行什么动作；价值函数是对未来总奖励的一个预测；模型是对环境的认知框架，其作用是预测智能体采取某一动作后的下一个状态是什么。在没有模型的情况下，智能体会直接通过与环境进行交互来改进自己的行动规则，即提升策略。

2. 奖励

奖励是一种可以标量的反馈信息，能够反映智能体在某一时刻的表现。

3. 状态

状态又称为状态空间或状态集，主要包含环境状态（environment state）、智能体状态（agent state）和信息状态（information state）三部分。环境状态是智能体所处环境包含的信息（包括特征数据和无用数据）；智能体状态即特征数据，是需要输入智能体的信息；信息状态包括对未来行动预测所需要的有用信息，而过去的信息对未来行动预测不重要，该状态满足马尔可夫决策，这部分将在后面详细介绍。

4. 环境

这里的环境可以是电子游戏的虚拟环境，也可以是真实环境。环境能够根据动作做出相应的反馈。强化学习的目标是让智能体产生好的动作，从而解决问题，而环境是接受动作、输出状态和奖励的基础。根据环境的可观测程度，可以将强化学习所处环境分为完全可观测环境（fully observable environment）和部分可观测环境（partially observable environment）。前者是一种理想状况，是指智能体了解自己所处的整个环境；后者则表明智能体了解部分环境情况，不明确的部分需要智能体去探索。

通过以上介绍可以知道，强化学习的使用价值非常大，能够在智能游戏、语音识别、图像识别、无人驾驶等多个方面发挥越来越重要的作用。

13.2　马尔可夫决策过程和动态规划

扫一扫，看视频

在现实生活中，人们也会面临各种决策，为了解决某一问题，有时可能需要进行一系列决策，这就涉及序列决策问题。在序列决策问题中，人们在某个时刻所做的决策不仅会对当前时刻的问题变化产生影响，而且会对今后问题的解决产生影响，此时人们所关注的不仅是某一时刻问题解决带来的利益，更关注的是在整个问题解决过程中，每一时刻所做的决策是否能够带来最终利益的最大化。强化学习所涉及的就是序列决策问题，由此可知，序列决策问题通常是由状态集合、智能体所采取的有效动作集合、状态转移信息和目标构成。但是由于状态无法有效地表示决策所需要的全部信息，或由于模型无法精确描述状态之间的转移信息等原因，导致序列决策问题存在一定的不确定性，而这种不确定性可能恰恰是解决问题的关键。马尔可夫决策过程（Markov Decision Process，MDP）能对序列问题进行数学表达，有效地找到不确定环境下序列决策问题的求解方法，因而是强化学习的核心基础，几乎所有的强化学习问题都可以建模为 MDP。

13.2.1　马尔可夫决策过程

马尔可夫决策过程（MDP）利用概率分布对状态迁移信息以及即时奖励信息建模，通过一种"模糊"的表达方法对序列决策过程中无法精确描述状态之间的转移信息进行"精确"描述 [71]。转移信息描述的是从当前状态转移到下一个状态，这一过程是用概率表示的，具有一定的不确定性，称为状态转移概率。MDP 主要包括状态集合 S、动作集合 A、状态转移函数 P、奖励函数 R 和折扣因子 γ 五个部分。在学习马尔可夫决策过程之前，我们先了解马尔可夫过程。

马尔可夫过程又叫马尔可夫链，它是马尔可夫决策过程的基础。马尔可夫特性表明，在一个随机过程给定现在状态和所有过去状态的情况下，其未来状态的条件概率分布仅依赖于当前状态。如果一个随机过程中，任意两个状态都满足马尔可夫特性，那么这个随机过程就称为马尔可夫过程。从当前状态转移到下一状态称为转移，其概率称为转移概率，数学描述为

$$P'_{SS} = P(s_{t+1} = s' \mid s_t = s) \tag{13-1}$$

其状态转移矩阵为

$$\boldsymbol{P} = \begin{bmatrix} P_{11} & \cdots & P_{1n} \\ \vdots & & \vdots \\ P_{n1} & \cdots & P_{nn} \end{bmatrix} \tag{13-2}$$

式中，n 为状态数。下面以课程的马尔可夫链来简单说明，如图 13-2 所示。

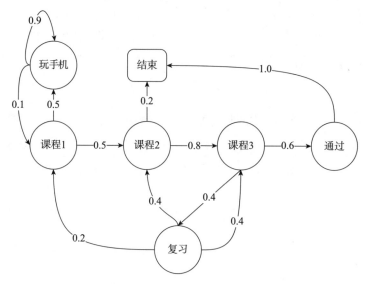

图13-2　课程的马尔可夫链

图 13-2 中，圆表示学生所处状态，圆角矩形表示一个终止状态，箭头表示状态之间的转移，箭头上的数字表示转移概率。可以看出，当学生处在课程 1 的状态时，有 50% 的可能会继续课程 2 的学习，但是也有 50% 的可能不认真学习而是玩手机。当学生处于玩手机的状态时，有 90% 的可能在下一时刻继续玩手机，只有 10% 的可能思绪返回认真学习。当学生进入课程 2 的状态时，有 80% 的可能继续学习课程 3，有 20% 的可能选择结束课程。当学生参加课程 3 的学习后，有 60% 的可能通过考试结束学习，有 40% 的可能没有通过考试选择自学。而当学生处于自学状态时，有 20% 的可能选择复习课程 1，有 40% 的可能选择复习课程 2，有 40% 的可能选择复习课程 3。从上述马尔可夫链中可以看出，从课程 1 的状态开始到最终结束状态，其间的过程状态转化有很多种可能性，这些都称为情景，以下列出了 4 种可能出现的情景。

（1）课程 1→课程 2→课程 3→通过→结束。

（2）课程 1→玩手机→玩手机→课程 1→课程 2→结束。

（3）课程 1 →课程 2 →课程 3 →复习→课程 2 →课程 3 →通过→结束。

（4）课程 1 →玩手机→玩手机→课程 1 →课程 2 →课程 3 →复习→课程 1 →玩手机→玩手机→玩手机→课程 1 →课程 2 →课程 3 →复习→课程 2 →结束。

该课程的马尔可夫链的状态矩阵为

$$
P = \begin{array}{c} \\ 课程1 \\ 课程2 \\ 课程3 \\ 通过 \\ 复习 \\ 玩手机 \\ 结束 \end{array}
\left[\begin{array}{ccccccc}
\text{课程1} & \text{课程2} & \text{课程3} & \text{通过} & \text{复习} & \text{玩手机} & \text{结束} \\
 & 0.5 & & & & 0.5 & \\
 & & 0.8 & & & & 0.2 \\
 & & & 0.6 & 0.4 & & \\
 & & & & & & 1.0 \\
0.2 & 0.4 & 0.4 & & & & \\
0.1 & & & & & 0.9 & \\
 & & & & & & 1.0
\end{array}\right]
$$

马尔可夫过程实际上可分为马尔可夫决策过程和马尔可夫奖励过程（Markov Reward Process，MRP），其中，MRP 是在马尔可夫过程的基础上增加了奖励函数 R 和折扣因子 γ。状态 S 下的奖励 R 是在状态集 S 获得的总奖励，即

$$R_t = R_{t+1} + R_{t+2} + \cdots + R_T \tag{13-3}$$

折扣因子 $\gamma \in [0,1]$，体现了未来的奖励在当前时刻的价值比例。引入折扣因子的意义在于数学表达方便，可以避免陷入无限循环，同时利益具有一定的不确定性，符合人类对于眼前利益的追求。若用 G_t 表示在一个 MRP 上从 t 时刻开始往后所有奖励衰减的总和，其计算表达式为

$$G_t = R_{t+1} + \gamma R_{t+2} + \gamma^2 R_{t+3} + \cdots = \sum_{k=0}^{\infty} \gamma^k R_{t+k+1} \tag{13-4}$$

在图 13-2 所示的课程的马尔可夫链中加入奖励，即可得到课程的马尔可夫奖励过程图（折扣因子 γ 设置为 1），如图 13-3 所示。

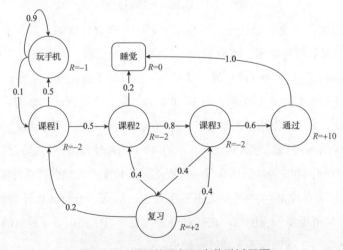

图13-3　课程的马尔可夫奖励过程图

为了方便计算，可以将图 13-3 转换成表 13-1 的形式，灰色区域的数字为从所在行状态转移到所在列状态的概率，黄色区域对应各状态的即时奖励值（见彩插）。

表13-1 课程MRP表

状态S	课程1	课程2	课程3	通过	复习	玩手机	结束/睡觉
奖励值R	−2	−2	−2	10	2	−1	0
课程1		0.5				0.5	
课程2			0.8				0.2
课程3				0.6	0.4		
通过							1.0
复习	0.2	0.4	0.4				
玩手机	0.1					0.9	
结束/睡觉							1.0

以上文所说的 4 种情景为例，设置 $\gamma = 1/2$，在 $t = 1$ 状态（$s_1 =$ 课程 1）下，状态 s_1 的 MRP 分别为

$$G_1 = -2 + (-2) \times \frac{1}{2} + (-2) \times \left(\frac{1}{2}\right)^2 + 10 \times \left(\frac{1}{2}\right)^3 + 0 \times \left(\frac{1}{2}\right)^4 = -2.25 \tag{13-5}$$

$$G_2 = -2 + (-1) \times \frac{1}{2} + (-1) \times \left(\frac{1}{2}\right)^2 + (-2) \times \left(\frac{1}{2}\right)^3 + (-2) \times \left(\frac{1}{2}\right)^4 + 0 \times \left(\frac{1}{2}\right)^5 = -3.125 \tag{13-6}$$

$$G_3 = -2 + (-2) \times \frac{1}{2} + (-2) \times \left(\frac{1}{2}\right)^2 + 2 \times \left(\frac{1}{2}\right)^3 + (-2) \times \left(\frac{1}{2}\right)^4 + (-2) \times \left(\frac{1}{2}\right)^5$$

$$+ 10 \times \left(\frac{1}{2}\right)^6 + 0 \times \left(\frac{1}{2}\right)^7 = -3.28125 \tag{13-7}$$

$$G_4 = -2 + (-1) \times \frac{1}{2} + (-1) \times \left(\frac{1}{2}\right)^2 + (-2) \times \left(\frac{1}{2}\right)^3 + (-2) \times \left(\frac{1}{2}\right)^4 + (-2) \times \left(\frac{1}{2}\right)^5 + 2 \times \left(\frac{1}{2}\right)^6$$

$$+ (-2) \times \left(\frac{1}{2}\right)^7 + (-1) \times \left(\frac{1}{2}\right)^8 + (-1) \times \left(\frac{1}{2}\right)^9 + (-1) \times \left(\frac{1}{2}\right)^{10} + (-2) \times \left(\frac{1}{2}\right)^{11} + (-2) \times \left(\frac{1}{2}\right)^{12}$$

$$+ (-2) \times \left(\frac{1}{2}\right)^{13} + 2 \times \left(\frac{1}{2}\right)^{14} + (-2) \times \left(\frac{1}{2}\right)^{15} + 0 \times \left(\frac{1}{2}\right)^{16} = -3.18036 \tag{13-8}$$

谈到 MRP，就需要了解一下价值函数（value function），MRP 中某一状态的价值函数为从该状态开始的马尔可夫链收获的期望。价值可以仅描述状态，也可以描述某一状态下的某个行为，特殊情况下还可以仅描述某个行为。通常记为 $V(s)$，有

$$V(s) = E[G_t \mid S_t = s] \tag{13-9}$$

为何这里会存在期望呢？

因为在MRP中，从t时刻到终止状态T的MRP情景不止一条，而每一条都会有相应的概率及奖励值，因此对应的概率乘以相应的收益就会用期望来表示。

使用 Bellman 方程可将式（13-9）转化为

$$V(s) = E\left[R_{t+1} + \gamma v(S_{t+1}) \mid S_t = s\right] = R_S + \gamma \sum_{s \in S} ss'v(s') \qquad （13-10）$$

从这里可以看出，γ 趋于 0 时，关注的是即时奖励；γ 趋于 1 时，则更加关注长远利益。再看图 13-3 的例子，在 $t=1$ 状态（s_1= 课程 1）下的值函数（假设只有这 4 条路径，且每条路径的概率为 0.25）为

$$V(s) = [-2.25 + (-3.125) + (-3.28125) + (-3.18036)] / 4 = 2.96$$

MDP 与 MRP 有什么区别呢？MDP 是在 MRP 的基础上引入一个行动集合 A。不同的是，MRP 中的 P 和 R 仅对应于某一时刻的状态，而 MDP 中的 P 和 R 与具体的动作 a 相对应。数学描述为

$$P_{ss'}^a = P\left(s_{t+1} = s' \mid s_t = s, A_t = a\right)$$

$$R_s^a = E\left[R_{t+1} \mid s_t = s, A_t = a\right] \qquad （13-11）$$

如果将图 13-3 所示的 MRP 图转化为 MDP 图，则需要将前者对应的状态改为行动，如图 13-4 所示。

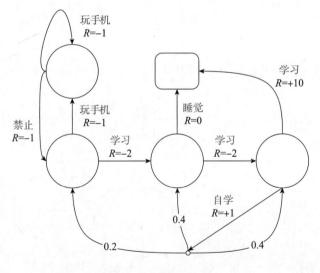

图13-4 课程MDP图

此时没有状态名，取而代之的是智能体采取的行动。该图将通过和结束合并成终止状态，而原来复习的动作变成临时状态，被环境分配给其他三个状态，智能体没有权利选择去哪一个状态。另外，采取每一个行动，即时奖励会与之对应，同一时刻采取不同行动，即时奖励也会不一样。

前面提到，智能体主要包括策略、价值函数和模型三个部分，其中的策略 π 表示的是概率的集合，$\pi(a\,|\,s)$ 表示某一时刻 t 在状态 s 下采取行为 a 的概率，有

$$\pi(a\,|\,s)=P\big[A_t=a\,|\,S_t=s\big] \tag{13-12}$$

若给定一个 MDP 和一个策略 π，当智能体在处于策略 π 时，执行动作 a 后从状态 s 转移到 s' 的概率和可表示为

$$P_{ss'}^{\pi}=\sum_{a\in A}\pi(a\,|\,s)P_{ss'}^{a} \tag{13-13}$$

若在当前状态 s 下执行某一指定策略 π，得到的即时奖励可表示为

$$R_{s}^{\pi}=\sum_{a\in A}\pi(a\,|\,s)R_{s}^{a} \tag{13-14}$$

该即时奖励是策略 π 下所有可能行动得到的奖励与该行动发生的概率乘积的和。

如果在此考虑状态价值函数 $V_{\pi}(s)$，则执行当前策略 π 时智能体处在状态 s 下所获得奖励的期望价值为

$$V_{\pi}(s)=E_{\pi}\big[G_t\,|\,S_t=s\big] \tag{13-15}$$

同样地，如果在此考虑行动价值函数 $q_{\pi}(s,a)$，则在策略 π 下，当前状态 s 下执行行动 a 获得的期望价值为

$$q_{\pi}(s,a)=E_{\pi}\big[G_t\,|\,S_t=s,A_t=a\big] \tag{13-16}$$

由式（13-15）和式（13-16）能看出二者之间的关系：执行某一策略 π 时，在状态 s 下可能执行所有行为的价值概率的总和即为 $V_{\pi}(s)$，有

$$V_{\pi}(s)=\sum_{a\in A}\pi(a\,|\,s)q_{\pi}(s,a) \tag{13-17}$$

因此，在状态 s 下所有策略产生的价值函数中，选取使状态价值最大的价值函数，即为最优状态价值函数，有

$$v_{*}=\max_{\pi}v_{\pi}(s) \tag{13-18}$$

同样地，一个行为价值函数也可以表示成状态价值函数的形式，有

$$q_{\pi}(s,a)=R_{s}^{a}+\gamma\sum_{s'\in S}P_{ss'}^{a}v_{\pi}(s') \tag{13-19}$$

从所有策略产生的行为价值函数中，选取状态行为对 (s,a) 价值最大的函数，即为最优行为价值函数。其数学表达式为

$$q*(s,a)=\max_{\pi}q_{\pi}(s,a) \tag{13-20}$$

13.2.2　动态规划

动态规划（Dynamic Programming，DP）主要应用于复杂问题，并将复杂问题分解为多个

较为简单的子问题，然后一一求解并保存。在此过程中，如果遇到相同子问题，可直接使用已求解结果而无须再计算。动态规划与强化学习有什么关系呢？前面已经说过，强化学习是一种序列决策问题，智能体对环境并不是全了解，甚至可能完全不知道环境是什么样子的，也不知道执行什么动作是好的，因而只能不断地在环境中试错，进而发现一个好的策略。动态规划也是一种序列决策问题，不同的是它是一种环境模型已知的规划方法。

动态规划可以分成预测和控制两个部分。预测在强化学习中对应的就是已知 MDP 的状态、动作、奖励、转移概率、折扣因子和策略，求出每一个状态下的价值函数，进而获得每个状态下对应的奖励值；控制相对应的是在 MDP 的状态、动作、奖励、转移概率、折扣因子已知，但是在策略未知的情况下，需要求出最优的价值函数及最优策略。如何使用动态规划解决强化学习问题呢？主要有策略迭代和值迭代两种方法。

1. 策略迭代

策略迭代方法主要分为策略评估和策略改进两个步骤。在策略迭代中，首先随机给出一个策略，并求出该策略下的值函数，再判断此值函数是不是最优的值函数，如果不是，就利用贪心算法找到最优的策略。迭代公式为

$$V_{k+1}(s) = \sum_{a \in A} \pi(a \mid s) \left(R_s^a + \gamma \sum_{s' \in S} P_{ss'}^a v_k(s') \right) \tag{13-21}$$

由式（13-21）可以看出，对于每一次迭代，状态 s 的价值等于前一次迭代该状态的即时奖励与状态 s 所有下一个可能状态 s' 的价值与其概率的乘积和。

2. 值迭代

在值迭代中，首先随机初始化一个值函数，并在每一次迭代中找到当前值函数最大的更新方式以更新值函数，直到值函数不发生变化即为最优值函数，进而找到最优策略。其数学公式为

$$v_* \leftarrow \max_{a \in A} R_s^a + \gamma \sum_{s'} P_{ss'}^a v_*(s') \tag{13-22}$$

由式（13-22）可以看出，当且仅当从状态 s 可以到达任意状态 s' 时，执行某一策略能够使得状态 s' 的价值是最优价值，才能说明该策略能够使得状态 s 获得最优价值，进而说明该策略是最优策略。因而可以知道，一个最优策略包括两个部分，一部分从状态 s 到下一状态 s' 采取了最优行为 $A*$，另一部分就是在状态 s' 时采取了一个最优策略。

13.3 基于值函数的学习方法

前面所说的强化学习方法都是基于有模型的情况，那么没有模型的强化学习问题该如何求解呢？首先需要清楚一点，在无模型的情况下，策略迭代无法估计。另外，策略迭代的状态值函数 V 到动作值函数 Q 的转换存在困难，即无模型其实就

是先对状态转换概率和奖励函数进行抽样估计。

13.3.1 蒙特卡洛算法

蒙特卡洛算法主要利用经验平均代替随机变量来找到近似解。下面利用蒙特卡洛算法计算圆周率的例子来说明该算法。

假设一个正方形有一个内切圆，我们已经知道 $\pi/4=$ 圆面积 / 正方形面积。但是，如果我们不知道计算公式，那么要如何利用蒙特卡洛算法计算这个值呢？可以在正方形内随机产生 n 个点，其中有 m 个点落在圆内，那么 π 就近似为 $4\times(m/n)$。

代码如下。

```
# 设置总点数n=1000000，圆半径为r=1.0，且圆心位于原点(a, b)
n = 1000000
r = 1.0
a, b = (0.0, 0.0)
x_L, x_R = a - r, a + r
y_X, y_R = b - r, b + r
m = 0
Pi = 0
for i in range(0, n+1):
    x = np.random.uniform(x_L, x_R)
    y = np.random.uniform(y_X, y_R)
    if x*x + y*y <= 1.0:
        m += 1
        Pi = np.float((m / n) * 4)
    print(Pi)
if __name__=="__main__":
    calPi()
```

1. 蒙特卡洛预测

强化学习中利用蒙特卡洛预测,可以估计任何给定策略下的值函数。具体算法流程如图13-5所示。

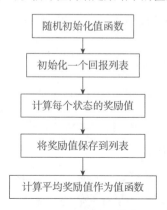

图13-5 蒙特卡洛预测值函数算法流程

蒙特卡洛算法分为首次访问蒙特卡洛和每次访问蒙特卡洛，前者在某一策略下仅记录第一次出现的状态 s 对应的奖励值，后者是在某一策略下，状态 s 出现几次就记录几次。同样地，使用蒙特卡洛方法估计动作值函数与状态值函数类似，只是将记录状态对应的奖励值变成记录状态动作对应的奖励值即可。

2. 蒙特卡洛控制

在蒙特卡洛预测中已经知道了如何估计值函数，而在蒙特卡洛控制中，可以知道如何优化值函数。与前面介绍的动态规划不同，由于状态值会根据所选择策略的不同而变化，而估计状态动作值比状态值直观，因此，蒙特卡洛控制不需要估计状态值，而是更注重状态动作值。

如何知道什么是最佳行为呢？要想得到某一策略下的最佳行为，必须保证探索的每个状态下的所有可能动作，进而找出最优值。具体来说，首先随机初始化状态行为函数和策略，同时初始化奖励列表，然后计算初始化策略下唯一状态行为相对应的奖励值并保存到列表，再取奖励列表中所有奖励的平均值作为该状态行为函数，最后选取某一状态的最优策略，并选择该状态下具有最大状态行为奖励值的行为即可。

13.3.2　时序差分算法

时序差分（Temporal Difference，TD）方法是强化学习应用最广泛的一种学习方法[72-73]。相较于蒙特卡洛算法，时序差分算法是一种实时算法，它结合了蒙特卡洛算法与动态规划算法，可以直接从经验中学习而不必知道整个环境模型，同时又可以根据已学习到价值函数的估计进行当前估计的更新（步步更新），而不需要等待整个情景结束。

时序差分算法中最有名的就是 Q 学习（Q-Learning）[74]。Q 学习是指智能体学习在一个给定的状态 s 下采取一个行动后得到的奖励，环境会根据智能体的动作反馈相应的奖励值，因而算法的主要思想就是将状态与行为构建成一张 Q 表来存储 Q 值，然后根据 Q 值来选取能够获得最大收益的动作。算法的具体步骤如下。

（1）初始化 Q 表为 0。

（2）随机初始化 Q 函数为任意值作为起点。

（3）根据 ε 贪心算法（$\varepsilon>0$）在当前状态 s 的所有可能行动中选择一个行动 a，并转移到下一状态。

（4）在新状态上选择 Q 值最大的行动 a，利用 Bellman 方程更新上一状态 Q 值，计算公式为

$$Q(s,a)=Q(s,a)+a(r+\gamma\max Q(s',a)-Q(s,a)) \qquad (13\text{-}23)$$

（5）将新状态设置为当前状态，重复步骤（2）~（4），直到达到目标状态结束。

【案例 13.1】　Q-Learning 实例。

假设 5 间标号为 0~4 的密室，密室之间只能通过红色通道进出，且将外界环境作为一个整体空间，编号为 5，如图 13-6 所示。如果智能体能够从任意密室到达外界，则奖励为 10 且永

远停留在那里，其他密室奖励为 0，利用 Q-Learning 方法使之达到最大奖励值。

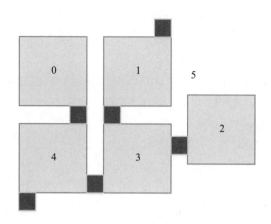

图13-6 密室平面图

依据 Q-Learning 算法理论，将密室抽象为 5 个状态，选择进入哪个密室抽象为动作，即可得到奖励值表 R 为

$$
R = \begin{array}{c|cccccc}
 & 0 & 1 & 2 & 3 & 4 & 5 \\
\hline
0 & -1 & -1 & -1 & -1 & 0 & -1 \\
1 & -1 & -1 & -1 & 0 & -1 & 10 \\
2 & -1 & -1 & -1 & 0 & -1 & -1 \\
3 & -1 & 0 & 0 & -1 & 0 & -1 \\
4 & 0 & -1 & -1 & 0 & -1 & 10 \\
5 & -1 & 0 & -1 & -1 & 0 & 10
\end{array}
$$

式中，红色行表示行动；蓝色列表示状态；黑色 –1 表示两间密室没有通道；0 表示两间密室有通道；10 表示最终状态奖励值。

实例算法流程如下。

（1）初始化密室环境和算法参数、最大训练周期数（每一场景即为一个周期）、折扣因子 $\gamma = 0.8$、即时回报函数 R 和评估矩阵 $\mathbf{Q}$。

（2）随机选择一个初始状态 s，若 s=s*，则结束此场景，重新选择初始状态。

（3）在当前状态 s 的所有可能动作中随机选择一个动作 a，选择每一动作的概率相等。

（4）当前状态 s 选取动作 a 后到达状态 s′。

（5）使用公式对矩阵 $\mathbf{Q}$ 进行更新。

（6）设置下一状态为当前状态，s=s′。若 s 未达到目标状态，则返回步骤（3）。

（7）如果算法未达到最大训练周期数，转到步骤（2）进入下一场景，否则结束训练，此时得到训练完毕的收敛矩阵 $\mathbf{Q}$。

代码如下。

```
import numpy as np
```

```
import random
# 初始化矩阵
Q = np.zeros((6, 6))
Q = np.matrix(Q)
# 设置奖励矩阵R
R = np.matrix([[-1, -1, -1, -1, 0, -1],[-1, -1, -1, 0, -1, 10],
               [-1, -1, -1, 0, -1, -1],[-1, 0, 0, -1, 0, -1],
               [0, -1, -1, 0, -1, 10],[-1, 0, -1, -1, 0, 10]])
# 设置学习参数
γ = 0.8
# 训练
for i in range(2000):
    # 对每一个训练，随机选择一种状态
    state = random.randint(0, 5)
while True:
        # 选择当前状态下的所有可能动作
        rPosAction = []
        for action in range(6):
            if R[state, action] >= 0:
                rPosAction.append(action)
        nextState = rPosAction[random.randint(0, len(rPosAction) - 1)]
        # 更新Q表
        Q[state, nextState] = R[state, nextState] + γ * (Q[nextState]).max()
        state = nextState
        # 状态进入目标状态，则结束
        if state == 5:
            break
print(Q)
```

运行结果如图 13-7 所示。

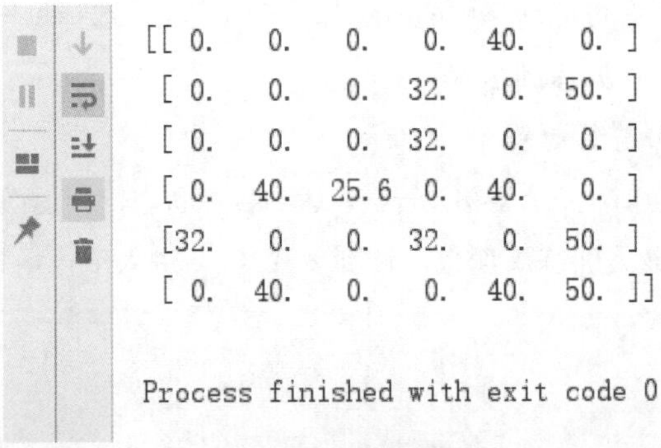

```
[[ 0.    0.    0.    0.   40.    0.  ]
 [ 0.    0.    0.   32.    0.   50.  ]
 [ 0.    0.    0.   32.    0.    0.  ]
 [ 0.   40.   25.6  0.   40.    0.  ]
 [32.    0.    0.   32.    0.   50.  ]
 [ 0.   40.    0.    0.   40.   50.  ]]

Process finished with exit code 0
```

图13-7 运行结果

将其进行归一化，得到

$$Q = \begin{bmatrix} & 0 & 1 & 2 & 3 & 4 & 5 \\ 0 & 0 & 0 & 0 & 0 & 80 & 0 \\ 1 & 0 & 0 & 0 & 64 & 0 & 100 \\ 2 & 0 & 0 & 0 & 64 & 0 & 0 \\ 3 & 0 & 80 & 51 & 0 & 80 & 0 \\ 4 & 64 & 0 & 0 & 64 & 0 & 100 \\ 5 & 0 & 80 & 0 & 0 & 0 & 100 \end{bmatrix}$$

只要矩阵 Q 足够接近收敛状态，就表明智能体已经学习了任意状态到达目标状态的最佳路径。例如，从密室 2 开始，通过比较 Q 表可知，智能体选择最大 Q 值则会执行进入密室 3 的动作，当处于密室 3 状态时，可以选择执行进入密室 1 或密室 4 两种动作进而进入不同的状态。

① 如果选择进入密室 1 动作，则处于密室 1 状态时，选择最大 Q 值会执行进入外界 5 的动作，此时最优策略是 2 → 3 → 1 → 5。

② 如果选择进入密室 4 动作，则处于密室 4 状态时，选择最大 Q 值会执行进入外界 5 的动作，此时最优策略是 2 → 3 → 4 → 5。

两种策略的累计回报值相等，故从密室 2 到外界 5 有两种最优策略。

13.4 基于策略函数的学习算法

在介绍基于策略函数的学习算法之前，首先要知道使用基于策略函数方法的原因。

（1）基于策略函数的方法是对某一策略 π 直接进行参数化表示，与值函数相比，策略函数方法的参数化更简单，收敛性更佳。

（2）利用值函数方法求最优策略时，如果遇到动作集很大或者为连续动作集的问题时，可能无法有效求解。

（3）策略函数方法常采用随机策略，随机策略可将搜索直接集成到算法中。

基于以上优点，下面学习基于策略函数的强化学习算法。首先要知道，最终目标是使奖励值最大，由此制定目标函数 $J(\theta)$，进而得到一个参数化的策略函数 $\pi\theta(s,a) = P[a \mid s, \theta]$，针对不同类型的问题有不同的目标函数。

有完整情景的环境，可以使用初始值构建目标函数，有

$$J_1(\theta) = V^{\pi_\theta}(s_1) = E_{\pi_\theta}(G_1) \tag{13-24}$$

在连续环境下，使用平均奖励构建目标函数，有

$$J_{av}(\theta) = \sum_s d^{\pi_\theta}(s)V^{\pi_\theta}(s) \tag{13-25}$$

式中，$d^{\pi_\theta}(s)$ 是基于策略 π_θ 生成的马尔可夫链关于状态的静态分布。

使用每一步求平均奖励以构造目标函数，有

$$J_{avR}(\theta) = \sum_s d^{\pi_\theta}(s)\sum_a \pi_\theta(s,a)R_s^a \tag{13-26}$$

有了目标函数后，需要使其最大化，即寻找一组参数向量 θ，使得目标函数最大。如何求解呢？不管上面哪一种，都要用到梯度下降法，那么这个优化过程就转化为对策略梯度 $\nabla_\theta J(\theta)$ 的求解，即

$$\nabla_\theta J(\theta) = E_{\pi_\theta}\left[\nabla_\theta \log \pi_\theta(s,a)Q^{\pi_\theta(\theta)}(s,a)\right] \tag{13-27}$$

如果得到的 $\pi_\theta(s,a)$ 是离散行为，则使用 Softmax 策略；如果是连续策略问题，则使用高斯策略。

13.5 Actor-Critic 算法

Actor-Critic 算法是一种融合了基于策略梯度和基于近似价值函数优点的算法[75]。该算法包括 Actor 和 Critic 两部分，其中 Critic 近似于策略评估，以更新动作值函数参数 w；而 Actor 的作用是以 Critic 所指导的方向更新策略参数 θ。因此，Actor-Critic 算法的核心是策略梯度定理，即

$$\nabla_\theta J(\theta) \approx E_{\pi_\theta}\left[\nabla_\theta \log \pi_\theta(s,a)Q_w(s,a)\right] \tag{13-28}$$

由于算法是一个近似的策略梯度，因而存在偏差，可能会导致无法收敛到一个合适的策略，因而在设计 $Q_w(s,a)$ 时需要满足以下两个条件。

（1）近似价值函数的梯度完全等同于策略函数对数的梯度。

（2）值函数参数 w 使得均方差最小。

那么有

$$\nabla_\theta J(\theta) = E_{\pi_\theta}\left[\nabla_\theta \log \pi_\theta(s,a)Q_w(s,a)\right] \tag{13-29}$$

【案例 13.2】　Cart Pole 算法实例：包含 AC_CartPole.py。

AC_CartPole.py 代码如下。

```
import numpy as np
import tensorflow as tf
```

```
tf.compat.v1.disable_eager_execution()
import gym

np.random.seed(2)
tf.compat.v1.set_random_seed(2)                    # 使得所有会话中产生的随机序列是相等可重复的

# 超参数
OUTPUT_GRAPH = False
MAX_EPISODE = 3000
DISPLAY_REWARD_THRESHOLD = 200
# 在屏幕上显示模拟窗口会拖慢运行速度,我们等计算机学得差不多了再显示模拟
# 当回合总 reward 大于 200 时显示模拟窗口
MAX_EP_STEPS = 1000                                # 一轮的最大训练步数
RENDER = False
GAMMA = 0.9                                        # TD误差的奖励折扣
LR_A = 0.001                                       # actor的学习率
LR_C = 0.01                                        # critic的学习率

env = gym.make('CartPole-v0')
env.seed(1)                                        # 使得所有会话中产生的随机序列是相等可重复的
env = env.unwrapped

N_F = env.observation_space.shape[0]
N_A = env.action_space.n


class Actor(object):
    # 用 TensorFlow 建立 Actor 神经网络,搭建好训练的 Graph
    def __init__(self, sess, n_features, n_actions, lr=0.001):
        self.sess = sess

        self.s = tf.compat.v1.placeholder(tf.float32, [1, n_features], "state")
        self.a = tf.compat.v1.placeholder(tf.int32, None, "act")
        self.td_error = tf.compat.v1.placeholder(tf.float32, None, "td_error")        # TD误差

        with tf.compat.v1.variable_scope('Actor'):
            l1 = tf.compat.v1.layers.dense(
                inputs=self.s,
                units=20,                         # 隐藏神经元的数量
                activation=tf.nn.relu,
```

```
                    kernel_initializer=tf.compat.v1.random_normal_initializer(0., .1),    # 权重
                    bias_initializer=tf.compat.v1.constant_initializer(0.1),              # 偏差
                    name='l1'
                )


                self.acts_prob = tf.compat.v1.layers.dense(
                inputs=l1,
                units=n_actions,                    # 输出神经元
                activation=tf.nn.softmax,           # 设置激活函数，得到行为概率
                kernel_initializer=tf.compat.v1.random_normal_initializer(0., .1),    # 权重
                bias_initializer=tf.compat.v1.constant_initializer(0.1),              # 偏差
                name='acts_prob'
                )

        with tf.compat.v1.variable_scope('exp_v'):
            log_prob = tf.math.log(self.acts_prob[0, self.a])                    # log 动作概率
            self.exp_v = tf.reduce_mean(input_tensor=log_prob * self.td_error)   # log概率*TD方向

        with tf.compat.v1.variable_scope('train'):
            # 因为我们想不断增加这个 exp_v (动作带来的额外价值),所以我们用 minimize(-exp_v)
的方式达到maximize(exp_v) 的目的
            self.train_op = tf.compat.v1.train.AdamOptimizer(lr).minimize(-self.exp_v)
            # minimize(-exp_v) = maximize(exp_v)


    def learn(self, s, a, td):
        # s、a 用于产生 Gradient ascent 的方向,td 来自 Critic, 用于告诉 Actor 的方向对不对
        s = s[np.newaxis, :]
        feed_dict = {self.s: s, self.a: a, self.td_error: td}
        _, exp_v = self.sess.run([self.train_op, self.exp_v], feed_dict)
        return exp_v


    def choose_action(self, s):
        # 根据 s 选行为 a
        s = s[np.newaxis, :]
        probs = self.sess.run(self.acts_prob, {self.s: s})        # 得到所有actions的概率
        return np.random.choice(np.arange(probs.shape[1]), p=probs.ravel())    # 返回一个整数


class Critic(object):
    # 用 TensorFlow 建立 Critic 神经网络,搭建好训练的 Graph
```

```python
    def __init__(self, sess, n_features, lr=0.01):
        self.sess = sess

        self.s = tf.compat.v1.placeholder(tf.float32, [1, n_features], "state")
        self.v_ = tf.compat.v1.placeholder(tf.float32, [1, 1], "v_next")
        self.r = tf.compat.v1.placeholder(tf.float32, None, 'r')

        with tf.compat.v1.variable_scope('Critic'):
            l1 = tf.compat.v1.layers.dense(
                inputs=self.s,
                units=20,
                activation=tf.nn.relu,  # None
                # have to be linear to make sure the convergence of actor.
                # But linear approximator seems hardly learns the correct Q.
                kernel_initializer=tf.compat.v1.random_normal_initializer(0., .1),   # 权重
                bias_initializer=tf.compat.v1.constant_initializer(0.1),             # 偏差
                name='l1'
            )

            self.v = tf.compat.v1.layers.dense(
                inputs=l1,
                units=1,
                activation=None,
                kernel_initializer=tf.compat.v1.random_normal_initializer(0., .1),   # 权重
                bias_initializer=tf.compat.v1.constant_initializer(0.1),             # 偏差
                name='V'
            )

        with tf.compat.v1.variable_scope('squared_TD_error'):
            self.td_error = self.r + GAMMA * self.v_ - self.v
            self.loss = tf.square(self.td_error)   # TD_error = (r+gamma*V_next) - V_eval
        with tf.compat.v1.variable_scope('train'):
            self.train_op = tf.compat.v1.train.AdamOptimizer(lr).minimize(self.loss)

    def learn(self, s, r, s_):
        # 学习状态的价值 (state value), 不是行为的价值 (action value),计算 TD_error = (r + v_) - v,用
TD_error 评判这一步的行为有没有带来比平时更好的结果,可以把它看作 Advantage
        s, s_ = s[np.newaxis, :], s_[np.newaxis, :]

        v_ = self.sess.run(self.v, {self.s: s_})
```

265

```
        td_error, _ = self.sess.run([self.td_error, self.train_op], {self.s: s, self.v_: v_, self.r: r})
        return td_error                           # 学习时产生的 TD_error


sess = tf.compat.v1.Session()

actor = Actor(sess, n_features=N_F, n_actions=N_A, lr=LR_A)
critic = Critic(sess, n_features=N_F, lr=LR_C)         # 我们需要一个老师，老师应该学习比actor快

sess.run(tf.compat.v1.global_variables_initializer())

if OUTPUT_GRAPH:
    tf.compat.v1.summary.FileWriter("logs/", sess.graph)

for i_episode in range(MAX_EPISODE):
    s = env.reset()
    t = 0
    track_r = []
    while True:
        if RENDER: env.render()

        a = actor.choose_action(s)

        s_, r, done, info = env.step(a)

        if done: r = -20

        track_r.append(r)

        td_error = critic.learn(s, r, s_)            # gradient = grad[r + gamma * V(s_) - V(s)]
        actor.learn(s, a, td_error)                  # true_gradient = grad[logPi(s,a) * td_error]

        s = s_
        t += 1

        if done or t >= MAX_EP_STEPS:
            # 回合结束, 打印回合累积奖励
            ep_rs_sum = sum(track_r)

            if 'running_reward' not in globals():
```

```
            running_reward = ep_rs_sum
        else:
            running_reward = running_reward * 0.95 + ep_rs_sum * 0.05
        if running_reward > DISPLAY_REWARD_THRESHOLD: RENDER = True
        print("episode:", i_episode, " reward:", int(running_reward))
        break
```

实验结果如图 13-8 所示。

图13-8　AC_CartPole实验结果

【案例 13.3】 Pendulum 算法实例：包含 AC_continue_Pendulum.py。

AC_continue_Pendulum.py 的代码如下。

```
import tensorflow as tf
tf.compat.v1.disable_eager_execution()
import numpy as np
import gym

np.random.seed(2)
tf.compat.v1.set_random_seed(2)                    # 使得所有会话中产生的随机序列是相等可重复的


class Actor(object):
    def __init__(self, sess, n_features, action_bound, lr=0.0001):
        self.sess = sess

        self.s = tf.compat.v1.placeholder(tf.float32, [1, n_features], "state")
        self.a = tf.compat.v1.placeholder(tf.float32, None, name="act")
        self.td_error = tf.compat.v1.placeholder(tf.float32, None, name="td_error")        # TD误差

        l1 = tf.compat.v1.layers.dense(
            inputs=self.s,
            units=30,                               # 隐藏神经元的数量
            activation=tf.nn.relu,
            kernel_initializer=tf.compat.v1.random_normal_initializer(0., .1),# 权重
```

```
            bias_initializer=tf.compat.v1.constant_initializer(0.1),           # 偏差
            name='l1'
        )

    mu = tf.compat.v1.layers.dense(
        inputs=l1,
        units=1,                                                               # 隐藏神经元的数量
        activation=tf.nn.tanh,
        kernel_initializer=tf.compat.v1.random_normal_initializer(0., .1),#权重
        bias_initializer=tf.compat.v1.constant_initializer(0.1),           # 偏差
        name='mu'
    )

    sigma = tf.compat.v1.layers.dense(
        inputs=l1,
        units=1,                                                           # 输出神经元
        activation=tf.nn.softplus,                        # 设置激活函数，得到行为概率
        kernel_initializer=tf.compat.v1.random_normal_initializer(0., .1),#权重
        bias_initializer=tf.compat.v1.constant_initializer(1.),           # 偏差
        name='sigma'
    )
    global_step = tf.Variable(0, trainable=False)
    # self.e = epsilon = tf.train.exponential_decay(2., global_step, 1000, 0.9)
    self.mu, self.sigma = tf.squeeze(mu*2), tf.squeeze(sigma+0.1)
    self.normal_dist = tf.compat.v1.distributions.Normal(self.mu, self.sigma)

    self.action = tf.clip_by_value(self.normal_dist.sample(1), action_bound[0], action_bound[1])

    with tf.compat.v1.name_scope('exp_v'):
        log_prob = self.normal_dist.log_prob(self.a)
        self.exp_v = log_prob * self.td_error
        # 增加交叉熵损失函数来鼓励探索
        self.exp_v += 0.01*self.normal_dist.entropy()

    with tf.compat.v1.name_scope('train'):
        self.train_op = tf.compat.v1.train.AdamOptimizer(lr).minimize(-self.exp_v, global_step)
        # min(v) = max(-v)


def learn(self, s, a, td):
    s = s[np.newaxis, :]
```

```
        feed_dict = {self.s: s, self.a: a, self.td_error: td}
        _, exp_v = self.sess.run([self.train_op, self.exp_v], feed_dict)
        return exp_v


    def choose_action(self, s):
        s = s[np.newaxis, :]
        return self.sess.run(self.action, {self.s: s})               # 得到所有actions的概率


class Critic(object):
    def __init__(self, sess, n_features, lr=0.01):
        self.sess = sess
        with tf.compat.v1.name_scope('inputs'):
            self.s = tf.compat.v1.placeholder(tf.float32, [1, n_features], "state")
            self.v_ = tf.compat.v1.placeholder(tf.float32, [1, 1], name="v_next")
            self.r = tf.compat.v1.placeholder(tf.float32, name='r')


        with tf.compat.v1.variable_scope('Critic'):
            l1 = tf.compat.v1.layers.dense(
                inputs=self.s,
                units=30,                                             # 隐藏神经元的数量
                activation=tf.nn.relu,
                kernel_initializer=tf.compat.v1.random_normal_initializer(0., .1),   # 权重
                bias_initializer=tf.compat.v1.constant_initializer(0.1),             # 偏差
                name='l1'
            )


            self.v = tf.compat.v1.layers.dense(
                inputs=l1,
                units=1,                                              # 输出神经元
                activation=None,
                kernel_initializer=tf.compat.v1.random_normal_initializer(0., .1),   # 权重
                bias_initializer=tf.compat.v1.constant_initializer(0.1),             # 偏差
                name='V'
            )


        with tf.compat.v1.variable_scope('squared_TD_error'):
            self.td_error = tf.reduce_mean(input_tensor=self.r + GAMMA * self.v_ - self.v)
            self.loss = tf.square(self.td_error)   # TD_error = (r+gamma*V_next) - V_eval
        with tf.compat.v1.variable_scope('train'):
            self.train_op = tf.compat.v1.train.AdamOptimizer(lr).minimize(self.loss)
```

```
        def learn(self, s, r, s_):
            s, s_ = s[np.newaxis, :], s_[np.newaxis, :]

            v_ = self.sess.run(self.v, {self.s: s_})
            td_error, _ = self.sess.run([self.td_error, self.train_op], {self.s: s, self.v_: v_, self.r: r})
            return td_error


OUTPUT_GRAPH = False
MAX_EPISODE = 1000
MAX_EP_STEPS = 200
DISPLAY_REWARD_THRESHOLD = -100        # 当回合总 reward 大于此阈值时，终结环境
RENDER = False
GAMMA = 0.9
LR_A = 0.001                           # actor的学习率
LR_C = 0.01                            # critic的学习率


env = gym.make('Pendulum-v0')
env.seed(1)                            # 使得所有会话中产生的随机序列是相等可重复的
env = env.unwrapped


N_S = env.observation_space.shape[0]
A_BOUND = env.action_space.high


sess = tf.compat.v1.Session()


actor = Actor(sess, n_features=N_S, lr=LR_A, action_bound=[-A_BOUND, A_BOUND])
critic = Critic(sess, n_features=N_S, lr=LR_C)


sess.run(tf.compat.v1.global_variables_initializer())


if OUTPUT_GRAPH:
    tf.compat.v1.summary.FileWriter("logs/", sess.graph)


for i_episode in range(MAX_EPISODE):
    s = env.reset()
    t = 0
    ep_rs = []
    while True:
```

```
# if RENDER:
env.render()
a = actor.choose_action(s)

s_, r, done, info = env.step(a)
r /= 10

td_error = critic.learn(s, r, s_)  # gradient = grad[r + gamma * V(s_) - V(s)]
actor.learn(s, a, td_error) # true_gradient = grad[logPi(s,a) * td_error]

s = s_
t += 1
ep_rs.append(r)
if t > MAX_EP_STEPS:
    ep_rs_sum = sum(ep_rs)
    if 'running_reward' not in globals():
        running_reward = ep_rs_sum
    else:
        running_reward = running_reward * 0.9 + ep_rs_sum * 0.1
    if running_reward > DISPLAY_REWARD_THRESHOLD: RENDER = True  # rendering
    print("episode:", i_episode, " reward:", int(running_reward))
    break
```

实验结果如图 13-9 所示。

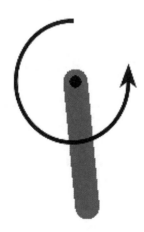

图13-9　AC_continue_Pendulum的实验结果

13.6 习题

1. 判断题

（1）只有试错法和延迟报酬两个特征能将强化学习其他学习方法区分开。（　　）

（2）智能体的唯一目标是在长期内获得最大的总奖励值，因而可以说奖励函数是强化学习的目标。（　　）

（3）无模型强化学习中智能体利用先前学习到的信息来完成任务，基于模型的强化学习中智能体需要通过试错经验来执行正确的行为。（　　）

（4）马尔可夫过程都具有马尔可夫特性。（　　）

（5）策略评估求解的是强化学习的控制问题。（　　）

（6）SARSA 是一种在线时序差分控制算法，主要关注状态—值对，而不是状态—行为值对。（　　）

（7）策略梯度算法可以使任何类型的策略目标函数沿着其梯度上升至局部最大值，同时确定获得最大值时的参数。（　　）

（8）Actor-Critic 策略梯度的基本思想是从策略梯度里抽出一个基准函数，要求这一函数仅与状态有关，与行为无关，不改变梯度本身。（　　）

2. 填空题

（1）强化学习系统的核心是_____。

（2）动态规划中控制和预测部分的区别是_____。

（3）无模型的强化学习的基本思想是_____和_____。

附录 A　云创人工智能工程师认证

如果提名未来十年的朝阳行业，人工智能必然是不得不提的典型代表。人工智能作为新一轮科技和产业革命的驱动力，在加速数字世界创新的同时，也使人工智能人才的缺口呈井喷式增长，目前仅国内人工智能人才缺口就超过 500 万，人工智能早已上升为我国国家战略。

由于全球人工智能人才荒，AI 人才的薪资水涨船高。据招聘网站显示，2019 年自然语言处理岗位、语音识别岗位、机器学习岗位、深度学习岗位的平均月薪分别为 25553 元、24037 元、27652 元、27516 元，相关岗位薪资尤为可观，"头部人才"的薪资更是不可估量。

虽然职业前景看好，但人工智能的门槛高，只有拥有扎实的人工智能专业基础与突出的实战能力，才能真正被赋予人工智能竞争优势。于是，在进军人工智能的道路上，越来越多的行业人士通过专业认证突出重围，各式各样的认证证书席卷而来。

如何选择被行业认可的认证学习，快速寻求职业突破呢？简单高效的方法即认准权威企业，权威企业的人才认证由于具有很强的实战性，含金量很高，且受到广泛认可，通过认证后更容易获得行业青睐。例如，思科、华为、苹果、微软、谷歌等知名企业的认证证书就具有很高的公信力。

面对日趋成为主流的权威企业人才认证，通过云创大学（http://edu.cstor.cn）开展人工智能学习与认证，一站式享有"学习—考试—认证—就业推荐"服务成为越来越多人的选择，学员通过该平台可大幅提升大数据与人工智能技术实战能力，获得专业认证与长期发展规划，如图 A-1 所示。

图A-1　云创大学

具体而言，学员在云创大学平台上学习的认证课程均结合实际项目设计，通过点播与直播教学，学员可与老师线上互动并由专属人员督学辅导，帮助学员及时消化学习的重、难点，并通过知识点的个性化视频讲解、在线实验、专项练习、专题测试和在线答疑等丰富资源，综合提升实战技能，如图 A-2 所示。根据学员的学习数据，平台还可通过知识图谱为学员提供个性化的学习路径，助其进一步查漏补缺，如图 A-3 所示。

图A-2　视频讲解

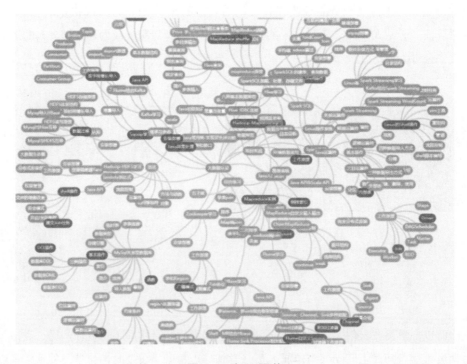

图A-3　知识图谱

对于认证专业与等级，学员通过云创大学可选择大数据与人工智能两大领域，每个领域包括工程师、高级工程师和专家三个认证等级，学员可根据自身技能水平，选择合适的认证等级完成相应的学习与考试，如图 A-4 所示。

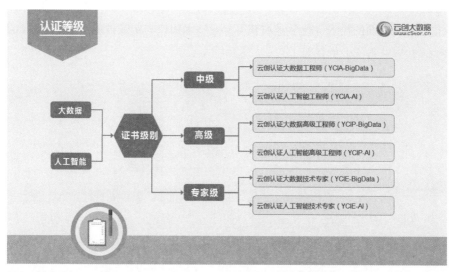

图A-4 认证等级与认证证书

其中，当学员完成 YCIA-AI（云创人工智能工程师）的学习和认证后，可系统理解并掌握 Python 编程、深度学习框架 TensorFlow、图像处理基础、自然语言基础等技术，可满足人工智能售前技术支持、人工智能售后技术支持、人工智能产品销售、人工智能项目管理、自然语言处理工程师、图像识别工程师和图像处理工程师等岗位需求。

当学员完成 YCIP-AI（云创人工智能高级工程师）的学习和认证后，可系统了解图像处理、语音处理、自然语言处理等基础理论知识，能够应用开源框架进行开发和创新，可胜任人工智能售前技术支持、人工智能售后技术支持、人工智能产品销售、人工智能项目管理、图像处理开发工程师、语音处理开发工程师、自然语言处理开发工程师和算法工程师等岗位。

通过云创大学开展培训、考试、认证并获得就业推荐，学员可实现学习和认证的个性化与高效化，大幅度降低大数据、人工智能课程学习门槛，满足其对课程学习、上机实验、考试认证、就业推荐等多方面的需求，使学员在获得专业技术知识与实践技能提升的同时，不断增强职场竞争力，快速获得行业的认可。

附录 B　AIRack 人工智能实验平台介绍

在国家政策支持以及人工智能发展新环境下，全国各大高校纷纷发力，设立人工智能专业，成立人工智能学院。然而，大部分院校仍处于起步阶段，需要探索的问题还有很多。比如，实验教学未成体系，实验环境难以使学生开展并行实验，同时存在实验内容仍待充实，以及实验数据缺乏等难题。

在此背景下，AIRack 人工智能实验平台提供了基于 Docker 容器集群技术开发的多人在线实验环境。平台基于深度学习计算集群，支持主流深度学习框架，可快速部署训练环境，支持多人同时在线实验，并配套实验手册、实验代码、实验数据，同步解决人工智能实验配置难度大、实验入门难、缺乏实验数据等难题，可用于深度学习模型训练等教学、实践应用。

AIRack 人工智能实验平台资源如图 B-1 所示。

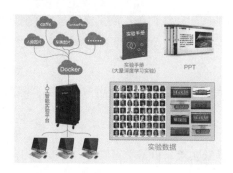

图B-1　AIRack人工智能实验平台资源

AIRack 人工智能实验平台界面如图 B-2 所示。

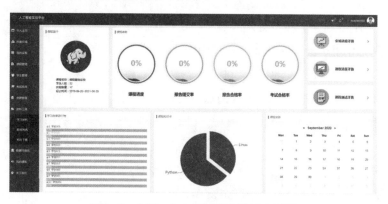

图B-2　AIRack人工智能实验平台界面

AIRack 人工智能学生实验进度一览表如图 B-3 所示。

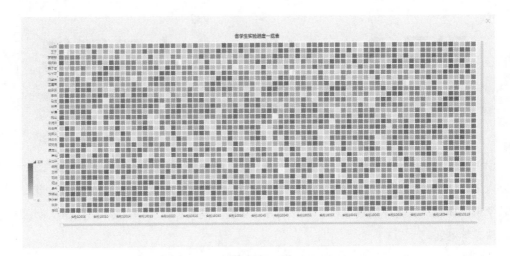

图B-3　学生实验进度一览表

1. 实验环境可靠

◎ 平台采用 CPU+GPU 混合架构，基于 Docker 容器技术，用户可一键创建运行的实验环境，仅需几秒。

◎ 同时支持多个人工智能实验在线训练，满足实验室规模使用需求。每个账户默认分配 1 个 GPU，可以配置不同大小的 CPU 数量和内存，满足人工智能算法模型在训练时对高性能计算的需求。

◎ 采用 Kubernetes 容器编排架构管理集群，用户实验集群隔离、互不干扰。

2. 实验内容丰富

目前实验内容主要涵盖基础实验、机器学习实验、深度学习基础实验、深度学习算法实验 4 个模块，每个模块的具体内容如下。

◎ 基础实验：深度学习 Linux 基础实验、Python 基础实验、基本工具使用实验。

◎ 机器学习实验：常用机器学习 Python 库实验、机器学习算法实验。

◎ 深度学习基础实验：图像处理实验、Caffe 基础使用实验、TensorFlow 基础使用实验、Keras 基础使用实验、PyTorch 基础使用实验。

◎ 深度学习算法实验：基础实验、进阶实验

目前平台实验总数达到了 120 个，并且还在持续更新中。每个实验呈现详细的实验目的、实验内容、实验原理和实验流程指导。其中，原理部分涉及数据集、模型原理、代码参数等内容，以帮助用户了解实验需要的基础知识；步骤部分分为详细的实验操作，参照手册执行步骤中的命令，即可快速完成实验。实验所涉及的代码和数据集均可以在平台上获取。

AIRack 人工智能实验平台实验列表如表 B-1 所示。

表B-1 AIRack人工智能实验平台实验列表

板块分类	序号	实 验 名 称
基础实验/深度学习 Linux基础	01N001	Linux基础——基本命令
	01N002	Linux基础——文件操作
	01N003	Linux基础——压缩与解压
	01N004	Linux基础——软件安装与环境变量设置
	01N005	Linux基础——训练模型常用命令
	01N006	Linux基础——sed命令
基础实验/Python基础	02N001	Python基础——运算符
	02N002	Python基础——Number
	02N003	Python基础——字符串
	02N004	Python基础——列表
	02N005	Python基础——元组
	02N006	Python基础——字典
	02N007	Python基础——集合
	02N008	Python基础——流程控制
	02N009	Python基础——文件操作
	02N010	Python基础——异常
	02N011	Python基础——迭代器、生成器和装饰器
基础实验/基本工具	03N001	Jupyter的基础使用
机器学习/Python库	04N001	Python库——OpenCV(Python)
	04N002	Python库——Numpy(1)
	04N003	Python库——Numpy(2)
	04N004	Python库——Matplotlib(1)
	04N005	Python库——Matplotlib(2)
	04N006	Python库——Pandas(1)
	04N007	Python库——Pandas(2)
	04N008	Python库——Scipy

板块分类	序号	实 验 名 称
机器学习/机器学习算法	05N001	机器学习——A*算法实验
	05N002	机器学习——家用洗衣机模糊推理系统实验
	05N003	机器学习——线性回归
	05N004	机器学习——决策树(一)
	05N005	机器学习——决策树(二)
	05N006	机器学习——梯度下降求最小值实验
	05N007	机器学习——手工打造神经网络
	05N008	机器学习——神经网络调优(一)
	05N009	机器学习——神经网络调优(二)
	05N010	机器学习——支持向量机SVM
	05N011	机器学习——基于SVM和山鸢尾花数据集的分类
	05N012	机器学习——PCA降维
	05N013	机器学习——朴素贝叶斯分类
	05N014	机器学习——随机森林分类
	05N015	机器学习——DBSCAN聚类
	05N016	机器学习——K-means聚类算法
	05N017	机器学习——KNN分类算法
	05N018	机器学习——基于KNN算法的房价预测（TensorFlow）
	05N019	机器学习——Apriori关联规则
	05N020	机器学习——基于强化学习的"走迷宫"游戏
深度学习基础/图像处理	06N001	图像处理——OCR文字识别
	06N002	图像处理——人脸定位
	06N003	图像处理——人脸检测
	06N004	图像处理——数字化妆
	06N005	图像处理——人脸比对
	06N006	图像处理——人脸聚类
	06N007	图像处理——微信头像戴帽子
	06N008	图像处理——图像去噪
	06N009	图像处理——图像修复

板块分类	序号	实验名称
深度学习基础/Caffe框架	07N001	Caffe——基础介绍
	07N002	Caffe——基于LeNet模型和MNIST数据集的手写数字识别
	07N003	Caffe——Python调用训练好的模型实现分类
	07N004	Caffe——基于AlexNet模型的图像分类
深度学习基础/TensorFlow框架	08N001	TensorFlow——基础介绍
	08N002	TensorFlow——基于BP模型和MNIST数据集的手写数字识别
	08N003	TensorFlow——单层感知机和多层感知机的实现
	08N004	TensorFlow——基于CNN模型和MNIST数据集的手写数字识别
	08N005	TensorFlow——基于AlexNet模型和CIFAR-10数据集的图像分类
	08N006	TensorFlow——基于DNN模型和Iris data set的鸢尾花品种识别
	08N007	TensorFlow——基于Time Series的时间序列预测
深度学习基础/Keras框架	09N001	Keras——Dropout
	09N002	Keras——学习率衰减
	09N003	Keras——模型增量更新
	09N004	Keras——模型评估
	09N005	Keras——模型训练可视化
	09N006	Keras——图像增强
	09N007	Keras——基于CNN模型和MNIST数据集的手写数字识别
	09N008	Keras——基于CNN模型和CIFAR-10数据集的分类
	09N009	Keras——基于CNN模型和鸢尾花数据集的分类
	09N010	Keras——基于JSON和YAML的模型序列化
	09N011	Keras——基于多层感知器的印第安人糖尿病诊断
	09N012	Keras——基于多变量时间序列的PM2.5预测
深度学习基础/PyTorch框架	10N001	PyTorch——基础介绍
	10N002	PyTorch——回归模型
	10N003	PyTorch——世界人口线性回归
	10N004	PyTorch——神经网络实现自动编码器
	10N005	PyTorch——基于CNN模型和MNIST数据集的手写数字识别
	10N006	PyTorch——基于RNN模型和MNIST数据集的手写数字识别
	10N007	PyTorch——基于CNN模型和CIFAR-10数据集的分类

板块分类	序号	实 验 名 称
深度学习算法/基础实验	11N001	基于LeNet模型的验证码识别
	11N002	基于GoogLeNet模型和ImageNet数据集的图像分类
	11N003	基于VGGNet模型和CASIA WebFace数据集的人脸识别
	11N004	基于DeepID模型和CASIA WebFace数据集的人脸验证
	11N005	基于Faster R-CNN模型和Pascal VOC数据集的目标检测
	11N006	基于FCN模型和Sift Flow数据集的图像语义分割
	11N007	基于R-FCN模型的物体检测
	11N008	基于SSD模型和Pascal VOC数据集的目标检测
	11N009	基于YOLO2模型和Pascal VOC数据集的目标检测
	11N010	基于LSTM模型的股票预测
	11N011	基于Word2Vec模型和text8语料集的实现词的向量表示
	11N012	基于RNN模型和sherlock语料集的语言模型
	11N013	基于GAN手写数字生成
深度学习算法/进阶实验	12N001	基于RNN模型和MNIST数据集的手写数字识别
	12N002	基于CapsNet模型和Fashion-MNIST数据集的图像分类
	12N003	基于Bi-LSTM和涂鸦数据集的图像分类
	12N004	基于CNN模型的绘画风格迁移
	12N005	基于Pix2Pix模型和Facades数据集的图像翻译
	12N006	基于改进版Encoder-Decode结构的图像描述
	12N007	基于CycleGAN模型的风格变换
	12N008	基于U-Net模型的细胞图像分割
	12N009	基于Pix2Pix模型和MS COCO数据集实现图像超分辨率重建
	12N010	基于SRGAN模型和RAISE数据集实现图像超分辨率重建
	12N011	基于ESPCN模型实现图像超分辨率重建
	12N012	基于FSRCNN模型实现图像超分辨率重建
	12N013	基于DCGAN模型和Celeb A数据集的男、女人脸的转换

续表

板块分类	序号	实验名称
深度学习算法/进阶实验	12N014	基于FaceNet模型和IMBD-WIKI数据集的年龄性别识别
	12N015	基于自编码器模型的换脸
	12N016	基于ResNet模型和CASIA WebFace数据集的人脸识别
	12N017	基于玻尔兹曼机的编解码
	12N018	基于C3D模型和UCF101数据集的视频动作识别
	12N019	基于CNN模型和TREC06C邮件数据集的垃圾邮件识别
	12N020	基于RNN模型和康奈尔语料库的机器对话
	12N021	基于LSTM模型的相似文本生成
	12N022	基于NMT模型和NiuTrans语料库的中英文翻译

3. 教学相长

◎ 实时监控掌握教师角色与学生角色对人工智能环境资源的使用情况及运行状态，帮助管理者实现信息管理和资源监控。

◎ 学生在平台上实验并提交实验报告，教师在线查看每一个学生的实验进度，并对具体实验报告批阅处理。

◎ 增加试题库与试卷库（如图 B-4 和图 B-5 所示），提供在线考试功能。学生可通过试题库自查与巩固，教师通过平台在线试卷库考查学生对知识点的掌握情况（其中客观题实现机器评分），使教师完成备课＋上课＋自我学习，使学生完成上课＋考试＋自我学习。

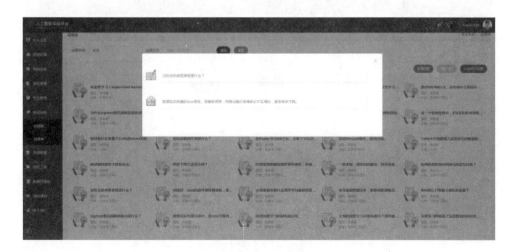

图B-4　试题库

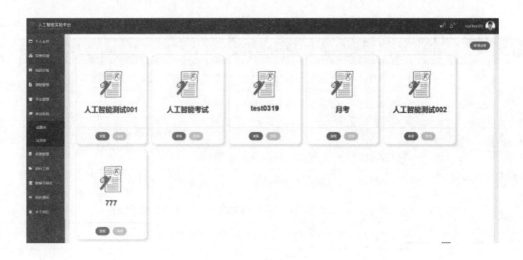

图B-5　试卷库

4. 一站式应用

◎ 提供实验代码以及 MNIST、CIFAR-10、ImageNet、CASIA WebFace、Pascal VOC、Sift Flow、COCO 等训练数据集，实验数据做打包处理，为用户提供便捷、可靠的人工智能和深度学习应用。

◎ 平台提供由清华大学博士、中国大数据应用联盟人工智能专家委员会主任刘鹏教授主编的《深度学习》《人工智能》等配套教材，内容涉及人脑神经系统与深度学习、深度学习主流模型以及深度学习在图像、语音、文本中的应用等丰富内容。

◎ 提供 OpenVPN、Chrome、Xshell 5、WinSCP 等配套资源下载服务。配套书籍如图 B-6 所示。

图B-6　配套书籍

5. 软、硬件高规格

◎ 硬件采用 GPU+CPU 混合架构，实现对数据的高性能并行处理。

◎ CPU 选用英特尔 E5-2600 系列至强处理器，搭配英伟达多系列 GPU。

◎ 最大可提供每秒 176 万亿次的单精度计算能力。

◎ 预装 CentOS 操作系统，集成 TensorFlow、Caffe、Keras、PyTorch 四套行业主流深度学习框架。

AIRack 人工智能实验平台配置参数如表 B-2~ 表 B-4 所示。

表B-2　硬件配置表

名　称	详细配置	单　位	数　量
CPU	Intel Xeon Scalable Processor系列	颗	2
内存	32GB	根	8
系统盘	480GB	块	1
数据盘	4TB	块	1
GPU	GeForce RTX 2080	块	8

表B-3　GPU配置表

GPU型号 / 名称	GeForce RTX 2080	GeForce RTX 2080Ti	Nvidia Titan X	Tesla P4	Tesla P100	Tesla P40
单精度浮点运算能力	10.1 TeraFLOPS	13.4 TeraFLOPS	11 TeraFLOPS	5.5 TeraFLOPS	9.3 TeraFLOPS	12 TeraFLOPS
英伟达CUDA核心数	2944	4352	3584	2560	3584	3840
GPU显存	8GB	11GB	12GB	8GB	16GB/12GB	24GB

表B-4　集群配置表

名称 / 类型	极简型	经济型	标准型	增强型
上机人数	8人	24人	48人	72人
服务器	1台	3台	6台	9台
CPU	Intel Xeon Scalable Processor系列	Intel Xeon Scalable Processor系列	Intel Xeon Scalable Processor系列	Intel Xeon Scalable Processor系列
GPU	型号可参考上面的GPU配置表	型号可参考上面的GPU配置表	型号可参考上面的GPU配置表	型号可参考上面的GPU配置表
内存	8×32GB DDR4 RECC	24×32GB DDR4 RECC	48×32GB DDR4 RECC	72×32GB DDR4 RECC

续表

名称 \ 类型	极简型	经济型	标准型	增强型
SSD	480GB SSD	3×480GB SSD	6×480GB SSD	9×480GB SSD
硬盘	4TB SATA	3×4TB SATA	6×4TB SATA	9×4TB SATA

AIRack 人工智能实验平台从实验环境、实验手册、实验数据、实验代码、教学支持等多方面为人工智能教学提供一站式服务，大幅度降低人工智能课程学习门槛，可满足课程设计、课程上机实验、实习实训、科研训练等多方面需求。

参 考 文 献

[1] Turing A M. Computing Machinery and Intelligence[M]//Computers and Thought. American Association for Artificial Intelligence, 1950.

[2] 陈自富. 炼金术与人工智能：休伯特·德雷福斯对人工智能发展的影响 [J]. 科学与管理，2015，35（04）：55-62.

[3] 刘毅. 人工智能的历史与未来 [J]. 科技管理研究，2014（6）：125-128.

[4] Python 官方网站. https://www.python.org.

[5] 同济大学数学系. 工程数学线性代数 [M]. 北京：高等教育出版社，2014.

[6] 韩建玲，曾健民. 大学数学（微积分）[M]. 北京：清华大学出版社，2014.

[7] 盛骤，谢式千，潘承毅. 概率论与数理统计 [M]. 4 版. 北京：高等教育出版社，2008.

[8] 周志华. 机器学习 [M]. 北京：清华大学出版社，2016.

[9] 李开复，王咏刚. 人工智能 [M]. 北京：文化发展出版社，2017.

[10] Hornik K, Stinchcombe M, White H. Multilayer feedforward networks are universal approximators[J]. Neural Networsks,1989,2(5):359-366.

[11] Williams D, Hinton G. Learning representations by back-propagating errors[J].Nature,1986, 323(6088):533-538.

[12] Brownlee. J. How to Implement Linear Regression With Stochastic Gradient Descent From Scratch With Python[EB/OL].https://machinelearningmastery.com/implement-linear-regression-stochastic-gradient-descent-scratch-python.

[13] Abadi，M，Barham P , Chen J , et al. TensorFlow: A system for large-scale machine learning[J]. 2016.

[14] Abadi M, Agarwal A, Barham P, et al. Tensorflow: Large-scale machine learning on heterogeneous distributed systems[J]. arXiv preprint arXiv:1603.04467, 2016.

[15] Nikhil Ketkar. Introduction to PyTorch[M]// Deep Learning with Python, 2017.

[16] Lerer A, Wu L, Shen J, et al. Pytorch-biggraph: A large-scale graph embedding system[J]. arXiv preprint arXiv:1903.12287, 2019.

[17] Hubel D H,Wiesel T N.Receptive fields,binocular interaction,and functional architecture in the cat's visual cortex[J].Journal of Physiology,1962,160(1):106-154.

[18] Fukushima K.Neural Network model for a mechanism of pattern recognition unaffected by shift in position-Neocognitron[J].IEICE Technical Report,1989,62(10):658-665.

[19] Fukushima K.Neocognitron:A self-organizing neural network for a mechanism of pattern

recognition unaffected by shift in position[J].Biological Cybernerics,1980,36(4):193-202.

[20] Fukushima K.Artificial vision by multi-layered neural networks:neocognitron and its advances[J]. Neural Networks,2013,37:103-119.

[21] LeCun Y,Boser B,Denker J S,et al,Backpropagation applied to handwritten zip code recognition[J].Neural Computation,1989,1(4):541-551.

[22] 李玉鑑，张婷，等.深度学习卷积神经网络从入门到精通[M].北京：机械工业出版社，2018.

[23] Hinton GE, Salakhutdinov RR. Reducing the dimensionality of data with neural networks. Science,2006,313(5786):504-507.

[24] Krizhevsky A,Sutshever I,Hinton GE.ImageNet classification with deep convolutional neural networks[C].Proc.NIPS,2012:4-13.

[25] Le Q V,Zou W Y,Yeung S Y,et al.Learning hierarchical invariant spatio-temporal features for action recognition with independent subspace analysis[C].Proc.CVPR,2011:3361-3368.

[26] Abdel-Hamid O,Mohamed A R,Jiang H,et al.Applying convolutional neural networks concepts to hybrid NH-HMM model for speech recognition[C].Proc.ICASSP,2012:4277-4280.

[27] 常亮，邓小明，周明全，等.图像理解中的卷积神经网络[J].自动化学报,2016,42(9).

[28] Chen L C, Papandreou G, Kokkinos I, et al. Semantic Image Segmentation with Deep Convolutional Nets and Fully Connected CRFs[J]. Computer ence, 2014(4):357-361.

[29] Li J,Wang Y,Wang C,et al. Dsfd: dual shot face detector[J]. arXiv:1810.10220, 2019.

[30] He K,Zhang X,Ren S,et al.Deep residual learning for image recognition[C].Proc.CVPR,2016；770-778.

[31] 朱虎明，李佩，等.深度神经网络并行化研究综述[J].计算机学报，2018，41（8）：1861-1881.

[32] 李旭冬，叶茂，李涛.基于卷积神经网络的目标检测研究综述[J].计算机应用研究，2017，34（10）：2281-2291.

[33] Boureau Y-L,Ponce J,LeCun Y.A theoreticalanalysis of feature pooling in visual recognition[C]. International Conference on Machine Learning,2010,32(4):111-118.

[34] Simonyan K, Zisserman A. Very Deep Convolutional Networks for Large-Scale Image Recognition[J]. Computer Science, 2014.

[35] Szegedy C , Liu W , Jia Y , et al. Going Deeper with Convolutions[J]. 2014.

[36] Ren, Shaoqing, He, Kaiming, Girshick, Ross, et al. Object Detection Networks on Convolutional Feature Maps[J]. IEEE Transactions on Pattern Analysis & Machine Intelligence, 2015, 39(7):1476-1481.

[37] Huang G , Liu Z , Laurens V D M , et al. Densely Connected Convolutional Networks[J]. 2016.

[38] Girshick R, Donahue J, Darrell T, et al. Rich feature hierarchies for accurate object detection and

semantic segmentation[C]// CVPR. IEEE, 2014.

[39] Girshick R. Fast R-CNN[J]. Computer Science, 2015.

[40] Ren S, He K, Girshick R, et al. Faster R-CNN: Towards Real-Time Object Detection with Region Proposal Networks[J]. IEEE Transactions on Pattern Analysis & Machine Intelligence, 2015, 39(6):1137-1149.

[41] Redmon J, Divvala S, Girshick R, et al. You Only Look Once: Unified, Real-Time Object Detection[J]. 2015.

[42] Redmon J, Farhadi A. YOLO9000: Better, Faster, Stronger[J]. 2016.

[43] Redmon J, Farhadi A. YOLOv3: An Incremental Improvement[J]. 2018.

[44] Liu W, Anguelov D, Erhan D, et al. SSD: Single Shot MultiBox Detector[C]// European Conference on Computer Vision. Springer International Publishing, 2016.

[45] 张薇，于硕. 数字图像处理综述 [J]. 通讯世界，2015（18）：258-259.

[46] 郭锁利，辛栋，刘延飞. 近代图像分割方法综述 [J]. 四川兵工学报，2012，33（07）：93-96.

[47] 杨红亚，赵景秀，徐冠华，刘爽. 彩色图像分割方法综述 [J]. 软件导刊，2018，17（04）：1-5.

[48] Jonathan L,Evan S,Trevor D. Fully Convolutional Networks for Semantic Segmentation[J]. IEEE Transactions on Pattern Analysis & Machine Intelligence, 2014, 39(4):640-651.

[49] Ronneberger O,Fischer P,Brox T. U-Net: Convolutional Networks for Biomedical Image Segmentation[C]// International Conference on Medical Image Computing and Computer-Assisted Intervention. Springer International Publishing, 2015.

[50] Hopfield J. Neural networks and physical systems with emergent collective computational abilities[J]. Proceedings of the National Academy of Sciences of the United States of America,1982, 79(8):2554.

[51] Mikolov T, Sutskever I, Chen K, er al. Distributed Representations of Words and Phrases and their Compositionality [J]. Advances in Neural Information Processing Systems, 2013, 26:3111-3119.

[52] Gustavaaon A, Magnuson A, Blomberg B, et al. On the difficulty of training Recurrent Neural Networks [J]. Computer Science, 2013.

[53] Bengio Y, Vincent P, Janvin C. A neural probabilistic language model[J]. Journal of Machine Learning Research, 2003, 3(6):1137-1155.

[54] Hallstrom E. How to build a Recurrent Neural Network in TensorFlow[EB/OL]. https://medium.com/@erikhallstrm/hello-world-rnn-83cd7105b767.

[55] Gupta D. Fundamentals of Deep Learning-Introduction to Recurrent Neural Networks[EB/OL]. http://www.analyticsvidhya.com/blog/2017/12/introudction-to-recurrent-neural-networks/.

[56] Hochreiter S,Schmidhuber J. Long short-term memory[J]. Neural Computation，1997，9(8):1735-1780.

[57] Schuster K，Paliwal K K. Bidirctional recurrent neural networks[J]. IEEE Transactions on Signal

Processing, 1997.

[58] Zaremba W, Sutskever I, Vinyals O.Recurrent Neural Network Regularization[J]. Eprint Arxiv, 2014.

[59] Perozzi B, Al-Rfou R, Skiena S. DeepWalk: Online Learning of Social Representations[J]. 2014.

[60] Soleymani M , Garcia D , Jou B , et al. A Survey of Multimodal Sentiment Analysis[J]. Image and Vision Computing, 2017:S0262885617301191.

[61] Tien H N, Le M N, Tomohiro Y, et al. Sentence Modeling via Multiple Word Embeddings and Multi-level Comparison for Semantic Textual Similarity[J]. 2018.

[62] Chakravarti R , Navratil J , Santos C N D . Improved Answer Selection with Pre-Trained Word Embeddings[J]. 2017.

[63] Stein R A , Jaques P A, Valiati J F . An Analysis of Hierarchical Text Classification Using Word Embeddings[J]. Information Sciences, 471（2019）：216-232.

[64] Goodfellow I , Pouget-Abadie J , Mirza M ,et al.Generative Adversarial Networks[J].2014.

[65] Radford A, Metz L, Chintala S. Unsupervised Representation Learning with Deep Convolutional Generative Adversarial Networks[J]. Computer Science, 2015.

[66] Arjovsky M, Chintala S, Bottou L. Wasserstein GAN[J]. 2017.

[67] Mao X , Li Q , Xie H , et al. Least Squares Generative Adversarial Networks[J]. 2016.

[68] Ledig C, Theis L, Huszar F, et al. Photo-Realistic Single Image Super-Resolution Using a Generative Adversarial Network[J]. 2016.

[69] Sutton R, Barto A. Reinforcement Learning: An Introduction [M]. MIT Press, 1998.

[70] 刘全，翟建伟，章宗长，等 . 深度强化学习综述 [J]. 计算机学报，2018，41（01）：1-27.

[71] Hanawal M K , Liu H , Zhu H , et al. Learning Policies for Markov Decision Processes from Data[J]. IEEE Transactions on Automatic Control, 2017.

[72] Devraj A M, Kontoyiannis I, Meyn S P. Differential Temporal Difference Learning [J]. 2018.

[73] Mizoue H, Kobayashi K, Kuremoto T, et al. A Meta-Parameter Learning Method in Reinforcement Learning Based on Temporal Difference Error[J]. Ieej Transactions on Electronics Information & Systems, 2009, 129(9):1730-1736.

[74] Li J, Chai T, Lewis F, et al. Off-policy Q-learning: set-point design for optimizing dual-rate rougher flotation operational processes [J]. 2017, (99):1-1.

[75] Yang Z, Zhang K, Hong M, et al. A Finite Sample Analysis of the Actor-Critic Algorithm[C]// 2018 IEEE Conference on Decision and Control (CDC). IEEE, 2018.